主 编　李玉瑞

副主编　钱丽丽
　　　　翟凤祥

中国逻大国学系列读本

国学中领悟人生真谛

中国文联出版社

图书在版编目（CIP）数据

国学中领悟人生真谛/李玉瑞主编 . –北京：中国文联出版社，
2011.5

ISBN 978 – 7 – 5059 – 7121 – 9

Ⅰ.①国… Ⅱ.①李… Ⅲ.①人生哲学 – 通俗读物
Ⅳ.①B821 – 49

中国版本图书馆 CIP 数据核字（2011）第 059679 号

书　　名	国学中领悟人生真谛
主　　编	李玉瑞
出　　版	中国文联出版社
发　　行	中国文联出版社　发行部（010 – 65389150）
地　　址	北京农展馆南里 10 号（100125）
经　　销	全国新华书店
责任编辑	王小陶
印　　刷	北京三石印刷有限责任公司
开　　本	700 ×1000　1/16
印　　张	16
版　　次	2011 年 5 月第 1 版第 1 次印刷
书　　号	ISBN 978 – 7 – 5059 – 7121 – 9
定　　价	39.00 元

您若想详细了解我社的出版物
请登陆我们出版社的网站 http://www.cflacp.com

目录 contents

国学为人民,人民学国学

——序《国学中领悟人生真谛》

　　国学是从远古到清代,中华载籍包涵的传统学术。在当今全球化,世界一体化的新时代,弘扬国学,要跟上历史前进的步伐,古今中外融通,把国学与今日中外先进文化相结合,跟国家振兴和民族复兴的伟大进程相适应。

　　为此,要对国学采取一分为二的科学态度,批判继承精华,抛却过时糟粕,对国学的精义,给予创造性的诠释,改造转型,使之适合最广大人民群众在新时代的新需要。

　　这绝不是仅靠死记硬背几句经典,简单照搬,囫囵吞枣,就能毕功奏效,万事大吉。更不能钻牛角尖,走火入魔,误人子弟,误导家长,顶礼古人,崇古复古,误信当今犹可用"半部《论语》治天下"之类的谬说。

　　令人高兴的是,本书作者理智清醒,秉持正确健全的国学理解,立志要为国学精粹的普及化,大众化和通俗化,建功立业,一显身手。本书最令人心仪的是,全书一秉国学固有的人文要义,贯彻"国学为人民,人民学国学"的写作宗旨,一以最广大人民群众的迫切需要为依归。

有一句广为流传的名言:"让哲学从哲学家的课堂上和书本里解放出来,变为群众手里的尖锐武器。"(《毛泽东文集》第8卷,人民出版社1999年版第323页)本书的重要价值,是促使国学从学者的课堂上和书本里解放出来,变为群众手里的尖锐武器。

作者在《后记》叙述编书沿起,说明本书导源于山西省司法系统,在监狱管理中进行国学教育的启发。中国逻辑与语言函授大学与山西省第二监狱密切合作,尝试进行国学教育,收到预期效果。

在中国逻大与山西省第二监狱干警的共同推动下,征求有关部队、学校和企业管理教育领导的意见,决定编辑弘扬国学的大众读物,使管理者和受教育者,在轻松阅读中领悟国学的人生真谛。

我身为中国逻大兼职教授,受命赴山西阳泉第二监狱,为服刑人员开设国学讲座,析论仁爱孝悌,礼让谦和,知耻改过等中华民族传统美德的纲目,数千名服刑人员和干警现场听讲,观看视频,使我深受教益,感触良多。中国逻辑与语言函授大学董事长刘培育教授,本书副主编翟风祥教授,续有精彩演讲,受到欢迎。

本书紧密结合当前实际,适应广大读者的阅读习惯,采用主题概要,例句释义,经典故事和现实链接的架构,用古今中外的生动故事,创造性地诠释国学的精义,反思不合理的社会现象和个体修养的缺失。

本书分设总论,处世,立世,反思和重塑五大篇章,解读国学的要义,对读者有心理启发,疏导反思和激励志向的引领作用,适合广大读者进修国学,修养身心,适合管理者、学校和家长提高思想教育的能力,增强心理疏导的有效性。

本书的重要特点是,深入浅出,通俗易懂,现身说法,启发诱导,动之以情,晓之以理。面向广大群众,普及国学知识,激励读者积极面对人生,努力服务社会,做对国家民族,家庭社会有贡献的栋梁之才。

由于工作关系,我数次对本书草稿提出修改建议,承蒙作者谦诚接纳改进。在本书即将出版之际,我谨向作者表达由衷的感谢和祝贺之意。作者邀我撰序,我受作者通俗弘扬国学的积极精神感动,特作推介之辞如上,向读者请教,敬请批评指正。

孙中原,2011.5.18.于北京世纪城寓所

(说明:孙中原,中国人民大学教授,博士生导师,台湾东吴大学客座教授,中国逻辑与语言函授大学兼职教授,中国墨子学会副会长,中国逻辑学会原副会长,著作《中华大典·哲学典·诸子百家分典》等数十部,论文二百余篇)

第一章
总论篇

狭义的国学是指以儒家学说为代表的先秦以来各家的学说，包括儒家、道家、法家、墨家、兵家等，以及在这些学说影响下所形成的中国传统文化精髓。广义的国学一般是指以先秦经典及诸子学说为根基，涵盖了两汉经学、魏晋玄学、宋明理学和与之相对应的先秦散文、汉赋、六朝骈文、唐诗宋词、元曲、明清小说，近、现代文学体系，及历代史学等一套特有而完整的文化、学术体系。包括历史、思想、哲学、地理、政治、经济乃至书画、音乐、术数、医学、星相、建筑等都是国学所涉及的范畴。①本书采用广义的国学概念。

我们为什么要学习国学呢？国学对于我们到底有怎样的作用，下面有几点思考和大家一起分享：

简单地说，学习国学有三点好处。

一是可以提升自己的文化素养、道德修养，健全人格，陶冶情操。它

---

① 上面内容参见：国学经典 http://www.zwzsw.com/SubClassInfo.aspxid=209；国学知识导读 http://www.biyelunwen.cn/class/guoxue.asp；国学简史 http://0.book.baidu.com/zhongguotushu/m7/w45/h40/4802bd21588b5b.1.html

告诉你该如何为人处事，也就是在这个世界上如何立足。孩子们从小就要接受这样的熏陶，让中国的传统文化在他们的心中生根发芽，伴随着他们的成长逐渐树立他们健全的人格，高尚的文化和道德素养，对他们的一生都将产生积极影响。成年人更要学习国学，因为传统经典中承载的"仁义忠恕孝悌礼信"的道德伦理观，构成中华传统文化的核心价值体系，对于我们处理人与人、人与社会、人与自然的关系，有很强的现实指导意义。

二是可以开阔自己的胸襟。中国传统文化的思维方式和西方有着很大的差异，只有熟练掌握中国传统文化，才能更好地学习西方文化为我所用。在当今全球化的世界，我们不可避免地要和外国人进行文化和贸易的交流与合作。因此，既要了解中西方文化和思维方式上的差异，在合作中求同存异，互利双赢。

三是可以传承优秀的中国传统文化。国学经典著作是我们民族文化教育精神的一个庞大载体，是我们民族生存的根基。孩子是我们民族和国家的明天，要让孩子们从小就汲取优秀传统文化中的营养，继承和发扬中华民族的文化精髓，实现人的全面发展。这才是我们民族和国家发展的巨大动力。

那么我们应该怎样学习国学呢？

在读国学、学国学的过程中，我们要加深对中国传统文化的认识和理解，学会知礼守礼，保持独立思考，而不是一味地追捧和机械地复制前人。国学博大精深，每一句话、每一本经典都是前人智慧的精髓。人们开始读书时，往往是机械地背诵经典的篇章段落，还没有体会到其中的深刻内涵，知识还只是知识，还没有转化为思想修养。如果每个人都能做到如五柳先生陶渊明"好读书，不求甚解，每有会意，便欣然忘食。"那么对于国学的学习自然如庖丁解牛般游刃而有余了。

如今人们的生活节奏加快，读书的时间少之又少，而国学又是一门深刻的学问，不仅要掌握知识，还要悟出人生道理。所以要找到一种便于人人都可以很好掌握的方法，那就是将国学通俗化、大众化，这样不但简单易学而且能极大地扩展学习国学的受众群体。本书就是想为普及国学做一点事，但毕竟能力有限，希望得到大家的批评指正，共同为弘扬民族文化贡献一点力量。

国学要学的东西很多，但对于我们普通大众来说，主要是学习国学中对自然规律、社会规律、人生规律的认识。韩非子曰："缘道理以从事者，无不能成。"意思就是说，根据事物运行的客观规律办事，你就没有做不成的事情。下面我们就从国学中认识自然规律、社会规律和人生成败的规律。

第一节　认识自然　尊重规律

一、天地：

经典语句

1、天地玄黄，宇宙洪荒。日月盈昃，辰宿列张。　　——《千字文》

【语句释义】玄黄：青黑色。洪荒：混沌、蒙昧的状态，借指远古时代。盈昃：指日月圆满或亏缺。天是青黑色的，地是黄褐色的，宇宙最初是一个混沌蒙昧的状态，那时候大地上还没有生灵。月亮圆了又缺，缺而复圆，无数的星辰布满了浩瀚的天空。这是古代先民对自己所处世界最初的认识，这种认识指导了我们对于人生和世界的认知。

2、仰以观于天文，俯以察于地理，是故知幽明之故；原始反终，故知死生之说。　　——《周易》

【语句释义】幽明：黑暗和光明。原：查究，探究。反：研究，推导。这句话的意思是说，仰望可以观察天体运行的规律，俯瞰可以观察地理的风貌，所以就能够知道黑暗和光明的道理；探究事物开端、发展的状态，再研究、推导事物终结的情形，也就明白了生老病死的道理了。

3、天之道，有序而时，有度而节，变而有常。　　——《春秋繁露》

【语句释义】道：规律。大自然的变化规律是有时序、有节度的，虽然人们看到的现象千变万化，但是变化之中有常规性。

经典故事

盘古大帝　开天辟地

传说在远古时候，到处都是漆黑一片，天地就像一个大鸡蛋一样，混沌不分，但是鸡蛋中孕育着一个力大无穷的英雄，他就是盘古大帝。经历了漫长的一万八千年的孕育，盘古终于从沉睡中醒来了。他睁开眼睛，只觉得眼前黑糊糊的一片，很多粘稠的东西围绕在自己周围，他想站起来，但鸡蛋壳紧紧地包着他的身体，连舒展一下手脚也办不到。盘古发起怒来，一声大喝，抓起一把与生俱来的大斧，用力向身旁挥去，只听得一声巨响，天地被一分为二，其中轻而清的东西向上不断飘升，变成了天，另一些重而浊的东西，渐渐下沉，变成了大地。

盘古开辟了天地，浑身轻松了很多，但他害怕天地重新合拢在一块，就用头顶着天，用脚踏住地，开始施展法力，天每天都会增高一丈，地也会变厚一丈，盘古也随着增高一丈。就这样过了一万八千年，盘古这时已经成为一个顶天立地的巨人，身子足足有九万里长。所以，天地之间也有九万里。之后又经历了很多万年，天变得极高，地也变得稳固了，但是我们的英雄化作了山川大地。

盘古临死时，身体发生了巨大的变化。盘古的头化做了高山，四肢化成了擎天之柱，眼睛变成太阳和月亮，血液变成了江河，毛发肌肤都变成了花草，呼吸变成了风，喊声变成了雷，泪水变成了甘霖雨露滋润着大地，从此开始有了世界。

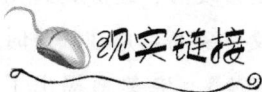

现实链接

从古到今人们对于天地的认识

人类从最初对天地、日月星辰的认识，到将地理知识和宇宙知识运用到现代航海、航天和宇宙探索中，经历了漫长的历史时空。因为认识到地球是球体，才有了贯通全球的海上航线；因为认识到动力和大气原理，我们才拥有了快捷方便的出行工具——飞机；因为认识了天体运行的规律，我们才拥有了走出地球，进军宇宙的能力。对于天地的认识，是我国古代先民人生观、价值观的最初体现。正是因为有了世界的概念，才有了人类认识自我的依据。人类对宇宙的认识是不断发展的，永无止境的，是随着科学技术的发展而不断前进的。

在人类的早期社会中，生产力水平低下，人们还过着刀耕火种、茹毛饮血的生活，科学技术极不发达，人们只能通过肉眼观察我们所存在的世界，因此对宇宙的认识十分幼稚而且有限，但是人们的想象力是无穷的。世界上的各大文明古国都有关于天地起源和结构的传说。比如我国古代就有盘古开天辟地的传说，我们的先人把世界分成所谓的三界，地狱、人世间、天庭。认为我们的大地是平的，天空就像一口大锅一样笼罩在我们的上空，大地是靠神兽来支撑的。除此之外，各民族都把自己生活的地方当作天地的中央，并各自独立地产生了关于宇宙结构的地心学说。其中最具有代表性的是长期盛行于古代欧洲的宇宙学说——地心说。它最初由古希腊学者欧多克斯提出，后经亚里士多德、托勒密进一步发展而逐渐建立和完善起来。虽然地心说认为地球是宇宙的中心，存在认识上的错误，但是它已经较之天圆地方说有了巨大的发展，至少它已经认识并承认地球是球形。球形居于宇宙中心，静止不动，其他天体都绕着地球转动。这一学说从表面上解释了日月星辰每天东升西落、周而复始的现象，又符合上帝创造人类、地球必然在宇宙中居于至高无上地位的宗教教义①。

随着近代科学的发展与进步，人类对宇宙有了更进一步的认识。16世纪中叶，波兰天文学家哥白尼提出"日心说"，认为太阳位于宇宙中心，把宇宙的中心从地球挪向太阳，创立了日心宇宙体系，这看上去似乎很简单，实际上却是一项非凡的创举。在宗教势力控制社会政治、经济、文化的时代，这无疑是异端邪说，所以1543年，波兰天文学家哥白尼在临终时才发表了一部具有历史意义的著作——《天体运行论》，完整地提出了"日心说"理论。后来，伽利略发明了天文望远镜，他的观察和发现有力地支持了日心说。

到了17世纪，牛顿提出了万有引力定律和牛顿三定律，创立了天体力

---

① 赵君亮，《人类怎样认识宇宙》，http://www.wenku.baidu.com/

学，以力学方法研究宇宙学。后来经过乔尔丹诺·布鲁诺、E·哈雷、J·布拉得雷、T·赖特、I·康德和 J·H·朗伯不断努力，人们才认识到布满全天的繁星和银河构成了一个巨大的天体系统。

20 世纪初人们对于宇宙的认识有了跨越式的发展，德国物理学家爱因斯坦发表了"广义相对论"，并率先运用这一理论描述了宇宙整体的运动特征和可能的演化方式，从理论上开创了现代宇宙学。

同时人类的视野逐步扩展到越来越遥远的太空深处，20 世纪初美国天文学家证实太阳也不在银河系的中心，而是比较靠近银河系的边缘。到了 20 世纪 20 年代，美国天文学家哈勃进一步证明了银河系只是宇宙间无数星系中的普通一员。

现代宇宙学的发展很大程度上得益于探测手段的提高。特别是人类文明进入空间时代以来，科学技术尤其是航天技术的快速发展，带来了新的观测技术和手段。

天文观测经历了三次变革。第一次是从肉眼观测发展到光学望远镜的观测，意大利科学家伽利略于 17 世纪初发明了天文望远镜。第二次是从可见光扩展到其他电磁波段的天文观测，它以 20 世纪 30 年代开创的射电天文学为起点。第三次是从地面观测，进入到人造卫星和宇宙飞船的空间天文观测，以及对太阳系天体进行实地或近距离考察，以 20 世纪 50 年代航天时代的来临为标志。正是这三次大的变革，以及与其他学科交融渗透的结果，逐步揭示着宇宙之谜。①

中华人民共和国自 1949 年建国以来，一直非常重视航空航天事业的发展。经过几代人的艰苦努力，我国的航空航天事业得到了长足的发展，主要表现在以下几个方面。

一是表现在我们的空间技术方面。我国于 1970 年 4 月 24 日成功发射了第一颗人造地球卫星"东方红一号"，成为世界上第五个成功发射地球人造卫星的国家。我国在酒泉、西昌和太原建立了三个卫星发射场，截至 2000 年底，我国独立研发的"长征"系列火箭已经连续成功发射了 21 次，圆满完成了发射和运载任务，与此同时，我国开展了国际商业发射和各项

———————

① 卞毓麟：《巨型天文望远镜》[J].，中国期刊全文数据库，知识就是力量，1998 年 07 期。

航天服务。1992 年开始实施的载人飞船航天工程，已经成功实施了载人飞天的壮举。

二是表现在空间的应用上。主要有三个方面，卫星遥感、卫星通信和卫星导航定位。我国从上个世纪 70 年代就开展卫星遥感应用技术研究，现在已经广泛用于气象、矿产、水利、海洋等方面，并取得了良好的效果。我国现有卫星通讯线路七万多条，链接到世界上 180 个国家和地区，极大地满足了人们日益增长的通讯需求，与此同时，卫星电视也极大地提高了人们的文化娱乐需求。目前我们的汽车、飞机、手机等交通通讯设备都安装了卫星定位导航系统，大大提高了各种交通和通讯设备的运作安全，同时，也可以有效地防控犯罪行为的发生。

我们对于天地宇宙的认识还非常的有限，时至今日这种有限的认识就给我们的生活带来了极大的便利。我们在感叹宇宙奥秘博大的同时，决不能放慢我们前进的脚步，时刻牢记：人生有限，但是探索无穷。

二、四季：

经典语句

1、**春为发生，夏为长赢（yíng），秋为收成，冬为安宁。**

——《诗经》

【语句释义】春天来了万物复苏，生命开始繁衍；夏天的时候，各种生物都茁壮成长，植物茂盛，动物活跃；秋天来了，这是个收获的季节；秋天的收获带来冬天的安详生活。

这句话主要是教会人们什么时候该做什么事情，在不同的季节里栽种不同的作物，这些都是我们的先辈经过日积月累所积攒下来的宝贵经验。

2、**允厘百工，庶绩咸熙。**

——《尚书》

【语句释义】允：用以，用来，以。厘：同理，按规律治理，是整治，治理，整理的意思。百工：是指百官，是各行各业的管理者或官员。庶：是大多数，众多的意思。绩：成绩，事业，行业。咸：都，都会的意思。熙：是兴盛，兴旺。这句话的意思是说用四季天时来规定百官的职责，治理百官，那么众多的事业、行业都会兴盛起来。这句话出自《尚书·虞书·尧典》，是圣贤尧嘱咐羲氏、和氏的话。此句的宗旨是告诉人们：要想百业兴盛必须要治理好百官，而要治理好百官，又必须按照客观规律办事，不可违背。

经典故事

拔苗助长　事与愿违

古时候宋国有个农夫急于求成，春天种了稻苗后，便希望能早早收成。他每天都要到稻田去看看稻苗长高了多少，甚至每天要去看很多次，也不见稻苗长高。于是他每天不为稻苗除草施肥，而是每天思量让稻苗快速长高起来，每日都愁眉苦脸的。有一天回家后，他的儿子发现父亲今天非常疲惫但是很高兴的样子，就问父亲说："父亲，终日见您眉头紧锁，为何今日如此高兴呢？"他的父亲沾沾自喜地说："我们家的稻苗一下子长了很多，我当然高兴了。"他儿子不明缘由，赶快跑到地里一看，发现所有的稻苗都被拔高了很多，但都已经枯死了。

拔苗助长的小故事告诉我们：自然界和人类社会都有它们发展、变化的客观规律，这些规律是不以人们意志为转移的。人们只能认识它、利用它，不能违背它、改变它。违反了客观规律，就要遭到自然的惩罚，光凭自己的主观意愿去办事情是永远不会成功的。

现实链接

规律是宇宙万物有序运行的黄金定律

规律是什么？是宇宙万物有序运行的黄金定律，是天地、生命所要遵守的自然法则，是不以人的主观意愿为转移的。人只有遵循规律，而不能消灭规律。就像天体必须按照自己既定的轨道运行一样，一旦偏离终将沦为浩瀚宇宙之中的点点尘埃。春种、夏忙、秋收、冬藏，这些是四季的自然规律，我们必须要遵守，不然就要出现路有饿殍的悲惨景象了。但在现实社会中，人为了满足自己的私欲，为了尽可能多的得到物质财富而不惜违背自然规律，水污染、大气污染、噪声污染、土地污染、臭氧层漏洞、乱砍滥伐、水土流失等等，举不胜举。

目前全世界的森林面积正以平均每年4000平方公里的速度消失；大气调节、涵养水源的功能受到毁灭性的破坏，每年至少1000种珍惜动植物永远消失；水土流失严重、工业现代化的同时也带来了环境破坏的现代化。我们不难感受到进入上个世纪90年代以来，世界各地自然灾害频发，人类为此付出了惨重的代价，这都是违背自然规律的后果。

那么我们应该如何保护我们赖以生存的环境呢？

一是高度重视人与自然协调发展。人与自然协调发展是一个永恒的话题，自古以来，人类的生存和发展便与自然环境休戚与共，大自然无私地提供给我们吃、穿、住、用、行的一切条件，人们不但不知感恩，反而过度地索取，现在自然环境已到了其所能承受程度的边缘，如果这种恶劣的行径不加以控制，我们将失去赖以生存的环境，人类也可能走向灭亡。说到人与自然和谐相处，亚马逊森林部落的环保意识值得我们学习，他们的族人平时只猎取满足生存需要的动植物，不猎食怀孕的母兽和幼兽，采集植物果实，只采集总量的一半左右，以保证植物繁殖需要的足够的种子。这种朴素的环保思想，是我们这些现代化人要借鉴的。值得庆幸的是，十六大以来，党中央审时度势，顺应历史潮流，提出树立和落实科学发展观，构建社会主义和谐社会，这其中就包括人与自然和谐发展。国家领导高度重视人与自然的和谐发展，我们每一个公民都要做环境保护的卫士，环境是我们大家的，需要我们大家共同维护，这样我们才能共同创建一个优美的世界。

二是保护环境要从小事做起。俗话说："光说不练是假把式。"环境保护不是口头说说、笔下写写的事情，而是需要我们在现实生活中点点滴滴地去做。对于我们每个人来说，就是做好生活中的每一件小事，如：把垃圾分类处理和摆放、把废物扔进垃圾箱、少用一次塑料袋、不随意毁坏花草树木、节约用水等等，还有就是要改变一些不科学的陈规陋习，不乱捕乱杀野生动物，如果我们每个人都能做到这一点，也就不会出现大街小巷垃圾成堆、臭气熏天的状况了。

三是要大力宣传环境保护知识，让民众认识到环境破坏的后果和严重性。近年来，温室效应、暴雪、厄尔尼诺现象、海啸、地震、暖冬、沙尘暴等自然灾害频发，人们在切身感受各种灾难带来伤害的同时，加大了对环境问题的关注和重视。因此我们的政府和相关的组织要发挥一切积极作用，加强环境保护宣传教育的力度，广泛开展环保知识普及工作，以讲座、会展、电影、文化周等多种形式走进人们的日常生活。尤其要重视青少年的环保教育，孩子的主观环保意识得到加强，我们的未来才有希望，而且孩子的思想是最容易塑造的，儿时的环保意识培养会成为他们一生的行为准则。在环境保护教育和宣传中，要使公众真正树立起环保意识、责任意识、主人翁意识，建立完善的惩罚机制，避免地方某些官员以环境为代价换取经济增长的不科学现象发生，使各级官员树立起正确的政绩观和大局意识，从而形成自上而下的环保观念。只有上行下效、上下结合，形成合力，才能更好地节约资源，保护环境。

四是完善环保体制，重大项目落实过程中一定要有环境专家进行评估。完善环保体制主要有以下三个方面：（一）要实行环保部门直接参与管理。在企业效益评估中环保指标不合格，即使经济效益再好，也不能将功抵过。这种制度类似于政府的一票否决制。（二）要完善环保法律法规体系建设。在全国人大和国务院制定各项法律法规的同时，地方政府要根据地方的实际情况，因地制宜，建立自己的环保规章制度。（三）有法可依，执法必严。要严格执法，就要依靠广大的执法工作者。所以要建立高素质的执法队伍，一方面要在现有执法队伍中加强法制教育和素质教育；另一方面要在新进人员中要提高进入的门槛。（四）建立群众环保参与机制。群众是我们国家的主人，只有政民结合才能把国家事务有效地推行下去。

五是要加强国家间的交流与合作。环境保护要依赖全世界人民的共同努力，尤其我们是发展中国家，环境保护的技术手段还远远落后于发达国家。所以我们要不断地加强环境保护方面的科学研究，还要学习发达国家的先进理念和环保技术手段，互通有无，交流合作，共同为世界环境贡献力量。

我们只有尊重客观规律，把保护自然环境列入重要议事日程，摆在应有的位置和高度，切实贯彻落实科学发展观和建设环境友好型、资源节约型社会的战略目标，促使人与自然和谐共处，才能推动经济社会又好又快发展。

三、阴阳：

1、一阴一阳之谓道，继之者善也，成之者性也。 ——《周易》

【语句释义】道：规律、规则。继：尊承，顺承。阴阳是相互对应的两个概念，彼此互相作用、相互融合，就是天地之间万事万物和谐统一的规律，这种规律就是道，尊承这种法则就是善，这种善是通过人性来体现的。阴阳相济是中国文化的核心观念。

2、阴阳者，天地之道也，万物之纲纪，变化之父母，生杀之本始，神明之府也。 ——《黄帝内经》

【语句释义】道：道理。纲纪：纲领，规律，定律。所谓阴阳是天地运行的道理，是万物繁衍生长的定律，是产生各种变化的根本，是生与死的源头，是各种神明所集中的地方。

阴阳是中国人看待天地万物的根本出发点，天地由阴阳而出，万物受阴阳约束，阴阳的交互作用导致了无穷变化，独阳不生，孤阴不长，生与死的转化同样发端于阴阳，阴阳如同一个无所不包的大仓库，把天地自然囊括其中。[1]

石分阴阳　人为父母

河南省巩义市（位于中岳嵩山北麓）历史悠久，文化底蕴深厚。巩义市的浮戏山自古就以山峰奇秀、潭泉生涯、石窍怪状而闻名遐迩。浮戏山里有条河谷当地的群众都叫它洪荒沟，令人称奇的是，洪荒沟底有两块比磨盘还大的圆形巨石叠在一起，没人能说出这两块石头是什么时候形成的，人们看两块石头紧紧贴在一起，所以给它起了个好听的名字叫"阴阳

---

① 曲黎敏：《从字到人：养生篇》，长江文艺出版社，2009。

石"，这块石头还有一个美丽的传说。

传说上古的时候，人们还过着茹毛饮血的生活，虽然生活比较艰难，但是人们性情淳朴。当时的洪荒沟里植物繁盛、物产丰富。洪荒沟外的村庄里住着兄妹二人，他们父母早逝，相依为命。每天兄妹都一块上山放牛、砍柴，日落便回家休息。兄妹二人每次上山砍柴都要路过金狮岭，金狮岭上蹲着一只石头狮子，孤孤单单望向远方，兄妹二人都是善良的人，怜悯石狮子孤单寂寞便每天把自己带的干粮分一半给石狮子吃，石狮子也很有灵性，当他们每次把干粮送到石狮子的嘴边，狮子就像活了一样张开嘴把干粮吞进肚子里，兄妹觉得奇怪，但是从没向别人提起过，就这样暑往寒来，日复一日，年复一年，从来不曾间断。

有一天，兄妹二人像往日一样上山砍柴、放牛，路过金狮岭，当他们再一次把干粮放进石狮子嘴里准备离开时，突然，那石狮子变成了一只真的狮子，兄妹二人吓坏了，以为这回要丧生在狮口了。这时狮子像人一样张口说话了，石狮子说："你们兄妹二人不必害怕。我就是平日里你们喂养的石狮子。我不会伤害你们的。你们心肠好，怜我孤苦、在这狮子岭上忍饥挨饿，每日将干粮分给我一半，我非常感激，所以我一定要报答你们。你们听着，尘世上将要遭受一场大劫难，所有的生物都无法幸免。我见你们心地善良，不忍你们蒙难，所以我要搭救你们。以后上山，你们要注意我的眼睛。如果有一天，我的眼睛变红了，那就是说世界的灾难就要来了。到那时，你们要赶快到我身边来。我会搭救你们。千万要记住。"兄妹俩听了，非常惊奇，想再问得清楚些，但石狮子又变回了原形再也不说话了。

从那以后，兄妹俩既担心又害怕，但是为了维持生计依旧每日上山放牛、砍柴，照样分出一半干粮喂石狮子吃，同时观察石狮子的眼睛有没有变化。这样又过了一些日子，突然有一天，兄妹俩在上山的路上，听到一种巨大的轰鸣声，这声音铺天盖地而来，好像要将所有生物都吞噬一样，天崩地裂之声震耳欲聋，霎时，天变黄了，天边开始坍塌，地变黑了，地角开始崩裂，各种生物都发出绝望的嚎叫声，宇宙间笼罩着死亡和恐怖。兄妹俩慌忙跑上金狮岭，天地已经变成漆黑的一片，远远看见石狮子的眼睛红得像两盏灯，兄妹俩就跑向灯光的地方，他们还没跑到跟前，石狮子就急忙说："快，快爬进我的肚子里！"说着，便把大嘴张开，兄妹俩刚爬进去，石狮子便把嘴合上了。

石狮子的肚里就像是另外一个世界，温暖而湿润，还有不少吃的东西，仔细一看，原来全是他们俩每天喂给石狮子的干粮，兄妹二人一点也不用担心生活，安心地住了下来。饿了就吃干粮，渴了就喝点小河水，唯一让他们担心的是不知道外面的世界变成什么样了。就这样不知不觉地过了很多日子，干粮吃完了，才听见石狮子说："世间的劫难已经过去了，你们俩可以出来了。"兄妹俩赶忙从石狮子的嘴里爬出来，四下一看，兄妹俩惊呆了——世界发生了太大的变化，天上灰蒙蒙的看不清楚，地上到处都是沟壑。所有的生物都灭绝了，兄妹俩看到这一片凄凉的景象，禁不住哭了起来。家园没了，山上光秃秃的也无以为生，这可怎么生活啊！

这时石狮子又说话了："善良的兄妹，不要哭泣。看到善良的你们，我不忍让人类灭绝，才救下你们的生命，现在尘世上就只有你们兄妹二人了，你们要战胜灾难，坚强地生活下去。虽然很艰难，但是你们是人类最后的希望，要繁衍子孙，让人类再兴旺起来。"这么一说，兄妹二人都不同意。当时的人类已经产生自己的风俗，亲兄妹是不能结合的，不然就违背了伦理道德。石狮子理解他们的心情，为了使人类不至于灭绝，它想了想又说："我也知道这件事很为难你们兄妹。人类是否灭绝就让上天来决定吧。这附近200里处有两座山，名叫东山和西山。这两座山是上古时期神仙休息的座位，在两座山的山顶各有一块磨盘大小的圆石头，你们兄妹二人各上一座山头，把石头推下洪荒沟底。如果两块石头能合在一起，那么就是上天给你们的指点，不希望人类灭绝，你们就结婚，石分阴阳，人做父母，如果石头合不到一块那就只好让人类灭绝了，怎么样？"

兄妹俩无奈只好答应了。兄上东山，妹上西山，果然找到了两个形状相同的大圆石头，狮子一声巨吼，兄妹俩人便同时把石头推下了沟去，那两块石头像用绳子牵着一样，呼隆隆一声响，滚落沟底，一上一下正好合在一起。于是，兄妹二人便在洪荒沟底盖起了石屋，成了亲，并且用石头锻造了刀、斧、镰、锄等工具，开始了艰难的原始生活，生儿育女，繁衍后代。后来，他们的后代多了，兄妹两个就立下家规禁止了兄妹通婚，从此以后人类才能再一次的繁衍生息。

直到如今，在浮戏山的洪荒沟底，那合在一起的两块巨石还在，人们都把这两块石头叫做"阴阳石"或者"父母石"。①

———————————

① 本故事参见 http://baike.baidu.com/view/591388.htm

现实链接

事物百态处处皆为阴阳

那么什么是阴阳呢？阴和阳是我国古代朴素的辨证唯物的哲学思想，它既表示相互对立的事物是对立统一的关系，又代表一个事物内部存在的相互对立的两个方面，是矛盾对立统一的运动规律，也是宇宙万物运行的规律。一般来说，凡是运动的、外向的、上升的、温热的、明亮的，都属于阳；而相对静止的、内守的、下降的、寒冷的、晦暗的，都属于阴。

其实，在我们日常生活的方方面面，处处体现着阴阳学说的思想。阴阳学说不但被用以说明人体的组织结构、功能及病理变化；还用来说明衣、食、住、行等生活细节的对立统一。

就人体组织结构而言：人体的上部为阳，下部为阴，所以头部为阳，不怕冷。脚部为阴，生活常识告诉我们不注意脚部的保暖很容易患各种疾病；背部为阳，腹部为阴，所以背部较腹部更能耐寒，尤其是胃部和腹部受凉，很容易造成脾胃不调，烧胃胀痛；四肢外侧为阳，内侧为阴；皮肤毛发为阳，筋骨为阴；拿脏腑来说，五脏（心、肝、脾、肺、肾）为阴，六腑（小肠、胆、胃、大肠、膀胱、三焦）为阳。无论是身体的哪个部位都有阴阳之分，皆有一定的保养法则，得知阴阳，并以阴阳之道行之，也就能较长久的保持健康的状态。

就人体功能而言：人体正常的生命活动，是物质和功能的有机统一，是阴阳两个方面保持对立统一协调关系的结果。世界是物质的、运动的，人体也是一样，由细胞构成组织，组织构成器官，各器官协调作用才构成人体的呼吸、神经和泌尿等系统。功能属阳、物质属阴，物质为人体的生理活动的基础，没有物质运动，就无以产生生理功能。人体功能与物质的关系，也就是阴阳互存、相互消长的关系。如果阴阳不能相互为用而分离，人的生命也就终止了。

就病理变化而言：疾病发生是因为"阴阳失衡"。阴阳失衡则会出现"阴胜则寒""阳胜则热""阳虚则寒""阴虚则热""阳损及阴""阴损及阳""阴阳两虚"等病症，并且这些病症在一定条件下是可以相互转化的。①

---

① 参见 http://baike.baidu.com/view/188.htm

　　古语有云："一阴一阳之谓道。"不要认为"道"有多少的高深，对立统一的规律就是"道"，"道"就在我们衣、食、住、行之中。

　　在穿着方面，古人穿衣，上为衣，下为裳。古人讲"天玄地黄"，皇帝在出席重大礼仪时穿衣就十分讲究。下衣为黄裳，黄色对应土地，地为阴，因此就对应"阴"；上衣为玄色，就是黑带微赤的颜色，对应天，天为阳，所以玄色就对应"阳"。所以穿衣也是与天地阴阳属性相对应的。

　　在饮食方面，水与火相对，水为阴性，火为阳性；中医里把水还分出了阴阳，地下水为阴，草叶树枝上未落地的露水又为阳。所以阴阳在中国文化中不是一个绝对的、相互对立的概念，而是一个相对的、在一定条件下可以相互转化的概念。再比如酒，酒有水火二性，酒表面看上去是水（阴性），点燃后却是火（阳性）。牛羊肉等畜类的肉食为阳性，适于温补，所以多在秋冬之际服用，鱼虾则为寒性，就是阴性，属寒，多在夏天食用，不但营养丰富，而且口感很好。面（小麦）是阳性，而米（水稻）则为阴性。

　　在居处方面，古人认为，高处多阳，低处多阴，所以在建房子的时候，多选高处朝阳的地方，而不选低处背阴的地方。这种朴素的思想认识，和人的生活起居一样要与天地阴阳规律相吻合。一般来说，地下室都不会住人，因为地下室见不到阳光，阴气过重，科学上已经证明，长期在地下室生活的人，缺乏阳光的照射，不利于钙的吸收。古代中国人还把活人住的房子叫"阳宅"，而逝去的人要入土为安，所以称为"阴宅"。

　　在行的方面，走路时抬起的脚为阳，落地的脚为阴，但抬起的脚会再落下，落下的脚又会再抬起，这就是阴阳互动。走路是个很简单的动作，却体现了一种阴阳的转换方式。

　　生活中的阴阳还有很多，比如我们用筷子吃饭时，不动的那根筷子为阴，动的那根为阳。一阴一阳的筷子搭配起来才能夹起饭菜，把美味送入口中，这也是阴阳之道。

　　还有我们人，女子为阴，男子为阳。

　　所以，在我们的日常生活中，凡是一个事物有两个方面或两种不同的表现，都可以称之为阴阳。

　　（参见曲黎敏：《从字到人：养生篇》，长江文艺出版社，2009。）

第二节　认识社会　修养德行

一、社会秩序：

经典语句

1、渊静而百姓定，纲举而众目张。　　　　　　——《营造法式》

【语句释义】渊：深渊、水渊，这里喻意社会环境。纲：指鱼网。这句话字面的意思是指社会平静百姓就不会恐慌，不用时时担心会有危险发生，把渔网撑起来，各个网眼就自然张开。这里是寓意社会安定和谐，百姓才会安居乐业，国家制度井井有条，人们才有行事的规则。

这是李诚在《营造法式》序里的话，李诚是告诫人们制定一个建筑通用标准是很有作用的，没有规章制度很难维持社会的有序发展，就拿我们个人来说，没有自己的个人计划，做事是混乱的，没有计划和预计也很难办成一件事情。不管是做事，还是做人，我们都要有自己的人生准则，外部圆滑而内心要坚持自己的原则，我们才不会在纷繁复杂的社会生活和外来诱惑面前迷失自我，才有可能完成自己的人生理想和规划。而对于一个国家或者社会来说，每个人都是不同的，他们有不同的思想、文化和习惯，国家或社会要和谐稳定发展就必须拥有同一而强制性的原则，这一原则规范了人们在日常生活中的行为，明确了什么是可以做的，什么是不可以做的。违反了原则就要受到国家法律的强制性处罚，只有公平公正，才会得到社会大众的支持和信服。

2、凡治，以典待邦国之治，以则待都鄙之治，以法待官府之治，以官成待万民之治，以礼待宾客之治。　　　　　　——《周礼》

【语句释义】凡：凡是。治：治理。典：典章。待：达到。则：准则。都鄙：这里指公卿大夫的封地。官成：是指官府的成事品式。礼：指"五礼"之一的宾礼。这句话的意思是说，大凡治理天下，让百姓臣服，要用典章来治理邦国，用法则来治理公卿大夫的封地，用法律来治理官府，用官府成事品式来治理臣民，要用宾礼来对待宾客。

经典故事

1、军纪严明　骁勇悍将

提起周亚夫大家都不陌生，周亚夫生活在距今两千多年前的西汉文景时期，他是汉朝功勋卓著的大将军，熟读兵法，作战勇猛，军纪严明，为汉室守卫边疆多年，战功显赫。

汉文帝是一个开明贤德的君主，时常慰问戍边的将士。有一年，汉文帝下令要亲自犒劳守卫京畿重地的将士们，他率领皇家卫队浩浩荡荡地出发了。汉文帝一行先到达驻扎在灞上和棘门的军营，未经通传就直接进入军营，将军和他的部下都骑马前来迎接。

接着文帝率领一行人又到达了细柳的军营，这里的统帅是周亚夫。远远望去整个军营庄严肃穆，只见细柳营的将士们个个都身披铠甲，手执锋利的武器，拿着张满的弓弩，守卫森严。这时文帝的开路先锋先到达细柳军营的门口，守门的将士将他们拦截在门外，不让他们进入军营。先锋官从来到哪里都受到热烈的欢迎，没想到在这里受到如此的待遇，所以十分气愤，于是将刀抽出威胁守门的卫士。守门的卫士也不甘示弱，抽刀相抗。先锋官说："我是皇帝的先锋，为圣驾开路，你一个小小的守门卫士竟然胆大妄为不让我等进去，简直是不要命了。而且圣驾马上就到，一切事宜都没有准备好，天子怪罪下来，我们都得死。"把守营门的军门都尉说："将军有令，军队里只听将军的号令，不听其他指令。"开路先锋实在是没办法，只好静等文帝一行的到来。

过了一会儿，文帝也到了，军门都尉见皇帝到来，躬身下拜，但是就是不让皇帝进入军营。于是文帝便派使者持符节诏告将军说："我是大汉皇帝，特此来犒劳将军的军队。"周亚夫这才传达命令说："打开军营大门！"守卫军营大门的军官对文帝一行驾车骑马的人说："将军有规定，在军营内不许策马奔驰。"于是文帝等人就拉着缰绳缓缓前行。这时皇帝十分气愤，决定要给周亚夫点颜色看看。

一进军营，只见周亚夫手执兵器对文帝拱手作揖，文帝的随从厉声喝道："大胆周亚夫，见到皇帝为何不拜？"周亚夫不慌不忙地说："武士们为国家守卫边防，盔甲时时不可离身，穿着盔甲的武士不能够下拜，所以我才以军礼参见陛下。"文帝听后觉得非常有道理，只有军纪严明的部队才能防止敌人的偷袭，于是表情变得庄重，手扶车前的横木，称谢说："皇帝敬劳将军！"完成仪式后才离去。

出了营门，群臣都表示惊讶，有人还气愤地要求文帝治周亚夫的大不敬之罪。文帝却说："你们真是见识短浅，这才是一位真正的将军，前面所经过的灞上和棘门的军队，就像儿戏一般，那些将军很容易用偷袭的办法将他们俘虏。至于周亚夫，谁能够冒犯他呢？"说罢，文帝仍然不停地称赞周亚夫，并传令重赏。

2、一代枭雄 割发代首

初"识"曹操是在央视版的三国演义电视剧中，受文学作品的影响，总认为曹操是一个大奸臣，给他扣上了"坏人"的帽子。随着年龄和阅历的增长，尤其是对历史知识的学习，逐渐改变了自己的看法。其实曹操是三国时期伟大的政治家和军事家，他的许多政治见解和军事谋略都为后人所推崇。

东汉末年，汉室皇权衰微，各地诸侯逐渐做大，混战不断，弄得民不聊生，怨声载道。此时，得民心者得天下，曹操深谋远虑，对军队严明纪律，严令不可乱杀百姓，不可损坏百姓之物，行军时不准毁坏百姓的庄稼，违者杀无赦，所到之处深得百姓的欢迎和爱戴。

有一次曹操率兵出征，路过一片农田，由于自己的战马受惊，窜入田中踩踏了很多麦苗，心中愧疚不已。他想起了自己立的军规，抽刀就要自裁。下属慌忙阻拦，好言相劝说："丞相是国之栋梁，为国为民奔波劳苦，是国民之救星，因过度疲劳未控制好战马踏了麦苗，实在是情有可原，就是按纪律制裁也应该宽大处理。"曹操则严厉斥责道："我为统帅，自然为三军之表率，令出必行。而今我犯下过错，不可饶恕。"说着就要举剑自裁，众僚属俯身跪地，苦苦哀求丞相能保住有用之身，解救众生于水火之中。百般劝解，曹操才同意割发代首，以示警戒。

温馨提示：这个故事直到今天也很有教育意义，试想在那样一种一人独尊的封建社会，曹操可以做到严格地遵守法律，不姑息自己，真让人肃然起敬。他这样做有两点解读：一是法律自身的重要性。有法才可以规范士兵，在那样一个军阀混战的年代，军纪严明，不但可以建立一支强大的军队，还会得到百姓的拥护，对于称雄争霸必不可少。二是曹操要树立个人威信。先不说曹操此举是否出于真心，但身为统帅言出必行、令行禁止的作风是值得我们每个人学习的。在政治、经济、文化高速发展的今天，我们每个人都要知法、懂法、守法，因为法律已经无处不在，尤其是一些领导干部，更要为百姓起到表率的作用。

现实链接

家有家规 国有国法

家规国法并不冲突，皆是我们在社会规律中总结出来的规矩、规则。在人类没有形成家这个概念之前，人与人之间就有相处的规则，年长的照顾年幼的，青壮年收集来的食物要平均分配。就是因为有了这样的规则，人类种群才得以延续，文明才会愈发的灿烂辉煌。随着人类的发展，社会的进步，人类逐渐从氏族社会中形成家族的观念。所以可以说规则是在没有家之前就形成了，只是后来出现了一个明确的概念——"家规"。因为有家必有相处，相处即要有规则、规范，有了家规才能束缚人的不良行为，才会使家庭和睦。当然规则不是人凭空捏造的，它是自然规律、社会规则的体现。有良好的家规，只要适应社会的需要，家、家族就会繁荣昌盛并代代延续，反之则会被社会所淘汰。所处地域不同，环境条件不同，种族、宗教信仰不同，家庭成员个体状况、相互之间的关系及组成形式就会有所区别，各家形成各家自己独特的家规。各家规不同是相对的，但同一环境下的家规具有共性是绝对的，且一般家规的共性大于差异性。家规一般以潜规则的形式存在，家规中的家庭公共权力也没有明确的文字条款，一般是靠家长的悟性来执行。

理所当然，国必有国法，因为国是无数个家组成的，国家也是家的一种形式，有家必定会有家族的利益，各家族之间为自己利益会发生无休止的冲突，这就需要国法来严格的限制。其实国法也是一种客观规律，是国家用来管理社会中各种关系的客观规律。人类认识规律之后形成习惯，私有制建立之后形成国家，才建立了明确而具体的习惯法，再到成文法，这之间经历了漫长的过程。随着人们不断深入对自然的认识，国法也随之不断地完善。当然，由于地理、环境、文化的不同，不同的国家形成了各自独有的国法，但其本质上是相通的。

国法和家规都是人们对自然规律的认识和总结，随着认识不断深入，国法与家规也会不断的完善，这样人类才会进步，社会才会发展。

既然有了国法与家规，世人就要遵守。忤逆父母，必为亲朋和民众所唾弃。父母生而养之，万般辛劳，不知报父母天高地厚之恩，反而忤逆不孝，连飞禽走兽也不如。同姓不婚，是告诫人们避免不健康的后代出生。这些皆是千百年来祖先在现实生活中总结出来的真理，即使可以逃脱家规的惩罚，也必定会承受自然法则的恶果。国法与家规不同，它是国家公共权力的表现形式，是由国家强制执行的，在国法面前人人平等。有些人做出违法乱纪的事情，以为可以侥幸逃脱法律的制裁，其实都是异想天开。俗话说得好："法网恢恢，疏而不漏。"与其虚度青春，失去自由，不如遵纪守法，做一个对社会有用的人。

二、天道无漏：

经典语句

1、天网恢恢，疏而不失。 ——《道德经》

【语句释义】这句话是出自老子《道德经》第七十三章，天网即天道之网，现今多用来比喻法律之网。恢恢：是极为宏大、广大的样子。天道像个宏大的网，虽然看起来稀疏，但是绝对不会有所疏漏，作恶者是逃不出天道惩罚的。就像民间流传的一句话："不是不报，时辰未到"。现在多用来比喻犯法的人最终会受到法律的制裁。

2、多行不义，必自毙。 ——《春秋左传》

【语句释义】行，做事、行为。义：正义，这里指合乎道义、正义的事情。毙：死亡、灭亡的意思。自毙：就是自取灭亡的意思。做了很多不合乎人们心中正义的事情，一定会自取灭亡的。这句话是春秋时期郑国郑庄公痛斥他弟弟共叔段的话，共叔段为人野心极大且贪得无厌，不断地发动暴力事件争夺地盘，扩大城池，最后与母亲里应外合谋反激起民愤，被哥哥庄公所灭。在现实生活中也一样，那些坏事做尽的人有谁有好下场呢？妻离子散不得善终的人比比皆是，即使死后也要背负千古的骂名，遗臭千年，子孙后代也跟着蒙羞。

经典故事

1、天网恢恢　有罪必究

古时候随州大洪山镇有个叫李遥的人，他平时为人火气很大，经常与人争执、斗殴。

有一次，在和别人争执的时候错手杀了人，他当时非常害怕，为逃避惩罚逃亡到了外地，即使在外地他还是怕被人发现，每天都躲在山林中与野兽为伍，以松果、野菜为食，整天提心吊胆，过着人不像人、鬼不像鬼的生活。

第二年，李遥实在忍受不了山野的生活就流亡到秭归县城，他很久没有来过繁荣的集市，所以非常兴奋，在城中的集市上闲逛时，他看到有人在出售拐杖，李遥在山野生活的时候，一次不小心伤到了腿，因为没有及时治疗，落下了病根，走起路来一拐一拐的，他觉得这只拐杖价钱和质地都比较合适，就花几十枚铜钱把拐杖买了下来，心里非常高兴。

当时秭归城中恰好也出了一桩人命案，这只拐杖就是被害人的，官府正在急于抓捕凶手。被害人的儿子在街上看见李遥，认出他手中的拐杖是自己父亲的，于是就向衙门报了案。衙役们把李遥逮住，经验证，果然是被害人的拐杖。李遥称自己是买拐杖之人，并非凶手。但是集市上的人有千千万万，根本无法找到卖拐杖的人，于是官府又对李遥进行审问，问李遥是哪里人，李遥知道无法隐瞒，就说出自己的真实住址。秭归县衙与随州地方官府取得联系后，得知此人就是大洪山杀人潜逃的嫌犯，于是大洪山杀人案告破，李遥受到了应有的惩罚。

这个故事告诉我们即使是千方百计逃避惩罚，最终也难以逍遥法外。

2、潜逃九年　终落法网

这个案件发生在 2000 年 6 月 15 日凌晨，犯罪嫌疑人白亚平伙同岳某二人经过踩点后窜至某市回收公司第三门市部，二人经过多方了解后认为该地一定会存有大量现金，于是决定作案。二人佯装卖废铁的人，在骗取了值班员沈某的信任后，尾随沈某进入该门市部院内，乘沈某不备，白、岳二人用事先准备好的工具殴打沈某致死，随后对该门市部办公室内的保险柜进行抢劫，因为二人都不会开锁，没有打开保险柜，仅抢得办公室抽屉内现金 280 元后，逃离了案发现场。

案发后第二天清晨，警方接到报案，遂于当天立案侦查，但犯罪嫌疑人早已逃离，不知所踪。2004 年，警方得到消息，该案嫌疑人岳某因涉嫌盗窃被江苏省警方抓获。在与江苏省警方取得联系后办案人员立即赶往江苏省，经过审讯，在押的岳某交代了 2000 年伙同白亚平抢劫门市部的案发经过，随后，白亚平被警方列为网上追逃人员。

据了解，嫌疑人白亚平畏罪潜逃后，利用假身份证在各地逃窜。2009年 7 月，终被深圳市警方抓获，白亚平因涉嫌抢劫罪被警方刑事拘留，等待他的将是法律的严惩。

犯罪嫌疑人潜逃九年最终落网，这件事不得不让人反思，为了一点钱财，不惜杀人抢劫，造成被害人一家无可挽回的痛苦，人皆有父母亲人，天下之痛莫过于丧失亲人。而对于两个罪犯的家庭也从此蒙上了挥之不去的痛。

现实链接

艰难的心理救赎

在现实社会中，犯罪后暂时逃脱法网却难逃心网的例子举不胜举，王金全就是一个很有代表性的人，他是在现代信息爆炸时代的网络名人，曾是腰缠万贯的成功商人，热心公益事业的慈善家，殊不知他还是一名因盗窃罪被判入狱 8 年，然后脱逃了 20 年的逃犯。

王金全的人生可谓传奇，1988 年成功越狱后，仅靠妻子给的 100 元钱发家致富。2000 年，王金全的家纺店在雅安辖区的县镇上已达 10 个，员工 70 多人，资产上百万，成为远近闻名的富翁。今年已经 53 岁的王金全在接受记者采访时说道：1986 年，时年 30 岁的他和表哥王顺全在彭州入室盗窃，1987 年分别被判处有期徒刑 8 年和 10 年，王金全的刑期到 1994 年 8 月 9 日止。入狱后，王金全很担心妻子和 5 岁女儿的生活。没想到服刑一年多后，妻子突然来信说要离婚，王金全非常担心女儿，于是开始伺机逃跑。脱逃后，王金全来到雅安，找到了在某工厂上班的妻子，妻子给了他 100 元钱，王金全靠着这 100 元钱做本钱，从经营炸油饼的生意开始，摆过地摊，做过批发袜子、内裤等生意。由于王金全为人勤快节俭，后来慢慢地他租了几间门市铺面，开店经营床上用品。

逃亡的时光是痛苦的，在这惶惶不可终日的 20 年中，王金全从不敢表明自己的身份，从不敢向别人说出自己的名字。在人人羡慕的风光背后，是无法向人倾诉的压抑，20 年来王金全一直惶恐不安，试图赎罪，他对亲友仗义疏财，经常为彭州市九尺镇上的敬老院捐款，还为汶川大地震购买了大量的物资运往灾区，可即使做再多的善事，也无法让王金全在心理上得到安宁。女儿长大成人上了大学，他心中也少了几分的牵挂，最后终于下定决心卖掉店铺准备自首。

最后邛崃法院对这起特殊的脱逃案进行审理，2000 余名服刑人员旁听庭审。53 岁的王金全，因脱逃罪被从轻判处有期徒刑 3 年半，加上他之前未服完的刑期 5 年 8 个月 12 天，法院决定对他执行有期徒刑 8 年。

宣判后的王金全一脸的轻松，大家都为他感到高兴，这是一种心灵上的解脱。也许身体失去了八年的自由，但是他终于可以坦坦荡荡的做人，可以抬起头大声地说出自己的名字，每天不必提心吊胆的担心自己被发现受到惩罚。其实，人谁无过呢！错了就要改正，就要为自己的过错负责，仰不愧于天，俯不愧于地，这才是令人佩服的顶天立地的人。

三、修德立行：

经典语句

1、**德不孤，必有邻。** ——《论语》

【语句释义】 这句话是出自《论语》，意思是说品德高尚的人一定不会孤单，一定会有很多的仰慕者，他们因为敬仰他的高尚品德，自然就会亲近他，爱戴他和他做朋友。这句是孔子回答他弟子的话，弟子问孔子："人皆有兄弟，我独无。"孔子回答道："德不孤，必有邻。"有一天一位弟子问孔子说："人人都有兄弟，只有我没有，我是个独子。"孔子对弟子说："品德高尚，你就不会孤单了。"

2、**富贵不能淫，贫贱不能移，威武不能屈，此之谓大丈夫。**

——《孟子》

【语句释义】 淫：迷乱。移：改变。屈：屈服。这句话的意思是说，富贵不能使其心志迷乱，困苦不能改变其操守，威武不能使其屈服，这才是真正的大丈夫。

经典故事

1、京张铁路　国人骄傲

满清末期，政府昏庸无能，科技力量远逊于西方各国。各帝国主义国家以修筑铁路为名，在中国的土地上划分他们的势力范围。为了打破帝国主义对中国铁路建设的垄断，建设中国人自己的铁路，1905 年詹天佑顶着各方面的压力毅然决然地承担了京张铁路的建设工程。

提起詹天佑，我想大家都不陌生，至今北方交通大学的校园里还树立着这位民族英雄的雕像，激励着一代代中华学子踏着先人的足迹奋力前行。詹天佑是清朝末年政府公派的留美学生，年幼的他在留美期间刻苦地学习铁路建设专业，为以后修筑中国人的第一条铁路打下了坚实基础。

1905 年 5 月，京张铁路建设总局成立，以陈昭常为总办，詹天佑为会办兼总工程师，1906年詹天佑又升为总办兼总工程师。当时，国内外舆论对中国人修建这条铁路没有信心，不但各帝国主义的媒体冷嘲热讽，就连国内的一些高官也人云亦云，不看好詹天佑等人可以修建好这条铁路。有人甚至说他是"自不量力"，"不过花几个钱罢了"，甚至说他是"胆大妄为"。但是詹天佑力排众议，坚持修建中国人自己的铁路，他所承受的压力是巨大的，如果失败那就标志他的职业道路自此终结。他在给老师诺索朴夫人的信中说道："如果京张工程失败的话，不但是我的不幸，中国工程师的不幸，同时带给中国很大损失。在我接受这一任务前后，许多外国人露骨地宣称中国工程师不能担当京张线的石方和山洞的艰巨工程，但是我坚持我的工程。"①

没有几个人能够做到只考虑国家民族的利益而把个人的荣誉置之度外，詹天佑做到了。他亲历亲为勘察每一个路段和地质结构，尽力将所有细节做到完美，京张铁路是中国铁路划时代的工程，詹天佑以其伟大的爱国主义情怀和为国为民的责任心，打破了帝国主义利用铁路对中国的瓜分和封锁，他的这种民族气节得到了全世界人民的景仰。詹天佑也成为了中国铁路事业的先锋，是我们的民族英雄，人民永远不会忘记他为国为民的壮举。

2、国破家亡　宁死不降

文天祥是南宋著名的文学家、政治家和军事家。南宋末年朝廷政治腐败，北方元朝不断大举进犯，百姓生活十分困苦。文天祥空有报国之心，无奈不受朝廷重用。公元1275年正月，元军大举进攻南宋，长江天堑防线全线崩溃，南宋朝廷岌岌可危，皇帝诏命各地民众组织义军勤王护驾。

文天祥得知消息后痛心疾首，立即捐献所有家资组织当地的民勇稍加训练就开赴临安，保卫京师重地。南宋朝廷立即委任文天祥为平江知府，统领兵马以抗元军，不久之后，即发兵驰援常州、独松关。由于元军兵强马壮，攻势猛烈，文天祥的江西义军虽英勇作战，最终也抵抗不住元军的大举南犯。

南宋朝廷的官员见大势已去，纷纷出逃以保家小平安，全然不顾国之安危。文天祥临危授命为右丞相兼枢密使，迫于无奈出城与伯颜谈判，企

---

① 摘自 http://baike.baidu.com/view/8594.htm

图与元军讲和为百姓免除刀兵之苦。不知元军主帅伯颜出尔反尔将文天祥扣留在元军大营。谢太后见无力挽回大局，只好向元军投降。这时南方还有广大的地区未在元军的控制之内，伯颜企图诱降文天祥让他做说客，利用他的威望劝降其他地区的民众。

伯颜用尽所有方法，文天祥宁死不屈，迫于无奈伯颜只好将他押解北方。文天祥身在元营，心系着南宋百姓和朝廷，每时每日都在伺机逃跑，这一日元军押解文天祥行至镇江，守卫出现空档，文天祥终于脱离魔掌，历尽千辛万苦，经水路回到南方。

文天祥认清了元急于灭宋的野心，主张誓死抵抗，与南宋朝廷的许多权臣政见不合，所以一直在朝外组织民间力量进行抗元斗争。公元1728年冬，元军大举进攻文天祥部，他在率部向海丰撤退途中遭到元将张弘范的攻击，兵败被俘。被俘后文天祥多次自杀未遂，元军将领千方百计迫降，最后都无计可施。

在被俘的日子里，文天祥一心求死，公元1279年正月写下了千古流传的《过零丁洋》："辛苦遭逢起一经，干戈寥落四周星。山河破碎风飘絮，身世浮沉雨打萍。惶恐滩头说惶恐，零丁洋里叹零丁。人生自古谁无死？留取丹心照汗青。"这首诗的意思是说：我一生的辛苦遭遇都开始于学习儒家经典（它让我懂得了人生大义）；从率领义军抗击元兵以来，经过了整整四年的困苦岁月。祖国的大好河山在敌人的侵略下支离破碎，就像狂风吹着柳絮零落飘散；自己的身世遭遇也动荡不安，就像暴雨打击下的浮萍颠簸浮沉。想到之前兵败江西，（自己）从惶恐滩头撤离的情景，那险恶的激流、严峻的形势，至今还让人惶恐心惊；想到去年五岭坡全军覆没，身陷敌手，如今在浩瀚的零丁洋中，只能悲叹自己的孤苦伶仃。自古人生在世谁没有一死呢？为国捐躯，死得其所，（让我）留下这颗赤诚之心光照青史吧！诗中概述了自己的身世命运，表现了慷慨激昂的爱国热情和视死如归的高风亮节，以及舍生取义的人生观、价值观，是中华民族传统美德的最高表现。连元军将领看了都为之感动，不再为难文天祥做有违道义的事了。

南宋灭亡后，文天祥一行被押往元大都（今北京），元世祖忽必烈爱惜贤才，也感动其坚贞不屈的爱国情怀，对于文天祥十分的厚待，先后派来原南宋左丞相留梦炎、宋恭帝、赵显来劝服他，文天祥不卑不亢，言辞有据，令来者无言以对，怏怏而去。元世祖忽必烈勃然大怒，让人把文天祥捆绑起来好几个月，还让元朝丞相孛罗亲自开堂审问文天祥。文天祥言道："我文天祥为大宋尽忠，何罪之有，你凭什么审问我？我只求早死，不求荣华富贵。"

后来，文天祥又被关押了三年，三年中元朝利用骨肉亲情威胁他，文天祥苦不堪言，每日以泪洗面，得知妻儿在宫中受苦，悲痛万分。在给妹妹的信中他写道："收柳女信，痛割肠胃。人谁无妻儿骨肉之情？但今日事到这里，于义当死，乃是命也。奈何？奈何！……可令柳女、环女做好人，爹爹管不得。泪下哽咽哽咽。"好男儿当保全国、家和妻儿，而如今国破、家亡，妻子儿女在受人奴役驱使，怎不让人痛心疾首。但文天祥心知万不可因小家而失大节。元朝百般利诱却无计可施，最终不得不处死文天祥，那年他年仅四十七岁。

"孔曰成仁，孟曰取义。"文天祥大义凛然，宁死不屈，坚守自己的气节。其生有限，而他的精神无限，南方百姓得知他的死无不泪流满面，这样的人生才有价值。人生最久不过百年，死后不过尺寸之地。与其像秦桧那样留下千古骂名，不若文天祥这样百世流芳。这份高尚的品质是世人所敬仰的，不因生命的逝去而淡化，还会千百年来世世代代永留人民的心中。

现实链接

坚守自己的道德情操

天地之间的事物，都有一种朝着与自己相近的事物发展的倾向，而这种倾向是不受时间和空间限制的。人们会找寻与自己志同道合的人，因为相同或者相似的人能在思想上或者精神上有所包容和沟通。借助现代网络技术，时间、空间、国籍、人种、语言，所有这一切都已经不是我们的阻碍，尤其是那些为国家为民族为社会做出贡献的人，无论肤色、国籍都会成为全世界尊重和敬仰的人。

"德不孤，必有邻"这句话告诉我们，只要坚持自己的高尚情操，时间长了别人自然就会了解你、仰慕你的品德而希望与你亲近。不要过分在乎别人的看法人云亦云，这样不但会失掉自我的高贵品质，也会沦为附庸无能之辈。美德是根植于中华传统文化，千百年来一直为人们所追捧的道德品质。拥有美德的人，即使其貌不扬也是人们心中美的使者。

但是，当今社会往往存在一些令人疑惑不解的现象：有些品德高尚之人坚持自己做人做事的原则，可能会成为某些人嘲笑的对象；有些官员为官清廉为百姓做实事做好事，做事做人讲求原则，一视同仁不讲请托，做事本着有能者居之，却往往会被人讥笑，说他们迂腐，不给面子，不知道顺应社会潮流。其实社会潮流不一定是好的，重要的是坚持自己做人做事的根本，美德的车轮可能会偏离轨道，但总会有回归的那一天。虽然社会上暂时会存在各种丑恶的现象，但是百姓心中自有高尚品质的楷模，他们终将会为广大的民众所爱戴。"德不孤，必有邻"，这句话不仅仅是千百年来为人们所传诵的至理名言，更是一种人生价值的高度体现。

第三节　认识人生　自强不息

一、自知之明：

1、**知人者智，自知者明。** ——《老子》

【语句释义】智：智慧。明：聪明。能洞察他人的品性和才能者，可称之为智慧；能觉悟到自己优点和缺点的人，才能称得上高明。

2、**自知而不自见，自爱而不自贵。** ——《老子》

【语句释义】见：通"现"，表现。贵：高贵。这句话的意思是说，有自知之明的人，不自我显露；能自爱自尊的人，从不自命高贵、不凡。这句话告诉人们做人处事要谦恭。

经典故事

1、德贵自知　知人善举

鲍叔牙是春秋时期齐国著名的政治家，他以善于知人而名闻天下。鲍叔牙年少的时候和管仲是好朋友，曾经一起做生意，相互之间十分了解。齐桓公即位的时候，要任命鲍叔牙为丞相，总理全国的事务，鲍叔牙推辞说："我的才能不足以担任一国的丞相，我推荐管仲来担任"。他又说："您要是仅仅治理齐国，我还可以勉强胜任，但是如果您想称霸天下，就一定要管仲才可以。"齐桓公采纳了他的建议。后来齐国经过管仲的改革，日渐富强并且成为春秋五霸之一。管仲担任齐国的丞相时，鲍叔牙甘愿担任他的副手，共同治理齐国。

在管仲生病的时候，齐桓公与他探讨下一任丞相的事，齐桓公问道："假如你死了，谁能接替你担任国相呢？"管仲说："宁戚是最好的人选，可惜他死得太早了。"齐桓公又问："那么第二人选呢？"管仲说："隰朋可以。"接着又感叹说，"可惜他的命也不会太长。"这时齐桓公奇怪的问道："鲍叔牙不好吗？以前是他推荐你当的国相。你为什么不推荐他呢？"管仲说："我们现在是说，谁适合当国相，我和鲍叔牙的关系虽好，但是他不能胜任国相的职位，因为鲍叔牙性子耿直、嫉恶如仇。"齐桓公听后觉得很有道理。

后来有人将这件事告诉了鲍叔牙，说管仲没有朋友之义，忘记了您早年对他的恩德。鲍叔牙却说："管仲说的没错，我这个人嫉恶如仇，当国相会误事的，原来还是管仲最了解我呀。"

2、卧薪尝胆　一雪前耻

这个故事出自《史记·越王勾践世家》，《史记》是太史公司马迁所著，是一部伟大的历史著作。这个故事发生在春秋时期，也就是公元前496年，南方吴国的大王阖闾为争夺土地、百姓，派兵攻打越国，由于越国民众奋起反抗，加上吴国军事策略失误，阖闾为越国大将所杀。阖闾之子夫差即位后重用楚国人伍子胥励精图治，国力日渐强盛。为报父仇夫差兴兵攻打越国，两国鏖战月余终以越国的战败告终。在这次战争中越国元气大伤，从此无力与吴国抗衡。

夫差痛恨勾践，发誓要捉拿他，否则就要灭亡越国。勾践深知越国的百姓经过连年的征战根本无力对抗强大的吴国，只有自己投降才能使越国得到保存、越国的百姓得以保全，他和众大臣商量后愿意主动前往吴国请罪，以免除越国灭亡的灾难，谋求以后东山再起，一雪前耻。勾践在夫差面前毕恭毕敬，甚至不惜尝食夫差的粪便来判断夫差的病情以取得夫差的信任，夫差的虚荣心得到了极大的满足，不听老臣伍子胥的劝告，留下了勾践等人。在吴国的三年中勾践和众大臣等一干人饱受侮辱，在夫差认为勾践等人真心归顺吴国后，将他们放回了越国。在吴国的三年中勾践暗暗下定决心，一定要洗刷之前的屈辱，重振越国。回到越国后，他日间和百姓一起在田中劳作，晚间宿在田边的茅屋里。从不穿华丽的衣服，文武百官也效仿大王，励精图治振兴越国。在勾践居住的茅屋中，他在屋梁上挂了一只苦胆，每天起床后都会去舔舔苦胆，时时提醒自己曾经受过的侮辱。

越国君民一心，不久之后国力就强大了起来，一举攻陷吴国，一雪前耻。

这个故事告诉我们，一时的兴衰荣辱不能决定最终的胜负，要有自知之明。在面临生死存亡的时候，不要盲目的迎战，要懂得分析自己的优势和不足，要时时警惕不能放松自己，以等待时机；遇到挫折甚至面对耻辱时要忍辱负重，不能放弃。如果自己都放弃了自己，那么就没有人会重视你。自强不息才是自己要做的，通过自己的努力来获得别人的尊重，才是君子所为。

现实链接

人贵有自知之明

没能力办到的事情，就承认自己没能力，弄不好就是聪明反被聪明误，就有苦头吃了。人们常说自以为是的人最容易犯错误，因为过分相信自己的实力。古希腊著名的哲学家苏格拉底说过："最聪明的人是知道自己无知的人。"

现实生活中有很多没有自知之明的人。现在网络上流行着"三拍"的说法。所谓三拍就是有项目拍胸脯，我行；出事拍脑门，没想到；无法挽回的时候，拍屁股，走人。一个企业的老总曾痛心地说："现在的青少年在面试的时候都是夸赞自己如何如何的知识丰富，企业要求什么样的能力，他就具备什么样的能力，一旦进入企业面对工作任务，谎言一下子就被揭穿。"是呀，这不但浪费了企业的时间和金钱，也耽误了自己的前程，这就是没有自知之明的表现。没有人是生而知之者，不会就是不会，没人说你有问题，因为随着科技的发展、社会的进步，社会分工越来越细，学科种类繁多，知识难度加大，没人可以什么都会。如果不会装会，就会受到大家的鄙视，何苦呢？如果以谎言诈骗，还要受到法律的制裁。

尤其是青年人，一定要谦虚谨慎，不会的问题虚心向人求教，在努力学习科学文化知识的同时，要正确给自己定位，摆正自己的位置，努力寻求适合自己的工作岗位。认真学习别人的优点，反省自己的不足，从而更好地完善自己。

二、知错必改:

经典语句

1、予其惩,而毖后患。 ——《诗经》

【语句释义】我们要将过去的错误作为警戒,以防止后来再犯错,即成语"惩前毖后"。要不断吸取过去的教训,纠正以后的行为,这样以前的错误才会有价值。在人生的成长过程中每个人都会犯错,犯错其实并不可怕,可怕的是明知是错误的还要去做,不去改正它。天长日久,小错也会变成大错,酿成不可挽回的后果。

2、一薰一莸,十年尚犹有臭。 ——《春秋左传》

【语句释义】薰:香草。莸:(you)臭草。尚:还。犹:仍然。一棵香草和一棵臭草放在一起,十年还仍然有臭味。

这是卜人劝谏晋献公的话,主张不要立骊姬为夫人,这句话是说,好的东西容易消失,而坏的东西很难消除,善的东西往往被恶的东西所掩盖。可惜晋献公明知是错的,还一意孤行,将骊姬立为夫人,为晋国埋下了隐患。

经典故事

1、善于改过 其行可嘉

春秋时期,鲁国有个名叫叔山无趾的人,他年轻的时候犯了过错被砍去了脚趾,因为仰慕孔子的学问,靠脚后跟走路去拜见孔子。叔山无趾见到孔子躬身一礼,对孔子说:"因为仰慕圣人的贤德,所以来求教。"可是孔子看见他残缺的脚趾却对他说:"你这个人做事很不谨慎,以至于犯下大错被人砍掉了脚趾,现在追悔莫及。虽然你现在来向我求教,但是也不可能回到以前!"叔山无趾听后非常失望,没想到孔子也是这样肤浅的人,他对孔子说道:"从前我因为年轻不懂世事,轻易做了出格的事情,以至于被惩罚失去了脚趾,但是现在我来到这里,就是因为我为我以前做过的事后悔，我不想再次犯错，还保有比双脚更为可贵的道德品质，所以我想竭尽全力保全它。苍天可以覆盖一切，大地可以承载一切，我把先生看作天地之间最圣德的人，哪知先生竟然如此的轻视我！"孔子听到叔山无趾的一席话十分愧疚，说道："我孔丘实在是太浅薄了，请先生宽恕我的无理，请先生进屋来，讲讲您知晓的道理。"

叔山无趾没有理会孔子的邀请走了。孔子对他的弟子们说："叔山无趾以前是一个罪人，品德上有瑕疵，但是他最优秀的品质在于他认识到自己的过错，而且尽一切努力在改正它，你们都是品德和身体健全的人，要更加努力端正自己的品行，丰富自己的知识。"

2、知错能改　善莫大焉

故事的主人公是一名初中生，这个学生从上初中开始就打架，强抢同学手中的零花钱，和一群小混混去抽烟、喝酒、打台球。手中的钱花光了也不敢向家里要，继续抢劫同学，从来不好好上课，老师也不敢管，甚至与老师发生冲突要殴打老师，他是老师同学心中的小霸王，无人敢惹。随着年龄的增长，他更是变本加厉，伙同几个所谓的哥们儿抢劫、杀人无所不干。毕业后同学们失去了他的消息，等再次获得他的消息时，是在法庭的公开审判上，他因杀人、抢劫数罪并罚，被法院判处死刑。被执行死刑时他年仅19岁。19岁正是花儿一样的年龄，他却走到了生命的终点。19岁时我们高高兴兴踏入大学的校门，他的父母却已失去了爱子，一样的19岁不一样的人生。你曾想过为什么会有不同的人生吗？

听知情人介绍说："他在宣判之后追悔莫及，可是为时已晚。听者无不伤心落泪，为一个真诚的悔过，也为他付出的惨重代价痛心。"听到这里大家都陷入了沉思，为什么不在小错时就悬崖勒马呢？和他的悲惨人生相比，很多犯错的朋友还拥有人生最宝贵的生命，还可以从头再来。人的一生，走错一步，及时改正，还可以用剩余的时光创造新的辉煌。正所谓"回头是岸"。

人谁无错？假如你犯了错，只要你正确看待它、面对它、改正它，你还会成为一个有用的人。每个人都是在错误中寻求真理，在你做一件事之前，你可能根本不知道是对是错，其实每个人的成功都是一个不断用错误去验证真理的过程。前苏联伟大的文学家戈尔泰曾说过："如果你把所有的错误都关在门外时，真理也要被关在外面了。"错误的价值在于告诉你，这条路用这种方法不可行。爱迪生经过 14000 多次实验最终发明了电灯，当有记者问他如何看待一万多次失败时，爱迪生认真地说："你错了，我不是失败了一万多次，而是找到了一万多次行不通的方法。"

其实人生和做事一样，做一件事难免会出错，做错了加以改正，重新来过，就会成功。人生也是，人生的每一步都是岔路口，都需要选择，因为个人的认知能力有限，不可能完全做出正确的选择。选错了不怕，大胆的承认错误，鼓起勇气向正确的方向前进，切不可一错再错，执迷不悟，等到后果不可收拾，就悔之晚矣！

每个人脚下都有一条路，何去何从，都是自己的抉择，为自己把握好人生的风帆，不但是你为人子为人父的责任，也是你活出自己辉煌人生的价值所在。

3、知错善改　周处成才

下面的故事出自《世说新语》。话说古时候有个叫周处的人，字子隐，生于公元 238 年，根据西晋文学家、书法家陆机的《晋平西将军孝侯周处碑》上所撰写的内容，周处卒于 299 年，也就是司马炎元康九年，东吴吴郡阳羡人，也就是现在江苏宜兴人，鄱阳太守周鲂的儿子。他年轻时，为人蛮横强悍不讲道理，任意胡为，是当地百姓心目中的一大祸害。

据说当时宜兴的河中有条蛟龙，山上有只白额老虎，与周处一起称为宜兴百姓的"三大祸害"。且三害当中周处最为厉害。

当时为除去三大祸害，有人就劝说周处去杀死猛虎和蛟龙，实际上是希望三个祸害相互拼杀同归于尽。周处经不住来人的怂恿，立即去山上杀死了老虎，又下河去斩蛟龙。蛟龙在水里有时浮起有时沉没，漂游了几十里远，周处始终同蛟龙一起搏斗。经过了三天三夜，当地的百姓们都认为周处已经死了，奔走庆贺除去了三大祸害。

众人没有想到，周处竟然杀死了蛟龙从水中出来了。他听说乡里人以为自己死了为此庆贺的事情，才知道大家实际上也把自己当作了一大祸害，因此，决心悔改。

有人为周处出谋献策，让他去寻访有道德的人为师，于是周处便到吴郡去找陆机和陆云两位有修养有名望的人。当时陆机不在，只见到了陆云，他就把全部情况告诉了陆云，并说："自己想要改正错误，可是岁月已经荒废了，怕最终没有什么成就。"陆云说："古人珍视道义，认为'哪怕是早晨明白了道理，晚上就死去也甘心'，况且你的前途还是大有希望的。再说人就怕立不下志向，只要能立志，又何必担忧好名声不能传扬呢？"周处听后就改过自新，终于成为一名战功显赫的忠臣。

现实链接

学会在挫折中成长

在人的一生中，每个人都会经历从不知到知之，从知之较少到知之较多的一个过程。正是由于不知道或者知道的少，每个人才会犯错，就算圣人也有犯错的时候，所以说人不可能不犯错，但尽可能不犯同样的错误。因为当你犯第一次错误的时候，可以说是知之甚少或者不知，常言道："不知者不为过"。而当你第二次犯同样错误的时候，就可以说是愚蠢了。一个人犯错，犹如走路的时候遇到了一块绊脚石把你绊倒，你受伤了，就会痛苦，下次再从这里走的时候，你就会想起曾经的痛苦，然后小心地绕过这块绊脚石。有的人往往不会绕过这块绊脚石，他们第一次在这里摔倒，下次仍然在这里摔倒。当你第三次犯同样错误的时候，基本上等于无可救药了，这样的人就只会浑浑噩噩地过日子。为什么这么说呢？人的一生是在思考中成长的，反复地犯同样的错误，说明这个人平时做人做事根本不动脑子，人之所以成为万物之主，最主要的就是因为有发达的大脑和无限的智慧，而你却将它闲置不用，这样的人必定不会有大作为。

犯错其实是人生的必修课，没有犯过错，我们就不知道什么是正确的；没有犯过错，我们就不会有失败的教训；没有犯过错，我们就不知道如何去改正自己；没有犯过错，我们就不知道如何提高自己。从小家庭贫寒的孩子，一般都比较自立。他们在对人对事的时候表现得很成熟、很稳重，那是因为这些孩子从小吃的苦太多，经历的太多，犯的错误也足够多。反之，一个从小到大都被家里宠着的孩子，什么事都依靠别人，从来也不曾吃过苦，只知道享受，那么他就不懂得理解别人，不懂得换位思考，不知道什么是苦，更不知道什么是挫折，也不知道什么叫犯错。但人生不总是一帆风顺的，如果哪一天他失去了家人的庇护，他将面临的又是什么呢？也许是因为骄纵、任性被大家所抛弃。

当你犯了错误时，不要伤心沮丧，因为命运在给你成长的机会，有一句名言说得好："天将降大任于斯人也，必先苦其心志，劳其筋骨，饿其体肤，空乏其身，行拂乱其所为，所以动心忍性，增益其所不能。"

俗话说："做的多，错的多，不做就可以不错。"人们往往拿这句话来宽慰自己不要多说多做。事实上，一个人成就的大小，与他积极做事是分不开的。要做事就难免犯错，或者说做事越多，犯错的机率就越高，但绝不能为了不犯错而庸碌无为。是的，我们是可以少做事，少做事我们就不会犯错，当然也就不会进步，更不要奢望什么成功。所以说，我们要多去经历一些事情，多干一些事情，我们成长的速度也会比别人快很多，我们就可以比别人领先一步成功。

三、自强不息：

经典语句

1、天行健，君子以自强不息。　　　　　　　　　　　　——《周易》

【语句释义】天行健：天地运行强壮有力。君子：有道德的人。天空昼夜不停地转动，永不停歇，日月星辰都遵循自己的轨道，井然有序地运行，所以天道是"强健的"。君子是指有道德有人生目标之人。我们应该像天一样运行不息，即使人生坎坷、诸事不令人满意，也不应该有所放弃，而要奋发有为，生命不息，奋斗不止。

2、天将降大任于斯人也，必先苦其心志，劳其筋骨，饿其体肤，空乏其身，行拂乱其所为。　　　　　　　　　　——《孟子》

【语句释义】拂：违背。这句话意思是说，上天要将重大的责任降临给某人时，一定要让他精神上受到磨炼，身体上经受疲劳，使他忍饥挨饿，经受贫穷，故意让他达不到所要做事的目的。

经典故事

1、身陷轮椅　心怀宇宙

大家可能在电视上看见过一个坐着轮椅的"怪人"，这个人就是史蒂芬·威廉·霍金（Stephen William Hawking），他手脚不能动，口不能言，现在全身只有面部肌肉会动，演讲和问答只能通过语音合成器来完成。

1942 年 1 月 8 日，霍金出生在英国伦敦，曾先后毕业于牛津大学和剑桥大学三一学院，并获剑桥大学哲学博士学位。博士毕业后，正是这位青年实现自己大好人生理想和价值的时候，他患上了"渐冻症"，这种病让他肌肉萎缩，困在轮椅上 40 年，但是就是这样一个人做出了让世界瞩目的伟大成就。

患病的霍金从不自暴自弃，没有放弃自己的学习和事业，他阅读了大量书籍，从事常人都难以忍受的艰苦研究。他建立的理论远远超越了爱因斯坦的相对论、量子力学和宇宙大爆炸理论，让人们认识了宇宙更深层的奥秘。

这就是霍金，一个几近垂危的残疾人，著名的物理学家。霍金的个人魅力不仅在于他是一个充满传奇色彩的物理天才，还因为他是一个令人折服的生活强者。他让人们认识到，生活在给予个人磨难的同时，并没有断绝你做任何事的希望，自己的路要靠自己走，不要轻言放弃。生活给予我们磨难，却教会我们成长。

2、生命不息　奋斗不止

海伦·凯勒（Helen Keller），是个被世界熟知的名字，1880 年她出生于亚拉巴马州北部一个叫塔斯喀姆比亚的城镇。父母对她十分疼爱，但不幸的是，在海伦 19 个月的时候，她患上了猩红热，正是这种恶疾残忍地夺去了她的视力和听力，让她美好的未来失去了光明和声音。

海伦的命运是不幸的，但幸运的是，她的生命中遇到了安妮·沙利文（Anne Sullivan），犹如在黑暗中寻找到一盏明灯，让她在以后的生活中有了远大的目标和希望。安妮·沙利文（Anne Sullivan）利用当时先进的教育理论和手段，教会了海伦读书和说话，并慢慢让她学会了如何与他人进行沟通。因为这些能力，海伦在日后的生活中得以阅读大量书籍，学习广博的知识。就是这样一个残疾人，她学会了英、法、德、拉丁、希腊等五种语言，并以优异的成绩毕业于哈佛大学拉德克利夫学院。试问健全的人有几个可以取得这么骄人的成绩？

海伦是世界著名的教育家和作家。毕业后的海伦没有因为身体的不便和往日取得的好成绩而停滞不前，她奔走于美国各地，拜访各地的名流、商贾和慈善家，为残疾孩子建立学校筹集资金。此外，海伦还出版了许多著作：《我的生活》、《假如给我三天光明》、《我的老师》等，她的作品让无数失落的人找到了人生的希望，大家都为她的坚强品质和身残志坚的精神所感动。海伦的作品曾被称为"世界文学史上无与伦比的杰作"，在全世界很多国家出版发行。

海伦·凯勒这个家喻户晓的名字，带给我们更多的是坚韧、感动和不屈不挠的精神。她出生于1880年6月27日，卒于1968年6月1日，常人很难想象她是如何度过八十多年黑暗、无声的漫长时光的。但是，她却以自己的方式诠释了生命的意义，用不屈和努力震撼了世界，被美国《时代周刊》评选为20世纪美国十大英雄偶像。

现实链接

自强不息　奋斗不止

人生活在纷繁复杂的世界里，到处存在着苦难、悲伤和不幸，唯有自强不息才能在当今社会中占有一席之地。相信大家看到上面的三个小故事会有所感触，想想伟人为什么会成功，为什么勾践可以卧薪尝胆一雪前耻？为什么形同槁木的霍金可以探索出杰出的物理学理论？为什么海伦可以战胜命运的折磨成为生活的强者？他们共同的意志品质当然是自强不息的精神。

在西方国家中，父母教育孩子的方式是值得我们借鉴的，他们普遍重视从小培养孩子的自立能力和自强精神，一般孩子在十八岁成年之际就要独立面对生活的压力。因为孩子总归会长大，父母也会老去，未来的人生路，父母不能陪伴终生，唯一能使孩子受益的是，让他们具有自强不息的生活能力。

在美国，无论是学校教育还是家庭教育都是以培养孩子的实践能力为基本出发点的，孩子从小就有很好的实际操作能力，父母很小就教育孩子，只有劳动才能换来自己想要的东西。一般的小孩子都会在家庭中做家务以换取额外的零用钱，稍年长的孩子还会在外面兼职，从小就懂得劳动的艰辛和生活的艰难，只有这样孩子才会珍惜父母的辛苦养育，懂得感恩和尊敬。美国的中学生有句口号：要花钱自己挣。而中国孩子大多是家中的小皇帝，父母、祖父母疼爱有加，衣来伸手，饭来张口，父母尽一切能力给予孩子最好的经济支持。所以中国的孩子们有的真正是四体不勤、五谷不分，这种状况让人十分担忧，别说是自食其力的能力，就是照顾自己的衣食住行都有困难。孩子是国家的希望和未来，这样的下一代怎能支撑起中国的未来。

要想培养孩子自强自立的品质，家长要做好表率，无论你从事什么样的行业，无论你的职位高低，都要有自强不息的奋斗精神，无论怎样的工作你都能游刃有余，无形中也给孩子树立了榜样。俗话说：没有卑微的工作，只有卑微的工作态度。

四、勤奋致学：

经典语句

1、苟日新，日日新，又日新。 ——《礼记》

【语句释义】苟：如果。每一天都能让自己进步的话，那就应该日日更新，不断进入新的境界。只有不断的提高自己，才能不停留在原地，而有所突破，这样才算是真正的成长。这句话是引自商汤《盘铭》上的话。旨在激励人们要不断的创新，每天都有所作为。

2、学至乎没而后止也。 ——《荀子》

【语句释义】学：学习。至：到了。没：（mò）通"殁"，死亡。这句话是说，学习到生命的最后一刻才终止，也就是我们常说的活到老学到老的意思。

经典故事

1、刻苦练箭　终有所为

传说古时候有一个很厉害的射箭能手，他的名字叫做甘蝇。当时百姓盛传他的箭法百发百中，例无虚发。他只要一拉弓把箭射向野兽，野兽就应声倒地；把箭射向天空的飞鸟，飞鸟就会顷刻间从空中坠落下来。所有人都称赞他是一个神箭手。后来甘蝇把他射箭的神技教给了他的学生飞卫，飞卫是个很有天赋的人，并且他跟着甘蝇学射箭非常刻苦，几年以后，飞卫射箭的本领赶上了他的老师甘蝇，成为另一个有名的神箭手。很多人都慕名前来，想要和飞卫学射箭，但是又不能付出辛苦，所以很多人都半途而废了。有一天来了一个名叫纪昌的人，要拜飞卫为师，跟着飞卫学射箭。飞卫对纪昌说："跟我学箭必须要能吃苦，如果你不能做到，现在就可以离开了。"

纪昌说："我因为想成为神箭手才来到这里，只要能学会高超的射箭技术，就是再苦再累，我也不怕，请老师现在就指导我开始练箭吧。"说着就拜倒在飞卫面前。飞卫非常高兴可以收到一位勤奋而又有天赋的弟子。于是，他开始教纪昌练箭，一开始他就很严厉地教导纪昌说："射箭最重要的是眼力，要想学好射箭你要先学会不眨眼，只有做到不眨眼才能不被外界其他的事物所影响。"听到老师的教诲后，纪昌就回到家中，他苦苦思考怎样才能做到不眨眼呢？

一天正在纪昌苦苦思考的时候，无意间看见妻子正在织布，脚踏板飞快地运转着，纪昌突然间想到我可以看这个脚踏板来锻炼我的眼力，于是他每天都仰面躺在他妻子的织布机下面，两眼一眨不眨地直盯着他妻子织布时不停地踩动着的踏脚板。就这样日复一日，年复一年，纪昌从来没有间断过。每当纪昌觉得辛苦劳累的时候，他都会想起师傅临行前的教导，要想学到真功夫，成为一名箭无虚发的神箭手，就要坚持不懈地刻苦练习。日子过得飞快，一晃两年的时间过去了，这时候的纪昌已经把眼睛练到即使锥子的尖端刺到了眼眶边，他的双眼也一眨不眨。他心里非常高兴，认为可以达到老师的要求了，于是整理行装，安顿好妻子的生活就又回到飞卫老师的住所。

纪昌把自己练习的成果告诉了飞卫，飞卫听后对纪昌说："你练的很好，是个可造之才，但是要成为一个神箭手，你的功夫还差得很远。"纪昌听到这话感到很惭愧，因为自己曾为这么一点点成绩沾沾自喜过。飞卫看出了纪昌的心思，继续说道："你不要沮丧，这是学习射箭必须要经历的过程，下面你要练习在别人眼里看到很小的东西，在你眼里要大上很多才行；别人隐约看不清的东西，在你的眼里要清晰可见。练到了那个时候，你再来告诉我。"

于是。纪昌又一次回到家里，将老师的教导告诉了妻子，他的妻子给他出主意说："选一根最细的牛尾巴上的毛，一端系上一个小虱子，另一端悬挂在自家的窗口上，两眼注视着吊在窗口牦牛毛下端的小虱子就可以练习眼力了。"纪昌听了觉得非常有道理，就依照妻子的建议，每天都看着牛毛上的虱子，看着，看着，那虱子似乎渐渐地变大了。纪昌没有沾沾自喜，仍然坚持不懈地刻苦练习，不知不觉中三年过去了，在别人眼中几乎看不见的虱子，在纪昌眼中却大如车轮。这时候纪昌的眼力已经练到炉火纯情的程度了。

纪昌又去拜访飞卫，告诉他自己练功的成绩，飞卫让纪昌马上找来用北方生长的牛角所装饰的强弓，用出产在北方的蓬竹所造的利箭，左手拿起弓，右手搭上箭，目不转睛地瞄准那仿佛车轮大小的虱子，将箭射过去，箭头恰好从虱子的中心穿过，而悬挂虱子的牦牛毛却没有被射断。这时，纪昌才深深体会到要学到真实本领非下苦功夫不可。

飞卫看到纪昌的功力非常高兴，拍着纪昌的肩膀对他说："我很高兴，可以把我的射箭技术传授给你，我当初没有看错你，现在你已经完全掌握了射箭的技术，可以出师了，你现在就是一名神箭手了。"

其实这篇故事告诉人们：无论我们要学习怎样的技能，必须要从点点滴滴做起，把握好每一天的时光，苦练基本功，持之以恒，做到每天都在进步。这样日复一日地把小成绩积累起来，就会成为别人眼中羡慕的大事业、大成就。

2、识遍天下字　读尽人间书

下面我们要讲的是苏东坡的故事。苏轼，字子瞻，又字和仲，号"东坡居士",人称"苏东坡",生于 1037 年 1 月 8 日,卒于 1101 年 8 月 24 日,四川眉州人,北宋时为眉山城人,祖籍栾城。他是北宋时期著名文学家、书画家、美食家,唐宋散文八大家之一,豪放派词人代表。其诗现存约 4000 首、词 340 多首,很多传世的名句朗朗上口。其诗、词、赋、散文,都受到世人很高的评价,其散文与欧阳修并称欧苏;诗与黄庭坚并称苏黄;词与辛弃疾并称苏辛;书法自成一家,用笔丰腴跌宕,名列"苏、黄、米、蔡"北宋四大书法家之一;其画则开创了湖州画派。他是中国文学艺术史上罕见的全才,就连饮食界也颇负盛名,我们所熟知的东坡肉、东坡鱼,皆因苏东坡而得名。

我们要讲的是苏东坡小时候的故事。

苏东坡小时候非常的聪颖,他广泛阅读各种书籍,通晓经、史、子、集,尤其是他的文章得到了很多人的赞扬,成为远近闻名的才子,慢慢地苏东坡就骄傲起来。

有一天,苏东坡突然心血来潮在大门前写了一副对联:"识遍天下字,读尽人间书"。"遍"与"尽"相对,活画出苏东坡当时高傲的心情。对联在门外挂了几天,虽然有人指指点点,但是无人向苏东坡提出异议,一来是佩服他的才华,二来也实在是找不到能考住他的问题。没料到,几天过后,门外来了一个白胡子老头专程来向苏东坡"求教",请苏东坡读一读他带来的书,苏东坡满不在乎地接过书,不看则以,一看非常吃惊,书上的字自己竟然一个也不认识,连忙向老者赔不是,老者笑了笑,带着书离开了。老者走后,苏东坡觉得很惭愧,立即取来梯子把对联改成"发奋识遍天下字,立志读尽人间书"。

从此以后苏轼更加努力地刻苦钻研,不敢夸耀自己的才学,每天都认真的学习,拜读各种书籍。就这样过了一年又一年,苏轼凭着自己的才学,终于成为了伟大的诗人、词人、书法家和画家。

这个故事告诉我们,无论做什么事都不可能一蹴而就,成绩都是一点点的积累起来的,骄傲自满是不可取的,俗话说:"不能一口吃个胖子""不积跬步,无以至千里",说的就是这个道理。每日都有所进步,每日都有所创新,成功就指日可待了。

学习改变命运

万事万物皆有运行的法则。自然界有万物生生不息、周而复始的规律，社会有社会运行的规律，人生有人生起伏成败的规律。总之，规律是不可更改的，但是可以认识和运用的。

大自然的规律告诉我们，什么时候要播种、收割，什么时候要填衣储物，太阳永远从东方升起，每个人都要经历生老病死……在我们认识自然的过程中，我们不断地利用自然为我们服务。月球的广寒宫不再是嫦娥姐姐的专属，人类的奔月已成现实；大海的龙宫不再只是龙王爷的宫殿，人类的潜水艇可以在深海里遨游，这就是认识自然规律带给我们的诸多的便利和特权。所以我们还能忽视掌握自然规律的作用吗？

自然有自然的规律，社会也有社会的规律。具体地说，社会规律即人与人相处的规律。人类社会包括了很多个体，每一个都是特别的，独一无二的，即使是双胞胎也有不同之处。每个人都有自己的想法，自己的利益所在，如果各自为政必然会导致冲突频发，死伤不断，所以社会需要秩序，这个秩序是大多数人认同的、限制极端行为的规范，这个规范被国家称之为法律。一旦违反这个秩序就要受到公共权力的审判和惩罚，只有这样，人类社会才能有条不紊地发展和进步。

人类社会还需要道德，如果说规范或者法律会对破坏秩序者的行为给予惩罚，那么道德会在心理上给予破坏秩序者以本能的约束。道德是千百年传承下来的，是人们普遍认同的行为准则，是中华民族文化的积淀，已经深深根植于每个炎黄子孙的心中。

还有一种规律即人生的自然规律。人生一世，草木一秋，为什么有的人衣食无忧，生活富足；有的人穷困潦倒，生活不如意呢？俗话说得好，"少壮不努力，老大徒伤悲"，好吃懒做，不肯付出，哪里会有幸福生活。

有的人可能会说，没好好读书是因为家里条件不好，那你听说过凿壁借光的故事吗？现在多少贫困山区的小孩子，每天走几十里山路也要去读书，这种精神难道不值得我们学习吗？而有些家庭的孩子娇生惯养，什么好吃什么，什么好穿什么，是家里的小皇帝，说一不二，这样的孩子当下靠父母是衣食无忧了，将来呢？社会发展变化很快，没有能力是难以在社会立足的。有本事有能力什么时候都可以生存，这是不争的事实。古语说："自古雄才多磨难，纨绔子弟少伟男。"

其实无论是孩子还是大人，自强不息才是我们立足社会的基础，每年有多少孩子走出大山，改变命运，那是他们自强不息、勤奋学习的回报；每年有多少青年白手起家，成就非凡人生，那是他们自强不息、奋力打拼的成果。只要肯于努力，美好的生活一定会向你展开微笑。

第二章

处世篇

"世事洞明皆学问，人情练达即文章。"处世是一门艺术，是一种哲学，也是一种功夫。今天我们要立足于社会，就得先从如何处世开始。明白怎样对待别人，才能与人和睦相处，待人接物才能通达合理。这确实是一门高深的学问，值得我们终身学习。

善于处世的人，无论在任何环境下，都能逍遥自在，怡然自得。当今社会很多人功成名就，如鱼得水，他们都有一套自己的处世技巧。《中庸》有句话非常适合他们，"君子素其位而行"，"素富贵行乎富贵，素贫贱行乎贫贱，素夷狄行乎夷狄，素患难行乎患难，无入而不自得"。这句话的意思就是说，君子安于现在所处的地位去做应做的事，不生非分之想。处于富贵的地位，就做富贵人应做的事；处于贫困的状况，就做贫困人应做的事；处于边远地区，就做边远地区应做的事；处于患难之中，就做患难之中应做的事。君子安心乐道，安于天命，无论处于什么情况下都是安然自得，随遇而安。处世就是做好自己本分的事情，而且可以拥有旷达高远的胸怀，我们就达到了人生中的最高境界，无论是做人做事都会超人一等。

那么什么是处世呢？

所谓处世，就是在生活中与人交往，你对待别人是一种怎样的态度和行为。处事有两字箴言：一曰真，二曰忍。对待一切善良的人，不管是家人、朋友，还是邻里、同事，或者是素不相识的人都要真诚，要付出真情实意，不要弄虚作假，虚情假意。因为每个人都不傻，如果你藏奸耍滑，天长日久大家就了解你是怎样的人，自然就会疏远你。对待坏人，我们要学会宽大。因为没有天生的坏人，他们的行为是社会不断加以作用的结果，我们要真心地帮助他们。还有对待世人我们要学会忍让，俗话说得好，锅碗瓢盆哪有不相撞的道理。人与人也是一样，尤其是亲戚朋友，在一起的日子久了，难免有点磕磕碰碰。在这时候，头脑清醒的一方应该能够容忍。如果双方都不冷静，必然因小失大，后果不堪设想。

下面我们就一起来学习一下如何处世，如何对待你身边的人。

第一节　做人根本　百善孝先

经典语句

1、**身体发肤，受之父母，不敢毁伤，孝之始也。**　　　　——《孝经》

【语句释义】我们的身体毛发皮肤是父母给我们的，并不属于我们自己，我们要加倍的珍惜它、爱护它，尽力保护它不受损伤，以免让父母亲伤心，只有做到这一点，才是对父母行孝尽孝的开始。

2、**父母在，不远游，游必有方。**　　　　——《论语》

【语句释义】父母亲在世的时候，不远走他方，即使是要远行，也要告诉父母你具体的方位，让父母随时知道你的安康。

这句话其实包括两个方面的意思，一是说父母在的时候不要去远方，要在家尽孝道，服侍、奉养父母；二是说即使是有特殊的情况要离开父母远行，也要时时通报自己的情况，一来免除父母担心记挂，二来如果家中有事也可以及时得到消息。

3、**父母呼，应勿缓；父母命，行勿懒；父母教，须敬听；父母责，**

须顺承。   ——《弟子规》

【语句释义】听到父母呼唤我们的时候要立刻回答；父母让我们做事的时候，我们不要懒惰；父母教导我们的时候，要认真地听；父母责备我们的时候，我们要谦恭，态度要诚恳。

我们为什么要这样做呢？原因有二：一是父母给予我们生命，这是对于我们最大的恩德，之后还要辛辛苦苦地养育我们。省吃俭用，含辛茹苦！这是我们必须要报答的恩情，即使给予我们的不是太好的物质条件，但是我们要知道，他们已经是尽其所能了。二是父母经历了人生的风风雨雨，有比我们多得多的历练和体验，他们将人生的宝贵经验告诉我们，是想让我们少走弯路，这种无私的爱和奉献是我们受用一生的宝贵财富。

4、矜孤恤寡，敬老怀幼。   ——《太上感应篇》

【语句释义】我们在生活中要怜悯体恤孤寡的人，尊敬老年人，照顾小孩子。天下最不幸的是鳏寡孤独这四种人：死了妻子的男人曰鳏，死了丈夫的女人曰寡，幼而无父或者无父无母的人曰孤，老而无子的人曰独。人生最脆弱的两个阶段：一是老，二是幼。每个人都是从幼小到年老，一生积功累德，帮助别人渡过难关，与其锦上添花，莫若雪中送炭。大家都这样做了，你家里的老人和孩子也会得到同样的对待，我们整个社会也会和谐共处，其乐融融。

5、夫孝，始于事亲，中于事君，终于立身。   ——《孝经》

【语句释义】所谓孝道，可分为三个阶段，幼年时期，一开始我们要承欢膝下，侍奉双亲。到了中年，便要充当社会的中流砥柱，做好本职工作，为国家为人民服务。到了老年，我们就要检查自己的身体和道德品质，看看有没有缺陷，这样人生才没有缺憾，这也就是我们所谓的立身之道，这才是孝的全部含义。

经典故事

1、负米养亲 孝贤子路

这个故事发生在距今两千多年前的周朝，当时正值春秋时期，有一个人姓仲，名由，字子路，这个人忠厚贤德，是孔子七十二弟子之一。他年轻的时候家里非常贫穷，天天所吃的都是些藜、藿一类的野菜。为了能让父母吃饱饭，他每次都要步行上百里找寻粮食来奉养父母，日子过得虽然非常辛苦，但是因为有父母在，也让人感到安慰。

子路是个有才华而且品德高尚的人，父母在世的时候，很多人慕名前来请他出外做官，他都婉言谢绝了，他常常对来人说："我们现在的生活虽然清贫，可是我可以随时服侍我的父母，我的父母已经年迈了，只有我这个儿子才能让他们过得舒心，也免除了我在外远行父母的牵挂。"听到这样的话，来人都被他的孝心所感动，更加尊重他，不再强求他出外做官。子路的父母在世的时候，他非常恭敬的服侍父母，不但让父母衣食无忧，还让父母心情很愉悦。慢慢地子路的家境好了起来，但是他的父母先后去世了。等到侍奉父母终老以后，他就去列国游历。到楚国时，因为楚王敬慕他的学问人品，聘请他在楚国做了高官，做官以后他便富贵起来，每月都有朝廷的俸禄，出外随行的车马有一百多乘，他官俸积存的米粮有一万多旦，他坐在华丽精美的毯子上每顿饭要吃很多种菜肴，晚上睡在温暖柔软的榻上。这时他已经拥有了很大的权势和很多的财富，但是在他的心里，还是时时刻刻想念着父母，他常常这样慨叹道："我现在虽然富贵，但是还想像从前一样吃藜、藿等野菜，仍旧到百里外背米回来供养父母，可惜不能再有这种日子了。"

也许很多人不能理解这份对于父母诚挚的感情，人生自然会遇到诸多的不如意，甚至挫折和困难。作为子女无论遇到什么，如果父母在，你都会有一个避风的港湾，哪怕那只是一个心灵的归宿。即使父母不能给予你实质性的支持，至少你可以感受到远方的家里有一份浓浓的牵挂和思念，在你疲惫时，有个可以歇脚的地方，那就是家，是有父母在的地方。

2、孝子黄香 天下无双

黄香生于公元18年，卒于公元106年，是东汉时期江夏安陆人，他的官位并不高，最高职务是魏郡太守，大约也就是一个四品官员。他少年时就善于写文章，当时人们称颂他："天下无双，江夏黄香。"但最难能可贵的，还是他很小就知道孝敬父亲。黄香9岁时母亲去世了，他十分悲伤，就把对母亲的思念和爱全部倾注到父亲身上。

冬天的夜里，天气十分寒冷，古时候的取暖设施还没有现在这样先进，黄香怕父亲刚进入被窝的时候寒冷，每次睡觉前就先钻到父亲的被窝里，用体温将被窝焐热才回自己的被窝里睡觉。父亲觉得很奇怪，为什么小黄香每次都在自己的被窝里待一会儿，百思不得其解。父亲问黄香为什么每次都要在他的被窝里睡一会儿，黄香说："因为喜欢父亲身上的味道"，黄香的父亲听后哈哈大笑，不以为意。

夏天夜里天气十分炎热，黄香怕父亲酷暑难当，在父亲入睡前先用湿布擦拭席子，再手执蒲扇对着父亲枕席使劲扇着来降温。父亲得知后非常感动，就连乡亲们也连连称赞黄香是个孝顺的孩子。

黄香长大后，不但文才出众而且是远近闻名的孝子，朝廷觉得他是个人才，启用他担任魏郡太守。黄香为官清廉，为百姓做了很多实事好事。有一年，魏郡遭受特大水灾，百姓苦不堪言，黄香拿出自己的钱财赈济灾民，百姓都称赞黄香是个好官。直至今日，黄香的故事也广为流传。

3、舜帝孝义 感天动地

舜，传说中的远古帝王，姓姚，名重华，号有虞氏，史称虞舜。黄帝的八世孙，因生于姚地，以地取姓氏为姚，所以姚姓族人是黄帝、舜的后裔。相传因四岳推举（四个部落的酋长推举舜，类似现在的选举），尧命他摄政，他巡行四方，除去鲧、共工、饯兜和三苗等四人。尧去世后舜继位，又咨询四岳，挑选贤人治理民事，并选拔治水有功的禹为继承人。

我们这里要讲的是舜孝感动天帝的故事。相传舜的母亲在他很小的时候就去世了，他的父亲瞽叟（gǔ sǒu），又娶了继母壬女，生了他的同父异母的弟弟象。舜的继母为人非常恶毒，多次在瞽叟面前说舜的坏话，说他是不详之人，克死了母亲，还会来克他的父亲。瞽叟也不喜欢舜，再加上没有主见，就听从了壬女的话。他的父亲瞽叟及继母、异母弟象，多次想害死他，都被舜侥幸逃脱。一次让舜修补谷仓仓顶时，壬女从谷仓下纵火，舜手持两个斗笠跳下逃脱；让舜掘井时，瞽叟与象却下土填井，舜掘地道逃脱。

事后舜毫不嫉恨，仍对父亲恭顺，对弟弟慈爱。他的孝行感动了天帝，他在历山耕种时，大象替他耕地，鸟代他锄草。帝尧听说舜非常孝顺，有处理政事的才干，把两个女儿娥皇和女英嫁给他，经过多年观察和考验，选定舜做他的继承人。舜登天子位后，去看望父亲，仍然恭恭敬敬，并封象为诸侯。

现实链接

父母要做好孩子的表率

现实社会中有很多不孝顺父母、甚至忤逆父母的现象，电视上经常报道，子女不赡养老人、与父母对簿公堂等违背天伦的事，这在中国传统文化中是对父母最大的不敬。

出现这种问题主要有三个原因：

一是父母没有教育好子女。父母是孩子的第一任老师，也是终生的老师。子女是否能够成才，可以说父母起着十分重要的作用。《弟子规》说："父母呼，应勿缓"。联想到现在的普遍现象，每家养育孩子的数量都很少，独生子女占多数，孩子多的也不过二三个，所以孩子就成了家里的宝贝儿，从小娇生惯养，父母疼爱不说，还有祖父母、外祖父母，把孩子娇惯得傲慢无礼，孩子有什么需求，父母马上就答应，即使做不到的也要千方百计地去满足。这样养大的孩子怎么会尊重父母呢？曾经听说过这样一件事。一个勤工俭学的大学生，有一次去一个学生家里补课，正赶上孩子的母亲感冒卧床不起，正上课的时候，他母亲想要吃药，让孩子倒杯水过来，谁知孩子用极不耐烦的口气说："不会自己去倒呀"。这让老师惊讶得说不出话来。这就是家长平时不注重培养孩子的结果，什么事都为他们做好了，等到自己需要孩子做事的时候就千难万难。父母没有从小培养孩子的基本礼貌和对长辈的尊敬，他们长大后就会傲慢无礼，目无尊长。记得一位伟人说过："正确的时间做正确的事。"孩子在幼小的时候，是学习各种人生礼节的最佳时期，如果在这段时间不重视孩子的教育，那么等到七八岁的时候，他的人格已经初步形成了，再想教导就会很费气力，效果如何也不敢盲目期待。可是很多父母往往不注重这方面引导，认为孩子还小，让他们先由着天性玩，以后再教育也不迟，这就陷入了感情的误区，俗话说得好："纵子等于杀子"。做父母的娇惯自己的孩子，而当孩子走向社会，别人不会娇惯你的孩子，不会包容他的傲慢无礼，那时，孩子必定会受到他人的孤立和排挤，这对他们一生都是不利的。

　　父母要教会孩子聆听的能力。现在很多孩子不会聆听，父母说两句，孩子要顶十句，这就是对父母的不尊重。孩子七八岁、十几岁就这样，以后长大了就更加无法无天了。为什么会出现这种现象，就是因为从小父母在教自己子女的时候，没有特别注意到他们的礼貌，没有教育孩子学会虚心听取他人的建议。现在的小孩子自以为自己懂得很多，父母又不会善加引导，遇到这种事情，很多家长只会用一句所谓的叛逆来自欺欺人。试想一个人在家里不听从父母的话，将来在社会上与人相处，怎么会用虔敬之心去听从长辈或领导的话呢？总觉得别人都不如自己，这样的人如何能在社会上立足呢？

　　父母从小就要给孩子讲一些孝义的故事，让他们认识到，什么是孝？什么是高尚的受人尊敬的品质？以故事的形式讲给孩子，孩子容易接受，而且这种教育是潜移默化的，从小就会根植于孩子心中，长大后想要他不孝顺都是很难的。

　　所以说，出现孩子不孝的现象跟家长从小的教育有很大关系，正所谓子不孝，父之过。在埋怨儿女不孝的时候你是否反思过，你有没有教育好子女呢？

　　二是父母在孩子面前没有做好表率。

　　每个家庭都上有老下有小，你对于父母的态度直接影响着孩子们将来对你的态度。那么你在家里孝敬父母应该从哪里开始呢？首先就要从对父母的称呼开始，对父母说话一定要用敬语。时常关心父母的饮食起居。父母有需要召唤的时候，一定要及时回答。父母年纪大了，可能有很多疾病，他呼唤你的时候，可能是哪里不舒服，非常急切，所以回答父母一定要及时。

　　遇到父母和自己意见相悖的时候一定要和父母好好商量，因为父母经历了很多人世间的是是非非，他们可以说拥有更多的生活体验，对待每一件事情，看得更加深远，俗话说："家有一老如有一宝"。说的就是父母都是过来人，对待事物更有发言权，所以注意倾听父母的建议，是有百利而无一害的。在父母建议的基础上，你再加上现实的诸多条件，选择一条正确的出路应该不是难事。千万不可因为父母说了几句，就和父母顶撞，记得你的一举一动都是孩子的标杆，父母做得如何，孩子就会向你学习你的一言一行。所以，我们在教育子女时要特别谨慎，从自身做起，才能真正给子女做好表率。家里有长辈在，做父母的一定要做到"父母教，须敬听；父母责，须顺承"，让你的子女看到，你能认真接受父母的教诲，他们哪有不向你学习的道理？

三是物质利益至上，赡养老人相互推诿。

第三个原因就是受当今社会拜金思想的毒害了。兄弟姐妹多，家庭生活不宽裕，人人为钱奔波劳碌，所以对钱看得比亲情还重，在赡养父母时，攀比谁家出的钱多了，谁家得到父母的好处多了，斤斤计较，说到底就是自私在作祟。父母一样将所有子女养育成人，这份恩情是同样深厚的，不能因为父母对待哪个孩子好一点，就推托赡养父母的责任，为一点点钱财就恶言出口，大打出手，置父母恩情于不顾、兄弟情谊于脑后，这实在是有悖天伦。这样不但失去了做人的基本道德，更让年迈的父母心寒呀！

孝义是中华民族的传统美德，弃之不顾岂不可惜，所以我们要倡导孝义，从小就教育好我们的子女。同时，我们也要身体力行地孝顺我们的父母，不要在乎蝇头小利，你想过吗？父母在养育我们的时候为我们付出了多少，他们计较过给我们花了多少钱吗？他们的爱是无私而博大的，难道我们不应该回馈他们吗？乌鸦尚知反哺，羊羔也能跪乳，如果你不孝敬父母，就该好好反思一下：禽兽不如的作为是我们人类能做得出来的吗？

第二节　血脉相连　兄友弟恭

经典语句

1、煮豆燃豆萁，豆在釜中泣，本是同根生，相煎何太急。

——《七步诗》

【语句释义】这是一首感怀诗，是说煮豆要以豆茎、豆叶作为燃料，豆子在锅中哭泣，是把无生命的东西赋予生命的情感，本来是同一个根生出来的枝叶和果实，却为什么要相互煎熬呢？这里以豆和萁比喻兄弟间的迫害与被迫害，是不是太残忍了？

其实兄弟姐妹都是同胞骨肉，身体中流着相同的血液，就像同一棵树上的枝叶一样联系在一起。正是因为我们血脉相连，所以我们要互助互爱，团结一心。

曹植这首《七步诗》最早出现在《世说新语·文学》中，魏文帝曹丕和东阿王曹植是同父同母的兄弟，曹植才华出众，风流倜傥，曹操非常喜爱他，差一点就被立为太子，后来因为朝臣们强烈反对才作罢。等到曹丕继承了皇位，曹植很受哥哥曹丕的猜忌，曹丕想方设法要置曹植于死地，一次在大殿之上，曹丕让曹植在七步之内做出一首诗来，否则就将其处死，曹植悲愤交加做了这首诗。

2、二人同心，其利断金；同心之言，其臭如兰。　——《周易》

【语句释义】利：锋利，锐利。臭：（xiù）气味。同心协力的人，他们的力量足以把坚硬的金属折断；同心同德的人发表一致的意见，说服力强，人们就像嗅到芬芳的兰花香味，容易接受。现实生活中，人与人有很多不同，就像不同国家和民族的文化不同是一个道理，要在不同中寻求共同点，求同存异，才能做成事情。

3、兄道友，弟道恭，兄弟睦，孝在中。　——《弟子规》

【语句释义】兄长要友善的对待自己的弟弟，弟弟要恭恭敬敬的对待自己的兄长，兄弟之间和睦相处，就是对于父母的行孝之道。父母生养子女，就是想家庭和睦，生活幸福，兄弟间团结友爱，父母就会感到安慰，心情就会舒畅，身体就会好！每一代都继承这种优良的品质，整个家族就会繁荣昌盛下去。

4、谁无兄弟，如足如手。　　　　　　　　　　——《吊古战场文》

【语句释义】这句话的意思是说，兄弟就像是你的手脚一样，是与生俱来的。这是悼念亡故兄弟的一句话，意思是，失去兄弟就像失去手足一样痛苦。

5、兄弟阋于墙，外御其务。　　　　　　　　　　——《诗经》

【语句释义】阋：（xì）不和，争吵。墙：墙内，指家庭内部。外：墙外。御：抵抗。务：通"侮"，欺侮。兄弟们在家庭内部争吵，向外抵抗欺侮。这句话的意思是说，兄弟之间虽然有小的怨恨，但也不会因此断绝亲情关系，一旦遇到外人来欺辱，就会共同合作，一致对外。

经典故事

1、兄弟同心　其利断金

古时候，有一个人家有 10 个儿子，兄弟几个性格各异，常常为一些小事而争吵，所以兄弟间的感情不是很好，老父亲十分担忧，怕自己百年之后，儿子们会因为一点小事就兄弟相残。思来想去，老父亲想出一个好办法来教育儿子们。有一天他把儿子们叫来，儿子们都莫名其妙，不知老父亲用意如何？这时老父亲不紧不慢地从柜子里拿出来 10 根筷子放在桌上，让每个儿子折这 10 根筷子，10 个儿子费了九牛二虎之力，谁也不曾将筷子折断。儿子们面面相觑，这时候老父亲将筷子分给每人一根，让儿子们折，这次每个人都轻易地将筷子折断了。这时候儿子们终于明白了老父亲的良苦用心，原来单筷易折，群筷难断，他们得知老父亲一直以来都在为他们兄弟的不合而担忧，都感到十分的愧疚。通过折筷子，他们心里恍然大悟：兄弟同心，其利断金的道理。只有团结在一起，才不受他人欺负。从此以后这家人和睦地生活在一起。

2、名画深情 "祈祷之手"

阿尔布雷希特·丢勒（Albrecht Durer），生于1471年，是16世纪德国的艺术大师，他的一生创作了很多优秀的作品，但最为人所熟悉的一幅是"祈祷之手"，这幅画背后蕴藏着浓浓的兄弟情谊，今天读来也让人深深地感动。

在16世纪德国的一个小村庄里，有一户人家，辛勤的父母养育了十几个孩子，父亲是一名工匠，为了维持一家生计，他每天工作十几个小时，即使这样，生活还是捉襟见肘，在生活的强大压力下，父亲显得十分的苍老，可喜的是孩子们都很听话，也很孝顺。尽管生活窘迫，但有两个孩子很有画画的天分，都想成就自己的梦想，不过他们也知道，年迈的父亲无法在经济上供他们俩到纽伦堡艺术学院读书，以家里的条件，只有一个人可以去攻读纽伦堡艺术学院。这对于两个兄弟来说，选择无疑是痛苦的。晚上，两兄弟彻夜不眠在床上经过多次讨论后，最后终于商量好了结果。兄弟俩决定以掷铜板决定谁去艺术学院读书，剩下的另一个人去附近的矿场工作赚钱，这样不但解决了学费的问题，还可以帮助家里减轻负担，四年后读书的兄弟可以正式毕业了，在矿场工作的那一个再到艺术学院读书，由学成毕业的那一个赚钱支持他完成学业。兄弟俩商量好了以后，就安心睡觉了，静静地等待命运的抉择。

星期日早上全家人做完礼拜后，他们掷了铜板，结果，弟弟阿尔布雷希特·丢勒胜出，去了纽伦堡艺术学院。哥哥艾伯特则按照约定好的去了危险的矿场工作。四年来他辛苦地工作一直为弟弟提供经济支持。阿尔布雷希特知道学费来之不易，学习非常刻苦认真，在艺术学院表现很突出，他的作品得到了教授们的一致好评。在学校学习期间他就发表了很多作品，挣到了一些钱，也小有名气。到毕业时，他高高兴兴地回到了家乡，我们这位年轻的学子在家乡受到了热烈的欢迎，家人为他准备了盛宴，庆祝他学成归来，大家都为他的成就感到高兴。当漫长而难忘的宴席快要结束时，阿尔布雷希特·丢勒端起酒杯郑重地起身答谢敬爱的哥哥几年来对他的支持，他说："现在轮到你了，亲爱的哥哥，我会全力支持你到纽伦堡艺术学院攻读，实现你的梦想！"

听完这样一席话，大家都把目光投向哥哥，坐在那里的艾伯特泪流满面，只见他垂下头，边摇头边重复说着："不……不……"

终于，艾伯特站了起来，他擦干脸颊上的泪水，看了看长桌两边他所爱的亲友们的脸，把双手移近右脸颊，说："不，弟弟，我上不了纽伦堡艺术学院了，太迟了，看看我的双手—四年来在矿场工作，毁了我的手，关节动弹不得，现在我的手连举杯为你庆贺也不可能，何况是挥动画笔或雕刻刀呢？不，弟弟……已经太迟了……"

四百五十多年过去了，阿尔布雷希特·丢勒有成千上百部的杰作流传下来，他的速写、素描、水彩画、木刻、铜刻等可以在世界各地博物馆找到。然而，大多数人最为熟悉的，却是其中的一件作品——"祈祷之手"。也许，你的家里或者办公室里就悬挂着一件它的复制品。

为了补偿哥哥所做的牺牲，表达对哥哥的敬意，一天，阿尔布雷希特·丢勒下了很大的功夫把哥哥合起的粗糙的双手刻了下来，他把这幅伟大的作品简单地称为"双手"。然而，全世界都怀着深深的敬意来瞻仰这幅杰作，把这幅爱的作品重新命名为"祈祷之手"。

（摘自烟寒：《祈祷之手》，《世界文化》［J］，2006年02期。）

3、兄弟情深 人琴俱亡

以前听到一个兄弟情深的故事，愿意在这里和大家分享。这个故事讲的是王子猷、王子敬兄弟俩，王子猷又叫王徽之，是东晋鼎鼎大名的书法家王羲之第五子，字子猷。

传说王子猷、王子敬兄弟二人因为年老都病重了，子敬因为病情严重先去世了，家里的人怕王子猷受不了打击影响病情，所以没有告诉他兄弟去世的消息。后来王子猷问下人说："为什么总听不到（子敬的）消息？是不是他已经死了。"下人们见此事已经不能再隐瞒了，就如实告诉他子敬去世的消息。王子猷听说后没有表现出悲伤的表情，只是吩咐下人抬来轿子去奔丧，一路上他表现得很平静没有哭。

子猷知道子敬向来喜欢弹琴，他径直走进去坐在灵床上，拿过子敬的琴来弹，但是琴因为放了很久，弦的声音已经不协调了，于是子猷把琴扔在地上说："子敬啊子敬，你的人和琴都死了！"于是痛哭了很久，几乎要昏死过去，旁边的亲人谁来劝说都不能让他减少悲伤，过了一个多月，王子猷也去世了。

现实链接

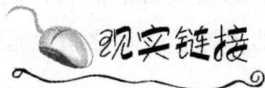

为私利兄弟相残

随着多媒体的不断发展，人们可以获得的资讯越来越丰富，大家对于父母去世后兄弟姐妹反目的事情并不陌生，但是很少有人会做深入的思考，顶多是愤怒的批判几句。那么究竟是什么让人们在物质极大丰富的今天，丧失了最宝贵的品质呢？让我们一起来看看下面这个故事。

一位刘姓老人去世了，我们姑且称其为刘大叔，这位大叔生前一直都是个要脸面的人，没想到死后，家里的两个儿子竟然弄得跟仇人一样，不知道成为多少人的笑料。其实事情非常简单，刘大叔是工人，去世时报销了一些药费、殡葬费和抚恤金，但是这些费用根本不够办丧事用的，再说刘大叔生病时的花费远远多于这些，这多出的费用哥哥就不肯出。哥哥说弟弟接班有了工作，全部费用应弟弟负担，这钱应是对自己的补偿；而弟弟却说，自己虽接了班，但又下岗了，何况父母生养的是我们两个人，这钱你不拿，都让我拿也不合理呀！于是二人就在他父亲的灵堂前大打出手，亲友和邻里们百般调解仍然无效，哥哥还放狠话要拿刀去砍弟弟，谁帮弟弟说话都被他骂得狗血淋头。最后，还是他们的亲戚感念刘大叔的恩德一起筹了些钱和弟弟发送了老人。而兄弟俩从此就成了仇人。

也许很多人听到这件事，都会非常气愤。所谓林子大了什么鸟都有，尤其是哥哥，为了那么一点钱六亲不认，父母在九泉之下怎能安息啊！他就不想想日后他的儿女会不会也这样对待他呢？人一旦被金钱蒙蔽了双眼，就不知道情谊为何物了。

这样的人真是为人所不齿！谁无爹娘，每个人都有死的那一天，能做出这样丑事的人都不想想，自己死后有没有人埋葬。对生养他的爹娘都能做出这样的事情，其道德已经堕落到何种地步？对兄弟都可以举刀相向的人，还能指望他对别人好吗？他以前的朋友都因为这件事疏远了他，因为人们都相信：不孝顺父母的人，是不可交的。乌鸦尚有反哺之情，羊羔尚有跪乳之义，何况人呢？做出这等事的人尚不如畜生。

人谁无兄弟，就跟自己的手足一样，是不可分割的。手足之情不是浪漫的爱情，也不是侠义的朋友之情，它是共同流着一脉热血的亲情啊！是可以轻易分离的吗？纵使人生有再多的坎坷，再寒的冰冻，手足之情永远是心底最温暖的归宿。

心痛的同时，我们不禁要想，为什么文明高度发达的现代社会却失去了人类最该保有的善良本性呢？到底是什么让我们放弃了浓浓的亲情？是金钱，是私欲，还是自身的道德败坏！我们可能无从所知，但是我们知道我们要把好教育关，决不能让这种情况继续下去，否则我们的优良品德就要丧失殆尽，那将是我们整个中华民族的悲哀。

第三节　千年情缘　相敬如宾

经典语句

1、**百年修得同船渡，千年修得共枕眠。**　　　——《昔时贤文》

【语句释义】百年：一百年。修：修行。渡：渡河。共枕眠：指结为夫妻。修了一百年的缘分，才可以在今生坐同一条船；而做夫妻，则需要一千年的缘分。做夫妻不容易，所以要珍重缘分，好好关爱你的爱人。

2、**结发为夫妻，恩爱两不疑。**　　　——《结发为夫妻》

【语句释义】古时候结婚，要把两个人的头发绑在一起，所以结婚又称结发。既然结发成为夫妻，就要彼此相爱而不要相互猜疑。

3、**有情饮水饱，知足菜根香。**　　　——《孟冬寒气至》

【语句释义】指夫妻感情方面，有感情时喝水都会饱，在生活上知足时吃菜根也感到香甜，夫妻俩感情如把胶投入漆中互相黏结，谁也不能离开彼此呢！

4、**执子之手，与子偕老。**　　　——《诗经》

【语句释义】执：握着。子：是敬语，就是您的意思。偕（xié）：一起，共同的意思。这句话就是说我握着您的手，和您共同老去。这是很多人对于爱情的憧憬，千百年来为世人所传诵。

5、**贫贱之交不可忘，糟糠之妻不下堂。**　　　——《后汉书》

【语句释义】贫贱：指贫穷困苦的时候。交：指交往的朋友。糟糠之妻：是指共过患难的妻子。下堂：是指妻子被丈夫休掉。当然这是古代的说法，反映了古代男女不平等的地位。这句话的意思是说不要忘记贫贱的时候交下的朋友，不要抛弃共过患难的妻子。

经典故事

1、夫妻情深　七夕相会

这是一个凄美的传说，千百年来人们口口相传；这是一个夫妻情深的故事，是我们世人心中的典范；这是一个神话，它表达了人们对美好爱情的追求。

月朗星稀的夜晚，当你抬头仰望星空，就会看见我们故事的主人公，牵牛星和织女星。传说天上有个织女星，还有一个牵牛星，他们从小一起长大情投意合，心心相印，但是天条律令是不允许男欢女爱、私自相恋的，牵牛织女不得不偷偷地来往，最后还是被王母娘娘知道了，王母非常生气，但因织女是王母的孙女，王母便将牵牛贬下凡尘了，令织女不停地织云锦以作惩罚，从此牵牛和织女就天地分离了。

织女每天都要从事繁重的工作，用一种神奇的丝在织布机上织出层层叠叠的美丽的云彩，随着时间和季节的不同而变幻它们的颜色，这是"天衣"。自从牵牛被贬之后，织女常常以泪洗面，愁眉不展地思念牵牛，她坐在织机旁不停地织着美丽的云锦以期博得王母大发慈悲，让牵牛早日返回天界。可是王母虽然心疼孙女，但对牵牛却是十分苛刻。之后又过了很久，一天，织女的几个姐姐向王母恳求想去人间碧莲池一游，今日王母心情正好，便答应了她们。她们见织女终日苦闷，便一起向王母求情让织女共同前往，王母也心疼受惩后的孙女，便令她们速去速归。

话说牵牛被贬下凡尘之后，投生在一个农民家中，取名叫牛郎，父母对牛郎十分疼爱。后来父母相继去世了，年幼的他便跟着哥嫂度日，哥嫂是十分自私小气的人，怕将来牛郎长大了要分家财，所以待牛郎非常刻薄，处处为难他，让他做繁重的活计，吃糠咽菜，还要住在菜棚里。即使这样，牛郎也十分感激哥嫂对自己的养育，可哥嫂还是看牛郎不顺眼，硬是要与他分家，只给了他一条老牛和一辆破车，其他的都被哥哥嫂嫂独占了，乡亲们对此非常气愤，但是又无可奈何，这毕竟是人家的家事。

从此，牛郎和老牛相依为命，白天他们在荒地上披荆斩棘，耕田种地，晚上牛郎就在牛车上过夜，他是个勤奋的人，两年后，他和老牛营造了一个小小的家，勉强可以糊口度日，乡亲们都夸赞牛郎是个老实勤奋的人。就这样，日子过了很久，家中除了那头不会说话的老牛外，冷冷清清的只有牛郎一个人，牛郎每天都对着老牛说自己的心事，日子过得相当寂寞，每次和老牛说话时，老牛都好像能听懂一样，时常点点头，摇摇头，其实牛郎并不知道，那头老牛原是天上的金牛星。突然有一天，老牛开口说话了，它对牛郎说："牛郎，我知道你一个人孤苦无依，我看在眼里痛在心里，今天你去碧莲池一趟，那儿有些仙女在洗澡，你把那件红色的仙衣藏起来，穿红仙衣的仙女就会成为你的妻子。"牛郎见老牛口吐人言，又奇怪又高兴，便问道："牛大哥，你真会说话吗？你说的是真的吗？"老牛点了点头，牛郎听从老牛的话便悄悄躲在碧莲池旁的芦苇里，等候仙女们的来临。

牛郎刚刚把自己藏起来，仙女们果然翩翩而至，脱下轻罗锦裳，纵身跃入清池。牛郎便从芦苇里跑出来，拿走了红色的仙衣。仙女们见有人来了，匆忙拾起自己的衣服，逃也似的飞回天上去了。池水中只剩下没有衣服无法逃走的仙女，她正是织女。织女见自己的仙衣被一个小伙子抢走，又羞又急，却又无可奈何。这时，牛郎走上前来，请求她答应做他的妻子，他才肯还给她衣裳。织女定睛一看，才知道牛郎便是自己日思夜想的牵牛，便含羞答应了他，这样，织女便做了牛郎的妻子。他们结婚以后，男耕女织，相亲相爱，日子过得非常美满幸福。织女把牛郎照顾得无微不至，牛郎也十分的疼爱织女。不久，他们生下了一儿一女，十分可爱，牛郎织女满以为能够终身相守，白头到老。

可是，这件事还是被王母知道了。一日王母突然非常想念织女，想去看看她，谁知到了织女的住所，不见织女，勃然大怒，追查织女的下落，这才知道织女已经在凡间和牛郎成亲，并生下一子一女。王母马上派遣执法天神捉织女回天庭问罪。

这一天，织女正在家中做饭，去地里耕田的牛郎神色匆匆地跑了回来，牛郎眼睛红肿，一看就知道哭过，他告诉织女："牛大哥今天突然间死了，他临死前对我说，我们可能要有灾祸了，要我在他死后，将他的牛皮剥下放好，有朝一日，披上它，就可飞上天去。"织女一听，心中十分纳闷，但是她明白老牛就是天上的金牛星，只因替被贬下凡的牵牛说了几句公道话，也被贬下天庭，它怎么会突然死去呢？但是金牛星既然这样说了，必定有他的道理，可能自己还不能参透此事。

织女便让牛郎剥下牛皮，好好埋葬了老牛。正在这时，天空狂风大作，天兵天将从天而降，不容分说，押着织女便飞上了天空。正飞着，织女听到了牛郎的声音："织女，等等我！"织女回头一看，只见牛郎用一对箩筐，挑着两个儿女，披着牛皮赶来，慢慢地，他们之间的距离越来越近了，织女可以看清儿女们可爱的模样，孩子们都张开双臂，大声呼叫着"妈妈，妈妈"，眼看牛郎和织女就要相拥了。

可就在这时，王母驾着祥云赶来，她拔下头上的金簪，往他们中间一划，霎时间，一条天河波涛滚滚地横在了织女和牛郎之间，无法跨越了。织女望着天河对岸的牛郎和儿女们，直哭得声嘶力竭，牛郎和孩子也哭得死去活来。他们的哭声，孩子们一声声"妈妈"的喊声，是那样揪心裂肺，催人泪下，连在旁观望的仙女、天神们都觉得心酸难过，于心不忍。

王母见此情景，也稍稍为牛郎、织女的坚贞爱情所感动，便同意让牛郎和孩子们留在天上，每年七月七日，让他们相会一次。

从此，牛郎和他的儿女就住在了天上，隔着一条天河，和织女遥遥相望。在秋夜天空的繁星当中，我们可以看见银河两边有两颗较大的星星晶莹地闪烁着，那便是织女星和牵牛星，和牵牛星在一起的还有两颗小星星，那便是牛郎织女的一儿一女。牛郎织女相会的七月七日，成群的无数喜鹊飞来为他们搭桥，鹊桥之上，牛郎织女团聚了！织女和牛郎深情相对，搂抱着他们的儿女，有无数的话儿要说，有无尽的情意要倾诉啊！传说，每年的七月七日，若是人们在葡萄架下葡萄藤中静静地听，可以隐隐听到仙乐奏鸣，织女和牛郎在深情地叙语。只是：相见时难别亦难，他们日日在盼望着每年七月七日的重逢。后来，每到农历七月初七，相传牛郎织女鹊桥相会的日子，姑娘们就会来到花前月下，抬头仰望星空，寻找银河两边的牛郎星和织女星，希望能看到他们一年一度的相会，乞求上天能让自己像织女那样心灵手巧，祈祷自己能找到称心如意的郎君，结成美满婚姻，由此形成了七夕节，也叫"乞巧节"。

2、患难相扶 不离不弃

这个故事是在一份报纸上无意间看到的，但是究竟是哪份报纸，已经记不清了，只是为这个故事的主人公所感动，感动于人间犹有真情在。

7年是2555天，61320个小时，也许对于你我来说，这不过是几个数字，可对于雷大姐来说，这就是真真切切的生活，每一分每一秒都深深地烙印在她的心上。7年前，51岁的刘和全因为脑出血第二次住进了医院。雷大姐说："1994年，他曾因脑出血做过一次手术，那年老刘44岁。他做完第一次手术后，情况还算可以，虽说行动不太自如了，至少可以自己用手吃饭。但第二次手术之后，刘和全几乎成了植物人。"说这话的时候雷大姐脸上没有过多悲伤，我们反而能看到她眼神中的坚定和执着。

刘和全大哥在床上躺了整整7年，雷大姐今年也57岁了，这7年来雷大姐忙忙碌碌地操持着家里的一切，她从来不在丈夫面前说一句辛苦的话。人家说久病成医，雷大姐为了照顾瘫痪在床的丈夫，7年来读了大量的书籍，学会了很多护理技术，从营养的饮食搭配到全身的按摩护理，从刺激疗法到针灸技艺，雷大姐俨然成了一个医生。

一首《红梅赞》整整在雷大姐家放了7年，"红梅花儿开，朵朵放光彩……"7年来雷大姐天天唱，时时唱，正是这耳熟能详的曲子让我们看到了奇迹的光芒。听着雷大姐唱《红梅赞》，老刘大哥不断地眨着眼睛给妻子做出回应。雷大姐说："这是老天在鼓励自己要坚持下去，前几年，自己苦呀累呀，到今天也算有了安慰，老刘从一点反应都没有的植物人，到今天能眨眼，我就已经知足了。"

雷大姐每天的事情规划得满满的，她边给丈夫唱歌边做家务，边给丈夫喂饭边讲故事，每天都要洗床单，为丈夫擦洗身体，收拾家务……丈夫因脑出血成为"植物人"后，这些家务成了雷津茹每天都要重复的工作。雷大姐一句朴实的话深深地打动了我们："难是难，但夫妻间不就是这样吗？有难了自然要相互扶持。"是呀，这就是夫妻，患难相助，贫贱相持。

雷大姐说："丈夫第二次患病时，真是一点意识都没有。为了让丈夫恢复意识，那段日子，我不停地给他唱歌、讲故事。悉心地照顾和家人的爱，让他的身体有了明显改善。如今他的眼睛已经会转动了，已经能随着我的歌声眨眼和流泪了。"说起这些，望着躺在床上的丈夫，雷津茹笑了。

雷大姐是个知恩图报的人，她说："这些年来左邻右舍帮了不少忙，给了我很大的帮助，他们都是好人啊！"说到这，坚强的雷大姐流泪了，我知道，这是感激的泪水。

平时除了照顾丈夫外，心灵手巧的雷大姐还经常会给小区的邻居们做些衣服。雷大姐说,丈夫生病之后,左邻右舍帮了不少忙,自己也没有什么可以回报的,就只有用做衣服这个手艺来表一下心意了。

7年,老刘大哥在床上躺了7年,而雷大姐最远就去过小区附近的菜市场,雷大姐最想带老伴出去看看,这样对老刘恢复也有好处。雷大姐说:"从电视上看,石家庄这些年的变化太大了,真希望有一天能带上老伴好好看看。"言语中,雷大姐充满了期盼。是呀,七年如一日的辛苦付出,这是怎样一个朴实的妻子呀,这是老刘大哥的福气呀,人生得妻如此,即使命运给他开了个巨大的玩笑,又有什么好遗憾的呢?

3、相约辞世 恩爱永存

前不久,温州网讯上刊登了一个夫妻恩爱相约辞世的故事,不禁啧啧称奇。过世的这一对老夫妻姓陈,居住在瑞安市塘下镇罗凤办事处凤渎村,村里人都在传扬着这对老夫妻的恩爱故事。

陈老先生夫妇去世时享年89岁。陈老先生曾是一名青年才俊,在家乡小有名气,时常为乡里乡亲写写算算。陈老夫人原是一个大家闺秀,从小知书达理,善良贤惠。89岁的他们在携手走过71年的人生旅程后,在10天里相继过世,这在当地被传为美谈。

陈老先生与其夫人蔡女士都出生于1922年,膝下有一子,在71年的婚姻生活中,他们相敬如宾,遇事两人一起商量。据邻里回忆说:"从没见过陈老先生夫妇吵过架,他们一直都是相互尊重,为彼此着想。"邻居们还说,陈老先生毕业于浙江一所高等院校,家境殷实;蔡女士的父亲曾在温州从政。两人18岁结婚。当地一些老人依稀记得,蔡女士嫁到陈家时,嫁妆装满了16只小船。婚后,蔡女士相夫教子,陈老先生重新去读书。"

邻里们都说:"陈老先生明事理,乡亲们有事都愿意向他请教,而陈老先生也从来不会推托,乡里乡亲都很尊敬他老人家,而陈老夫人非常的贤惠,不但把家里打理得井井有条,还乐于助人,谁家有事需要帮忙,她都不会小气。最让人称赞的是陈老夫人擅长女红,绣出的花鸟人物在当地被称为一绝,而且陈老夫人待人随和,邻里的小孩子都喜欢和她亲近,亲切地称呼她陈奶奶。"

陈老夫人的侄子蔡传鑫现今已76岁高龄,是省劳模,始终热心公益事业，他从小在陈老夫人身边长大，老人家乐于助人的品德让他至今记忆犹新：每当看到一些困难的村民，蔡女士都会拿出米、棉被等资助他们，而她自己的生活却非常俭朴。

陈老先生夫妇相继去世，相差不过10天，老一辈人讲，这是约定好了下辈子还做夫妻，说起来无不让人羡慕。

现实链接

对离婚、婚外情的分析、批判

读过这么多夫妻恩爱的故事，内心深受触动。在羡慕这样忠贞不渝爱情之时，不禁想到了现代社会很多丑恶的现象：离婚、婚外恋、包二奶等违背人伦的现象层出不穷，让人不禁失望，当今社会还有真情在吗？

"据了解，在中国社会科学院人口学专家唐灿发布的调研报告中，据2003年北京市统计年鉴公布的数据，2002年北京市的离婚总数为38756对，当年户籍人口为1136.3万，粗离婚率达到6.82‰；当年的结婚对数为76136对，由此计算离结率高达50.90%。也就是说，这一年每两对夫妻结婚就有一对夫妻离婚，北京市的离婚率已经成为全国最高。此外，婚外恋、包二奶、养小三而没有离婚的尚不包括在内。"[1]

当今社会频繁出现婚姻和夫妻感情破裂的现象，原因有以下几种：

一是婚前了解不够，婚后双方很难融入。最典型的就是现在的所谓闪婚，在谈恋爱的时候，双方当然展现的都是各自的优点，表现出最好的一面。时间久了，各自的缺点也就慢慢显露出来，婚后在一起时间长了，满眼看到的都是对方的缺点，双方矛盾日益加剧，越看对方越不顺眼，最终感情破裂，走向离婚。即使是不离婚也会在外面寻求新的感情寄托。恋爱的时候都是美好的，而日常生活都是平淡的，一旦过了恋爱期，必然会走入生活的平淡，你要做的是怎样去让平淡的生活充满小小的新鲜感，学会包容对方，这才是生活的常态。

---

① 摘自戴金胜：《北京离婚率全国最高 平均两对夫妻结婚一对离婚》，搜狐新闻，2006。

　　二是把妻子当成自己的附属品，妻子不堪忍受家庭暴力。千百年来我国的传统文化都是男尊女卑，但这是个错误的观念，是封建思想的余毒。每个人都是平等的，没有谁是别人的附庸。家庭暴力中，主要是男方脾气暴躁或酒性卑劣，常常因为一点不如意就拿对方当出气筒，动辄打骂，拳脚相加，施以暴力，这是每个女人都无法容忍的。当然，也不排除女人实施家庭暴力的可能性。

　　三是金钱多了，地位变了，感情也变了。随着社会经济的迅猛发展，越来越多的人富裕起来，生活条件好了，就开始追求别的东西，正所谓饱暖思淫欲，婚外另觅新欢，不念旧情，导致家庭不和甚至破裂。当人们沉浸在某种感情不能自拔的时候，过去的一切都如烟一般消散。中央台"经济与法"栏目曾播出一期节目，主人公大姐是这个家庭的顶梁柱，她考上大学后，影响着三个妹妹也考上了大学，并在城里给她们安排了工作，没想到生活越来越好，在父母和姐妹心中像神一样的大姐，竟然迷上了网恋，还和多年来感情很好的丈夫离了婚，更让人难以想象的是，大姐因为钱的事把父母和姐妹告上了法庭，使得原本幸福的一家到了对簿公堂的地步。负心的人，有没有想过在你贫贱的时候，是谁陪你辛苦度日；在你为事业打拼时，又是谁为你辛苦操持家务。所谓"贫贱之交不可忘，糟糠之妻不下堂"，为人要顾及以往的恩情，不要任意胡为。

　　家庭是社会的细胞，有许许多多家庭的和睦才有社会的和谐，家庭破裂往往成为社会不安定的因素。尤其是对于孩子，孩子永远是弱者，父母是他们的天地，家庭破裂不仅仅是夫妻两人的事，它对家庭的危害、家庭成员的伤害，特别是对小孩的负面影响都是不可低估的，有很多孩子走向犯罪的深渊都与父母离异有很大的关系。离异后没人管孩子，孩子不但在感情的创伤中无法自愈，在现实的教育中也缺乏父母双方的关爱。所以不要只图自己过得快乐，人生在世我们还有很多的责任要去承担，要想方设法去承担家庭的重任。金无足赤，人无完人，有错改了就好，夫妻之间应该相互谅解，这样才会幸福美满。

第四节　德育子孙　家族兴旺

经典语句

1、其身正，不令而行；其身不正，虽令不从。 ——《论语》

【语句释义】正：端正，正直。令：命令。从：服从。当管理者自身端正，作出表率时，不用下命令，被管理者就会跟着行动起来；相反，如果管理者自身不端正，而要求被管理者端正，那么，纵然三令五申，被管理者也不会服从的。这句话要说明的是表率的作用。

2、动人以言者，其感不深；动人以行者，其应必速。 ——李贽

【语句释义】动：感动，感化。感：感触。行：行动，行为。用言语来感动人，其得到的感触不会很深；要是以行动来感化人，你得到的回应必然快速。

3、窦燕山，有义方，教五子，名俱扬。 ——《三字经》

【语句释义】燕山：地名，燕山府，即今北京地区。义方：好方法。教：教导。五代后周时期，燕山府有个叫窦禹钧的人，教导儿子们刻苦学习，传授他们为人处世的道理。结果，他的五个儿子都品学兼优，先后登科及第。

4、教三行：一曰孝行以亲父母；二曰友行以尊贤良；三曰顺行以事师长。 ——《周礼》

【语句释义】行：品行。曰：叫做。孝行：就是指尽心尽力孝敬奉养父母的高尚品质。亲：是亲近、爱戴。友：就是友好的意思。贤良：就是指品德高尚、德才兼备的人。顺行：就是顺从的意思。事：尊敬、侍奉。师长：就是指老师和长辈。要教孩子三种品行：一是要教会孩子尽心尽力奉养和孝敬父母的品行来亲近、爱戴父母；二是教会孩子友好地对待别人的品行来尊敬品德高尚、德才兼备的人；三是要教会孩子恭顺的品行来尊敬和侍奉自己的老师和长辈。其实如果家长都能做到这样，上行下效，久

而久之我们的社会就会井然有序，人与人之间也会和谐相处了。

5、**养不教，父之过。教不严，师之惰。** ——《三字经》

【语句释义】养：养育。过：过错、失职。严：严格。惰：懒惰。这句话的意思是说，如果只管生养孩子而不去教育他，那是父母的失职；如果老师不严格的教育学生，那就是老师懒惰了。

6、**爱子，教之以义方，弗纳于邪。** ——《左传》

【语句释义】爱：喜爱，疼爱。义：道义。弗：不要。邪：邪恶的意思。喜欢子女，应该用道义去教导他们，不要让他们走上邪恶的道路。这是春秋时期卫国大夫劝诫卫庄公的话，但是卫庄公不听劝告，他喜欢的儿子州吁终于招致杀身之祸。

经典故事

1、贤母三迁　孟子成才

孟子，名珂，字子舆，战国时期鲁国人，据说是鲁国庆父后裔，是先秦时期著名的思想家、学者，儒家学派的重要代表人物。生于公元前372年，卒于公元前289年。孟子从小就失去了父亲，和母亲相依为命。但是母亲一点也不娇惯他，严格教导他要努力学习成为有用的人。

孟子小时候很聪明，也很贪玩，模仿性很强，很多事情都能模仿得惟妙惟肖。开始的时候，孟子的家住在坟地附近，时常都会有出殡的人群路过，对先人进行祭奠，孟子看到后就常常玩筑坟墓或学别人哭丧的游戏，母亲看到后非常担心，认为这样不利于孟子的成长，于是就把家搬到集市附近；集市上非常繁华，有很多迎来送往的商家，孟子家的邻居是杀猪卖肉的屠夫，搬到这里后孟子经常和邻居家的小伙伴们玩做生意和杀猪的游戏，孟母看到眼里急在心里，因为他不想他的儿子长大后成为市侩的商人和卖肉的屠夫。于是孟母又拿出了积蓄搬到了学堂的附近。在这里每天都可以听到朗朗的读书声，孩子们每天上学都要经过孟子的家门口，孟子看到后也要去上学堂，当时孟子还小不到入学的年龄，孟母就让孟子到学堂的附近玩耍跟着学生们学习礼节和知识。孟母认为这才是孩子应该学习的，心里很高兴，就不再搬家了。这就是历史上著名的"孟母三迁"的故事。

　　孟母是一位勤劳善良而且很善于教育孩子的母亲，在孟子入学跟从先生学习后，更加紧了对他的督促。孟子小时候虽然聪明，但是毕竟是小孩子，自控能力不强，经常逃学出去玩，孟母非常生气，可是苦于没有找到好方法，孟子还是背着母亲偷偷地出去玩。有一天，孟子从老师的学堂那里逃学回家，孟母正在织布，因为孟子没有父亲，孟母只能靠织布来养活孟子，孟母看见孟子逃学回来，非常生气，拿起一把剪刀，就把织布机上刚刚织好的布匹剪断了。孟子看了很惶恐，跪在地上请问母亲为什么发这么大的脾气。孟母责备他说："我辛辛苦苦地织布供你读书，每天眼睛疼得厉害，而你却不知道心疼母亲，不知道生活的艰辛，你读书就像我织布一样，织布要一线一线地连成一寸，再连成一尺，再连成一丈、一匹，织完后才是有用的东西。学问也是靠日积月累、不分昼夜勤学苦读而来的，你如果偷懒，不好好读书，半途而废，就像这被剪断的布匹一样变成了没有用的东西，那我也不用辛苦织布了，我们都饿死算了。"

　　孟子听了母亲的教诲，深感惭愧。从此以后专心读书，发愤学习，身体力行，实践圣人的教诲，终于成为一代大儒，被后人称为"亚圣"。

2、临终教子　受益终生

　　提起郑板桥可谓无人不知，无人不晓，他是我国清代著名的诗人、画家、书法家。郑板桥之诗、画、书法，堪称清代一绝。其诗雄浑、其画飘逸、其书法险峻，但是最为人所称赞的却是他为人的品性，从临终教子一节，可看出一位大贤对于爱子的殷殷深情。

　　郑板桥从小就聪明博学多才，才子自然有才子的个性，也正是这份个性才使他有过人的才情。成年后郑板桥入世为官，因傲视权贵，不与佞臣同流合污，所以官海沉浮并不得意。郑板桥一生只做过一些小官，虽然他为官清廉，但是他的家境非常殷实：一是他家祖上传下来丰厚的财产，二是郑板桥的书画十分值钱。

　　在郑板桥弥留之际，家里的亲人们都大声地痛哭，郑板桥则显得很安静，他把小儿子叫到床前，小儿子问他："父亲，您还有什么要叮嘱我的吗？"郑板桥对小儿子说："我没什么好遗憾的了，只是想吃你亲手蒸的馒头。"小儿子听到这里，非常难过：我父亲一世清高，才学八斗，没有什么好遗憾的，临终前却想吃我蒸的馒头，我一定要满足老父亲这个心愿。于是，他立即去厨房为父亲蒸馒头，而他是个读书人，从小到大都是衣来伸手、饭来张口，根本不懂得厨房之道，在厨房折腾了半天也没做出馒头来。父亲奄奄一息，积聚精力等待，最终却没有等到儿子做好的馒头。

郑板桥的小儿子嚎啕大哭，痛恨自己没能满足父亲临终的愿望，后悔平时没有学习一技之长，痛悔过后他体会到了父亲的良苦用心，懂得了"一屋不扫何以扫天下"的道理，伤心之余他亲手为父亲穿上新衣服，无意在枕下发现了父亲留有的纸条，上面写道："不靠天不靠地，不靠祖宗靠自己。"他看后大哭起来，深感父爱至深，心灵之震撼终生铭记，老父临终难以瞑目，莫过于希望自己自强自立。

从此以后郑板桥的小儿子牢记父亲临终前的教诲，发愤读书，认真做事。以后郑家的子孙都以"不靠天不靠地，不靠祖宗靠自己"作为家训，处世为人不辱先人，研修学问独有见地。

现在的父母应该注重孩子自强自立能力的培养，不要过分溺爱孩子了。

3、博学俭朴 以身教子

司马光，字君实，是北宋杰出史学家，今陕州夏县涑水人，被人们称之为"涑水先生"。他从小就聪明好学，生活简朴，宋仁宗宝元元年进士及第，为官多年，曾经做过天章阁侍讲、御史中丞、尚书左仆射，后来又追封为温国公。司马光一生生活俭朴，把主要精力都运用到学术著作上。一部《资治通鉴》千古流芳，名垂青史。

除此之外，司马光还有一套自己的教子方式，司马光的家境一直很好，但他时常告诫儿孙，衣服是用来保暖的不必过分的华丽，食物是用来充饥的不要太奢侈。过分富足的生活，会让人生出骄奢的情绪，对于保持人的品行是非常不好的。

在学习上，司马光十分注意言传身教，身体力行地为其子孙做出榜样。当时，为了完成《资治通鉴》历史巨著，司马光曾让其子司马康帮助收集和整理一些资料，看其子用指甲抓取书页，便耐心传授爱护书籍之法，他告诫儿子说："每次在你读书前，必须先整理好桌案，让桌案保持干净整洁；读书时，要坐端正，这样可以保持你长时间的读书而不疲乏，也会有利于身体健康，不会造成脊椎的弯曲；当你翻书时，要用手指夹取书页，这样就不会损坏书页。"从这些小事中其子受益良多，养成了良好的习惯，并终生受益。

司马光教育子女从来都是寓教于理。他时常告诫他的孩子："俭朴是所有道德的根本，奢侈是罪恶的根源，古往今来很多有道德的人，都在俭朴中保持自己的操守。生活俭朴就没有什么欲望，人没有欲望就不会有弱点，没有弱点就不会被居心不良的人所利用而失去一直保持的操守，这是君子所能做到的。人一旦养成了奢侈的毛病，就会有很多的需求和欲望，就会贪慕富贵和虚荣，这样祸患离你就不远了。因为奢侈而身败名裂、妻离子散的人太多了，这是我们要引以为戒的。"

其子司马康也是个守孝仪、知礼节的好孩子，他遵照父亲的教诲俭朴自律，刻苦勤奋，学有所成，博古通今，像他父亲一样担任过很多官职，校书郎、著作郎兼任侍讲，为官做人廉洁俭朴而被后世称颂。

涑水先生，虽然已经过世近千年了，他身体力行教育儿孙的品行一直是我们心中教子的楷模，他俭朴的生活方式至今是我们学习的美德。

现实链接

十年树木　百年树人

教育是国之大计，正所谓十年树木，百年树人。从大处着眼，教育关系到一个国家的繁荣昌盛，一个民族的兴旺发达。从小处来说，教育也涉及到一个家庭的兴衰传承。

那么教育是什么呢？简单地说，教育就是习惯的培养。我国著名的教育思想家叶圣陶先生曾说过："教育就是培养习惯。"他认为，"我们在学校里受教育，目的在养成习惯，增强能力。我们离开了学校，仍然要从多方面受教育，并且要自我教育，其目的还是在养成习惯，增强能力。习惯越自然越好，能力越增强越好。""而我们的孩子正处于学习的时期，他的各种习惯还没有形成，所谓从小树修剪好成才"。就是说，在儿童时期是培养人格习惯的关键时期，千万不可轻易地错过。①

其实，好习惯比高智商对于孩子们的生活、学习乃至今后事业发展都更有利。从小养成良好的学习习惯，无论孩子升学到哪里，课业如何沉重，他都会有适合自己的一套学习方法，不会出现不知所措的情况，这种良好的习惯让孩子终生受益。而养成不良习惯却贻害无穷。现实中就有这样的学生存在。上小学的时候，家长管理得非常严格，日日叮嘱他写作业，所以学习成绩还算过得去。升入初中，课业一下子增加了很多，虽然还能尽力完成作业，但是由于作业量太大，以至于每天都熬到很晚，还经常完不成作业挨老师批评。而班级里很多孩子平时就自己独立完成作业，已经摸索出适合自己的学习方法，所以作业完成得又好又及时，经常得到老师的表扬。这样一来，孩子之间的差距就渐渐地明显了。那么大家会问：我们应该怎样培养孩子的好习惯呢？有三点供大家参考，希望对您能有所帮助。

一、养成良好的逻辑思维能力。

逻辑思维是每个人做事必要的基本素质。说话、办事、思考，每一种行为都需要良好的逻辑思维能力做依托。逻辑是进行正确思维和准确表达思想的重要工具。善于运用逻辑，有助于更好地获得理智的效果；不善于运用逻辑，往往使思想陷于混乱的境地。② 就拿一个人的生活来说，如果他的逻辑思维能力不好，他的生活也会安排得很紊乱，时间很容易被浪费掉，很多事情多次重复去做也不见得有成效。

那么我们要怎样培养孩子的逻辑思维能力呢？

（一）要注意培养孩子的时间、空间和分类的能力。时间、空间和分类的概念是逻辑思维的基础，对于逻辑思维能力的形成具有很大的作用。一般来说幼儿的时间观念很模糊，在日常的教育中，家长要教给孩子一些必要的时间性词语，并反复比较它们的不同，让孩子掌握这些词语，并理解其含义，比如："在……之前"、"立即"、"马上"等等（家长还可以用心多找一些），这样孩子就可以准确的分出时间段，不会造成时间上的混

---

① 摘自《教育就是培养习惯》，莲山课件 http：//www. 5ykj. com
② 摘自《怎样培养逻辑思维能力和做事的条理性？》，http：//www. tianya. cn/techforum/content/443/29361. shtml

乱。空间概念对于孩子来说也是非常重要的，"上下左右中前后内外"等空间概念，可以使孩子在头脑中对空间的各种事物有一个清晰的认识。父母可利用日常生活中的各种机会引导孩子，比如："在马路上要教会孩子哪边是左、哪边是右，应该靠哪边通行"。还有一点就是分类的概念，事物有了分类就可以更容易地加以识别和管理。家长要把日常生活中的一些东西根据某些相同点将其归为一类，如根据颜色、形状、用途等。父母应注意引导孩子寻找归类的根据，即事物的相同点。从而使孩子注意事物的细节，增强其观察能力。①

（二）要加强孩子的因果联想能力。事物之间都是相互关联的，我们要注意培养孩子因果联想能力。从记忆规律中我们可以了解到，人的记忆是有局限性的。死记硬背在一段时间后就会遗忘，而联系是事物之间普遍存在的内在或者外在的关系，联想记忆不但可以记清事物的本质特征，还可以极大地拓展记忆的宽度。生活中我们往往是通过联系来分析和看待事物的，许多概括的认识都是经过这一过程一点点积累、归纳、推理而得出的。所以说这种因果联系是我们处理日常事物的基础，也是学习逻辑思维能力的关键所在。

（三）在实践中积极培养逻辑思维能力。逻辑思维能力作为一种思维能力，我们在理论中获得基本知识的同时，也要注重在实践中加以练习。只有在实践中不断地练习，才能培养出良好的逻辑思维能力，才能对事物进行有条有理的分析。我们在培养孩子的逻辑思维过程中，要有规划地鼓励孩子参加学校组织的演讲、辩论和创新思维等活动或者比赛，这样既能锻炼孩子的语言表达能力，又能训练他们的逻辑思维能力。

二、为孩子营造良好的生长环境，身体力行树立榜样。

虽说环境对人的成长不能起决定性作用，但它却起着很重要的主导作用，影响着人是否健康成长。古有"孟母三迁"的故事，今有父母千方百计将孩子送到好学校学习的事例，俗话说："近朱者赤，近墨者黑"。这说明人们都认为环境对一个人行为习惯的影响是十分重要的。

为孩子营造良好的环境主要有两大场所：一个是家庭环境；另一个是学校环境。孩子的人生观、价值观主要是在家庭和学校中形成和塑造的。

---

① 参见《如何培养孩子逻辑思维能力》，太平洋女性网，2008年7月5日。

　　家庭是孩子成长的第一环境。父母是孩子的启蒙老师，家庭是孩子养成习惯的摇篮。但由于社会现实大背景的原因，父母教育孩子的思想也出现了偏差，许多孩子成了家里的小皇帝，对家长们颐指气使，家长们不以为恶，还百般地迁就甚至嘉许，可谓是到了"含在嘴里怕化了，顶在头上怕吓着！"的地步。过分溺爱导致孩子依赖成性，衣来伸手饭来张口已经成为当今孩子理所当然的行为习惯。我们时常会看到这样的报道：有的孩子已经上大学了，父母还要千里迢迢地去陪读，更有甚者，许多孩子上学了，还不会自己上厕所、自己吃饭、自己睡觉，这样的孩子连自己的日常生活都不能自理，那么将来怎么照顾他的亲人、朋友、同事呢？怎么与人合作共同打造团队精神呢？这种依赖性的养成很大程度上是家长的责任，必须引起家长的重视。我们在培养孩子自理自立能力的同时，更应在行为、举止和谈吐上给孩子树立榜样，因为孩子的学习和成长实际上是一个不断模仿的过程，家长的行为习惯会比较明显地反映在孩子身上，俗话说得好："龙生龙，凤生凤，老鼠生儿会打洞。"这句话既强调了遗传因素，也说明了家长对孩子行为习惯的养成有不可低估的重要作用。我们必须承认，家庭对孩子自身素质的养成往往决定着孩子一生的命运。中央电视台有个公益广告大家应该都有印象：妈妈拖着疲惫的身体给老人端上洗脚水，孩子也学着妈妈的样儿，摇摇晃晃地给妈妈端来一盆洗脚水说："妈妈洗脚，我也给妈妈讲小鸭子的故事。"所以，作为家长说话办事要注意礼貌、举止文雅，表现出良好的行为、习惯和高尚的道德情操。家长只有经常性地以身作则，孩子们才能耳濡目染，在日积月累中不知不觉形成良好的行为习惯。

　　那么，作为孩子成长的主要环境——学校，更要创造良好的校风、营造良好的班风，为孩子的成长创造良好条件。由于每个孩子生活背景的不同和性格上的差异，他们的学习习惯、劳动习惯、生活习惯等方面都各有不同，要把这样一群孩子统一在一个集体的管理之下，既要有原则性的制约，又要有人性化的疏导，因此老师就显得格外重要。在孩子们心中老师是神圣的，是楷模、是偶像，如果老师只会一味地严厉斥责孩子，机械地要求他们该做什么、不该做什么，那么，在孩子幼小的心灵里就会对老师形成抵触甚至反抗情绪，彻底粉碎老师在他们心中的美好形象。比如：孩子刚上学有的生性胆小，不敢主动向老师提问；有的在家高傲自大，没有主动打招呼的习惯。作为老师要放下身价，主动向你的学生问好，那么你的学生也一定会向你问好的，久而久之，必能让孩子们养成良好的礼节习惯。还有的孩子早上赖床，无法按时到校早读，作为老师我们可以早早地到校组织自习，学生看到老师都来得那么早，他们也就不好意思总是迟到了，假以时日，他们就会养成按时到校早读的好习惯了。身教重于言教，习惯的培养也是如此。

三、好习惯要培养，坏习惯要及时纠正。

养成好习惯难，养成坏习惯易。父母、老师要使孩子从小养成良好的习惯。在好习惯未养成的时候，不准小孩子有不一致的小动作，纵容一个小小的例外，就可能破坏他养成好习惯的努力。因此，大人要善于培养小孩子的好习惯，同时遇到不好的习惯又要及时疏导，及时纠正，因为坏习惯一旦养成，就具有自然的驱动力和心理惯性，无法控制，甚至有的孩子明知道自己的习惯不好，但往往又控制不住自己。比如：不能乱丢纸屑、上课不能说话、不能撒谎等等，但事到临头还是不由自主地丢了纸屑、上课说了话、对家长或老师撒了谎。这时候就要及时帮助他们抑制和纠正坏习惯，不然这些坏习惯会影响他们的一生。

我们在纠正孩子们坏习惯的时候不能急于求成，正如心理学专家孙云晓教授所说："培养好习惯用加法，培养坏习惯用减法。"对坏习惯我们要慢慢地逐一纠正。一位细心的家长注意到在房间里写作业的儿子，一会儿喝水，一会儿上厕所，不到一小时出来四五次。这位家长看在眼里却没有急于批评他，而是在第二天孩子写作业时给孩子提了一个建议：坐下前把该办的事办好，写作业时出来三次就可以了。孩子在家长的鼓励下果真少出来一次；过几天家长又提议再减少一次，孩子又轻松做到了。家长的要求依次递减，直到孩子可以集中注意力把作业完成。这样既帮助孩子克服了不良习惯，又保护了孩子的自尊心。所以改掉坏习惯不是一朝一夕就能完成的，贵在长久坚持，同时也需要得到大人们的鼓励和正确引导。

四、良好的习惯是德育的核心，是构建健康人格的基础。

在应试教育的大背景下，许多老师和家长总认为孩子的主要任务是学习，只要学习成绩好，其他的事都可以不在意，但往往就是这些学习成绩非常优秀的孩子，在进入大学或者到了梦寐以求的工作岗位以后，屡屡出现问题。比如，有的孩子不能适应集体生活，乱翻别人的东西，没有集体观念；有的孩子在公共场合乱扔废纸、随地吐痰等；有的孩子人际关系很糟糕，甚至为争面子而自杀或杀人。这些应该说都是人格不健康导致的，归根结底是小时候没有形成良好的习惯。那么人格、道德、品德和习惯有什么密切的关系呢？每个社会都有自己的道德，道德是一个社会的基本规范，社会是由人构成的，人又是由他的行为构成的，所以也可以说，道德是外部的，转化为人内部的东西就是品德。品德是人的行为的内化，行为又和人的习惯有关，而习惯是一种自动化的行为。当一个人培养了好的习惯之后，他的这些自动化行为会渐渐内化成他的品德，这些好的品德在做人、做事、学习方面就表现为好的道德。这样，一个人健康的人格就显现出来了。也正因为如此，小学德育的核心就是以体验教育为载体，结合具体生活实际，从细微处入手，通过丰富多彩的活动，宣传基本道德知识、道德规范，使少年儿童在亲身实践的体验中把做人做事的道理内化为健康的心理品格，转化为良好的行为习惯。

常言道：三岁定终生。培养孩子要让他们从小养成良好的文明习惯，这对于中华民族优良品德的传承和整体素质的提高是一项奠基工程，是百年大计，我们要从小培养孩子的良好习惯，构建孩子的健康人格。

（本文摘自《近朱者赤，近墨者黑——现实生活中的典型实例》）

第五节　坚守情操　亲贤远佞

经典语句

1、亲贤臣，远小人，此先汉所以兴隆也。 ——《出师表》

【语句释义】亲：亲近。远：远离，疏远。亲近忠厚贤德的大臣，远离奸佞小人，这是先汉能够兴盛的原因。

2、与善人居，如入芝兰之室，久而不闻其香，即与之化矣；与不善人居，如入鲍鱼之肆，久而不闻其臭，亦与之化矣。 ——《孔子家语》

【语句释义】居：交往。和品行优良的人交往，就好像进入了摆满芳香的兰花的房间，久而久之就闻不到兰花的香味了，这是因为自己和香味融为一体了；和品行不好的人交往，就像进入了放满臭咸鱼的仓库，久而久之就闻不到咸鱼的臭味了，这也是因为你与臭味融为一体了。

3、近朱者赤，近墨者黑。 ——《太子少傅箴》

【语句释义】朱：朱砂，一种矿物，红色或棕红色，可入药或作颜料，但有毒。墨：古代书写和绘画用到的墨锭。靠近朱砂的变红，靠近墨的变黑。比喻接近好人可以使人变好，接近坏人可以使人变坏。指客观环境对人有很大影响。

4、弃德崇奸，祸之大者也。 ——《春秋左传》

【语句释义】弃：放弃，轻视。崇：崇敬，重视。轻视德行和尊重邪恶同样是最大的灾祸。

5、非淡泊无以明志，非宁静无以致远。 ——《诫子书》

【语句释义】非：不。淡泊：清心寡欲。不看轻世俗的名利，就不能明确自己的志向；做不到身心宁静，就不能到达理想的彼岸（或不能实现远大理想）。

经典故事

1、交友不慎　身遭陷害

《水浒传》里豹子头林冲是八十万禁军教头，为人正直朴实，讲义气，尤其是一身的武艺人人称赞。很早的时候，林冲路遇陆谦，仗义出手解决了他的危难，林冲与陆谦相谈甚欢，于是二人结义为兄弟。

林冲的妻子非常漂亮又很贤淑，夫妻俩非常恩爱。不幸的是，有一天林冲的妻子上街的时候被高衙内看到，高衙内就生了占为己有之心。这高衙内是佞臣高俅的儿子，是有名的纨绔子弟，自从见过林冲的妻子后，每日茶不思饭不想，这时就有那宵小之徒为私利干出那令人不耻之事，献计说：那美人是八十万禁军教头豹子头林冲的妻子，衙内想收为己有并不是难事，只要把那林冲除去，到时候剩下小娘子岂不就手到擒来。于是，他们开始设计陷害林冲，假意传高俅高太尉的命令，让林冲携带宝刀进入白虎堂，然后以携带兵器意图不轨治林冲谋反之罪。

同时，高衙内又收买了陆谦，让陆谦把林冲的妻子骗到他家阁楼，陆谦明知道这是陷害自己义兄的行为，为了自己所谓的前途，却干出这等不义之事，实在是让人不耻。最后，林冲之妻不愿遭受侮辱，自杀身亡。林冲被发配到沧州，雪夜上梁山。

2、坚守情操　品贵德高

敬爱的周总理去世的时候，联合国为周总理降半旗。联合国官员解释说："中国那么多的人口，可是没有一个是周恩来的孩子；中国那么多的财富，周恩来却不占用一分一毫。"是的，这就是我们敬爱的周总理。周总理一生勤勤恳恳为国家为人民做事，从来不考虑个人的利益。他把青春和热血都献给了祖国和人民，他永远是我们心中的好总理。

更可敬的是：一国的总理为国家大事操心费神的同时，也不忘在小事中坚守自己的情操。

周总理虽然自己没有孩子，但是家族中有很多子侄，此外，周总理和妻子邓颖超还收养了很多孤儿，这些孩子都很孝顺，经常来看望总理夫妇。总理知道了孩子们来都是国家招待，非常生气，就给自己定了 10 条家规：一是晚辈不准丢下工作专程来看望他，只能出差顺路来看看；二是来者一律住国务院招待所；三是一律到食堂排队买饭菜，无工作的由总理代付伙食费；四是看戏以家属身份买入场券，不得用招待券；五是不许请客送礼；六是不许动用公家汽车；七是生活上凡个人能自己做的事，不要别人来办；八是要艰苦朴素；九是不要炫耀自己；十是不谋私利，不搞特殊化。这十条家规，反映出周总理对于自己的严格要求，恪守终生而没有丝毫的懈怠。

总理的很多朋友也曾劝说过总理，"现在您的身份不同了，无论如何是代表国家的形象，您在大事上操心费神，就不要太计较细节了。"总理听说后严厉地斥责道："现在我们的国家还不是很富裕，我们更应该带头节俭，这些事正是对共产党人全心全意为人民服务价值观的考验，作为总理更要以身作则，为党员、干部作出榜样。"是的，我们敬爱的周总理做到了，从十里长街送总理的场景就可以看出人民对总理的热爱程度。

周总理是我国老一辈无产阶级革命家的杰出代表，作为党和国家的领导人，不但为全党作出了表率，教育激励了几代共产党人，还赢得了国际友人的尊敬和爱戴。

伟大的中国共产党带领全国人民在一穷二白的基础上建设新中国，发展国民经济，共产党员永远冲锋在前，勇于奉献牺牲，有难事共产党员上；在改革开放的新时期，共产党员尤其是领导干部经受住了物质的诱惑和考验，一心一意为人民群众谋福利；在新世纪新阶段，带领人民群众克服种种困难，战胜重重灾难，创造了一个个震惊世界的壮举。

3、拒绝请托　弘扬正气

这个故事的主人公是刘廷贵同志，1950 年出生在云南宣威东山镇，曾任云南省蒙自军分区司令员，我们要说的故事就是发生在其任云南省蒙自军分区司令员期间。

刘廷贵同志不愧为我党优秀的共产党员，做人做事从点点滴滴做起坚守着一名共产党员的道德情操。他所在的军分区防区内，有两个国家级开放口岸，随着国家政策的开放，很多人前来做生意，社会情况十分复杂。刘廷贵同志时刻告诫自己，要严谨对待每一件小事，不可在小事上马虎大意。

中国人讲究人际关系，刘廷贵当营长时关系很好的一个班长退伍后从内地到边境口岸来做对外贸易的生意，得知刘廷贵当上了军分区司令员，高兴地找到他。刘廷贵热情地招待他到家中做客，这位班长一开始还聊聊当兵时的快乐日子，后来他兴奋地对刘廷贵说："老营长，您在这里当司令，以后我在这里就有靠山了。"刘廷贵听后觉得不是滋味，严厉地斥责他说："我不是你的靠山，你的靠山是你的本事。"但是这位班长并没有放弃这个他所谓的靠山，多次邀请老营长出去坐坐，都被刘廷贵拒绝了。一次他找到刘廷贵说："老营长，你的兵今天发财了，晚上我尽点心意，请您去找个地方放松放松。"刘廷贵一听这话不对劲，便说："你发财我高兴，但不能胡来，不能玷污我们的战友情！"

还有一次，刘廷贵一位开公司的同乡，托他帮忙搞点紧俏物资，同乡拿出一沓钞票放在茶几上，刘廷贵拿起钱塞回去，下了逐客令。那位同乡收起钱气哼哼地说："还没见过像你这样不开窍的人。"刘廷贵之所以能做到金钱美色不动摇，"拒腐蚀、永不沾"，因为他的心中有"四个坚守"：坚守原则不退让，坚守人格没商量，坚守纪律不"变通"，坚守情操不动摇。

（根据解放军报王滇伟2003年01月06日第7版报道整理）

现实链接

近朱者赤　近墨者黑

古人云："与善人居，如入芝兰之室，久而不闻其香，即与之化矣；与不善人居，如入鲍鱼之肆，久而不闻其臭，亦与之化矣。"这里讲的是，与贤德的人为伍，耳濡目染，他会在潜意识里影响你，近朱者赤就是这个道理。反之，一个人如果长期处于不良的社会环境中，久而久之，必然会受到不良环境的影响，即近墨者黑。

有人提出近墨者未必黑的观点，是想说有的人能处污泥而不染。但那是我们理想中的思想境界，长在河边走，怎能不湿鞋。倘若我们在这一问题上认识不清，那么，很容易使某些人放松警惕、误入歧途而不自知。据国家司法部门统计，目前的青少年犯罪很大一部分是因为看黄色小说或因其父母在家赌博而产生试一试的想法，最终走上犯罪道路的。中央和地方各级政府一贯坚持扫黄打黑，就是要净化社会空气，给青少年创造一个良好的成长环境。青少年是祖国的未来，民族的希望，而"近墨者未必黑"这一论调容易使那些涉世不深又具有强烈好奇心的青少年产生"近墨"的想法，反正是未必黑嘛，也不在乎试一下，殊不知在"墨"的环境中变黑是不以人的意志为转移的，这是一个潜移默化的过程。把同样的蔬菜浸泡在不同的水中，一段时间后，蔬菜的味道也会变得跟水一样酸咸各异。心理学家将这一现象称为"泡菜效应"，它揭示了环境对事物的成长具有非常重要的作用。同理，人在不同的环境里，由于长期耳濡目染，其性格、气质、素质和思维方式等方面都会有明显的差别，正如人们常说的"近朱者赤，近墨者黑"。青少年的思想还未成熟，容易接受各种错误思潮的影响，所以我们在这里告诫大家：近墨者黑是永远不变的真理。一定要注意周围环境，远离种种不良风气。

古人很早就注意到了人的成长与所处环境息息相关，孟母三迁择邻而居的故事就是一个流传很广的典型例子。试想当初如果没有孟母的择邻而居，也许就不会有我们今天看到的孟子的伟大成就。张衡是历史上家喻户晓的大科学家，他在青年时期有很多知己，而且都是当时很有才能的青年，特别是崔瑗，从小就学习天文、数术、历法，两人经常一起交换心得，张衡进一步研究天文、物理等科学，很大程度上是受了崔瑗的影响。与诤友交往，他会不顾一切地指出你的错误，当你做错了事，他会及时地批评指正你，有时可能语气太重，甚至会与你发生争吵，但这才是我们真正应该结交的挚友啊！

有这样一则寓言：有一只老鹰的蛋在鸡妈妈那里孵出了小鹰，小鹰每天和一群小鸡跟在鸡妈妈的后面啄食，后来它看见有一只老鹰在天空盘旋，内心也生出了想飞的冲动，终于有一天它一飞冲天，跟着老鹰去领略天空的壮阔。所以，如果你的周围是一群鹰，那么你自己也会成为一只展翅翱翔的雄鹰；如果你的周围是一群小鸡，那么你也许永远看不到海阔天空。由此可见，朋友的行为对我们的影响是多么的深远。假如你真正的挚友很多，可以帮助你走上光明大道，你就会成为一只雄鹰；假如你择友不当，你只能成为一只永远飞不起来的小鸡，也许会使自己走上邪门歪道，甚至走向违法犯罪的深渊，你的终身幸福也将毁于一旦。

　　任何事物都不是无懈可击的。修理汽车的工人每天接触油污，天长日久，他们的双手浸满了油污；挖开煤堆下面的土地，就会发现它们大部分都浸沾了煤黑。无论是人的手，还是土地，都是有一定空隙的，由于分子的扩散作用，日久天长，油污必然会通过手的表皮进入皮肤内部，煤分子也会扩散进入土层。那么人的道德修养也是如此。如果你总是接触美好的事物或品质优秀的人，由于耳濡目染会不知不觉受到真善美的陶冶，成为一个优秀的人。犹如泥土不能开花，却拥有玫瑰的芬芳，因为他选择了玫瑰作为朋友，得到了玫瑰的品貌与才华；但如果你置身于一个"假、恶、丑"的生活空间，受到坏的影响，就一定会近墨者黑。所以，不要与坏人做朋友，否则，时间久了，自己自然也会沾染上不良习气，正所谓"蓬生麻中，不扶而正；白沙在涅，与之俱黑"。年轻人尤其如此，思想单纯，阅历浅，经验少，辨别是非的能力还不强，恰恰这个时候又思想敏锐，容易接受新鲜事物，所以我们更要提高警惕，争取多接触一些美的事物熏陶自己，注意防微杜渐，坚决摒弃丑恶的东西。

　　人生在世，朋友是必不可少的，交朋友也是人生中的一部分，与正直、诚实、守信、知识渊博的人交朋友，有益于我们的身心健康；相反，与狡猾、奸诈、冷酷的人交朋友，非但无益，反而有很大的害处。在学生时代，交什么样的朋友也是十分重要的，要交善良积极向上的朋友，互相学习，相互促进，从好友身上得到人格的魅力、道德的感召与思想的升华。青少年是祖国的未来与希望，与有仁德、有知识的人相处，才能不断地端正自己，肩负起历史的重任。

　　人在幼年时期受环境的影响更为敏感，染苍则苍，染黄则黄。"出污泥而不染"是一种修养，一种境界，却不符合儿童的实际，有关心理学和动物学专家做过一个有趣的对比实验：在两间墙壁镶嵌着许多镜子的房间里，分别放进两只猩猩。一只猩猩性情温顺，它刚进到房间里，就高兴地看到镜子里面有许多"同伴"对自己的到来都报以友善的态度，于是它就很快地和这个新的"群体"打成一片，奔跑嬉戏，彼此和睦相处，关系十分融洽，三天后，当它被实验人员牵出房间时还恋恋不舍；另一只猩猩则性格暴烈，它从进入房间的那一刻起，就被镜子里面的"同类"那凶恶的态度激怒了，于是它就与这个新的"群体"进行无休止的追逐和厮斗，三天后，它是被实验人员拖出房间的，因为这只性格暴烈的猩猩早已因气急败坏而心力交瘁死亡。

学校要重视校园硬环境和软环境的建设，重视通过良好的环境对学生潜移默化的教育。校园的硬环境主要是指校容校貌，它由校园的一草一木、一砖一瓦、一楼一台等景观构成；校园的软环境主要是指正确的舆论风气、和谐的人际关系、民主的管理方法、严明的校纪校规、独特的校风校训等。校园的硬环境和软环境，具有"润物细无声"的育人效果。为此，学校要努力让校园的硬环境整洁、优美、有序，让校园的软环境充分体现人文精神，蕴含丰富的教育因素，从而给学生诗情画意、温馨怡人的感受，发挥对学生的启迪作用。

"近朱者赤，近墨者黑"。这是千百年来流传的一句古训，也是人们从生活实践中得出的经验，切莫小视而铸成大错。记住："与君子交友，犹如身披月光；与小人交友，犹如身近毒蛇"，"近朱者赤，近墨者黑"。我们要多与"赤者"交往，拒绝"墨者"违背原则的要求，这样才会使你在人生的道路上一帆风顺！

第六节　传道解惑　尊师重道

经典语句

1、师者传道授业解惑也。　　　　　　　　　　——《师说》

【语句释义】师：老师。道：人生道理、学问知识。老师是用来传播道理教授课业和解答疑惑的。

2、一日为师，终身为父。　　　　　　　　　　——《史记》

【语句释义】一日：一天。为：作为，当。终身：一生，一辈子。哪怕只教过自己一天的老师，也要一辈子当做父亲看待。比喻要十分尊重老师。

3、师者也，教之以事而喻诸德也。　　　　　　——《礼记》

【语句释义】教：教导。喻：直接告知，把情况直接告诉某人。老师是教导我们如何做事、树立高尚品德的人。

4、为学莫重于尊师。　　　　　　——《浏阳算学馆增订章程》

【语句释义】为学：做学问。莫：没有。这句话的意思是说，没有什么比尊重老师更重要了。因为是老师辛勤的教诲才有了你今天的成就，千万不可自大清高，忘记做人的根本。

5、君子隆师而亲友。　　　　　　　　　　　——《荀子修身》

【语句释义】君子：有品德有修养的人。隆：隆重，这里是指尊重。品德高尚的人尊重老师并和善地对待朋友。

6、疾学在于尊师。　　　　　　　　　　　　——《吕氏春秋》

【语句释义】疾：快，迅速。指一个人要想很快学得知识才干，首先在于尊重老师。比喻只有尊重老师，才能更好得到知识。

7、事师之犹事父也。　　　　　　　　　　　——《吕氏春秋》

【语句释义】事：服侍。中国儒家思想认为"天地君亲师"，把"师"摆在了一个很高的地位。"事师之犹事父也"，意思是说对待老师要像对待自己的父亲一样，表明对老师的尊重。

8、尊师则不论其贵贱贫富矣。　　　　　　　——《吕氏春秋》

【语句释义】尊师：尊敬老师。贵：高贵，身份地位高。贱：地位低下。贫：贫穷。富：富裕。尊敬老师，则不要在意老师的身份、地位、财富。

9、学之经，莫速乎好其人，隆礼次之。　　　　　　——《荀子》

【语句释义】学：学习。经：通"径"途径，路径。莫：没有。速：快速。好：尊敬。学习的最好捷径莫过于尊重老师，其次那就是崇尚礼仪了。

10、明师之恩，诚为过于天地，重于父母多矣。　　——《勤求》

【语句释义】明师：开明的老师。恩：恩德。如果遇到一位贤德的老师，他教导的恩情比天要高，比地要厚，比父母对你的恩情还要厚重。

11、国将兴，必贵师而重傅，贵师而重傅，则法度存。国将衰，必贱师而轻傅。　　　　　　　　　　　　　　　　　　　——《荀子》

【语句释义】国家要兴旺发达，必须发自内心地尊师重教。尊师重教，那么我们的法度就会存续下来，规范我们的日常行为；而国家要衰败的时候，就一定会轻视老师。

经典故事

1、伟人尊师　世人典范

埃德加·斯诺在《西行漫记》中记述了一段毛泽东自述少年时代的经历："我开始很想到长沙去，听说那里是个大城市，……我很想到长沙一个专门为湘乡人设立的中学，在那一年冬天，我请求一个高等小学教员介绍我到那里去，他允许了……"这个教员是谁？在中南财经政法大学档案馆里，保存着这样一封毛泽东的亲笔信："人惕、人价二位同志：一九六二年七月十四日来信收到，惊悉有晋先师因病逝世，不胜哀悼。谨此致唁。毛泽东 一九六二年七月十九日。另奉薄仪一份，聊助营奠之资，又及。"有晋先师就是我国著名经济学家、中南财经政法大学已故教授张人价先生的父亲张有晋（号麓村，湖南湘乡人；张人惕是张人价兄长）。

1910 年一个秋高气爽的日子，坐落在湘乡县城涟水之滨，幽雅、古朴的东山学堂，来了位年方 17 的英俊少年，高挑身材，农家装束，他叫毛润之。

东山学堂是名学府，就读学子绝大多数是富家子弟，同时东山学堂有规定不收外县学生，且当时入学考试时间已过。美国传记作家 R·特里尔著的《毛泽东传》中记载：当时毛找到校长，要求能够让他在此念书。他的镇定引起了校长的兴趣，为了进一步考察他的才智，校长破例给了他补考的机会，命题"言志"。毛润之接过试题，想起了离家时写的《呈父亲》"孩儿立志出乡关，学不成名誓不还……"联想到排除阻力的艰难，遭遇讥讽的愤慨，长期积蓄的凌云壮志……顿时千言万语涌上心头，他奋笔疾书，一挥而就。校长接过一看，只见那字里行间无不跳跃着为救国救民而学的宏愿。校长连说："好，好，栋梁才！"当晚，校长和麓村先生在教职工会上力主打破不收外县学生的陈规，破格录取了他。

毛润之如愿上学了，恰巧麓村先生教他算术课。毛润之从来没接触过算术课，但他勤奋好学，加上麓村先生悉心指导，成绩提高很快。东山学堂实行新法教育，效仿西方新学，力求先进。毛润之很好学，在那学到了许多新知识。麓村先生不只是关心毛泽东的算术课，还关心他国文方面的进步，即使到几十年后，麓村先生还记忆犹新地对后辈说："毛泽东那时已练就一手出色的文笔，在东山曾写过命题为《救国图存论》《宋襄公论》等文章，国文老师极为赞赏，下批语道："视似君身有仙骨，寰观气宇，似黄河之水，一泻千里。"

1911 年春，麓村先生又推荐毛润之进入湘乡驻省中学读书。

从韶山到东山，从东山到长沙，少年毛润之大长了知识，大开了眼界。但在这关乎毛润之发展前途的重大转折时期，都有麓村先生的重要提携。

1911 年辛亥革命爆发，毛泽东离校参加新军，革命失败后，他又辗转到湖南第一师范读书，而麓村先生又正巧在该校任教，再度重逢，师生情谊更加亲密了。麓村先生这时更加关心毛泽东，他对当时毛泽东的组织演讲才能印象颇深，解放后到了北京他都还记得，他说："那时候第一师范成为长沙学生运动的中心。每当集会，各种主张争论不休时，只要毛泽东一到，全场随即就静下来，他往往三言两语就抓住问题的要领，简明地分析归纳大家的意见，集中形成共识，并立刻见诸统一行动。"1918 年毛泽东辞别恩师赴京筹备留法勤工俭学，从此中断联系。

1949 年，毛泽东在天安门上庄严宣布："中华人民共和国成立了！"当时在妙高峰中学任董事长的有晋先生便驰函毛泽东祝贺。接到恩师来信，毛泽东无比高兴，并亲笔回信："去年十二月十九日赐函诵悉，远承教益，极为感谢！谨此奉复，敬颂道安。一九五零年四月十日。"

之后不久，长沙教育界知名人士聚会纪念思想家王夫之，成立船山学社，建纪念馆，商讨请谁题额，有晋先生又致函毛泽东赐墨。主席欣然命笔题字"船山学社"，并复信老师"未知可用否？"

1952年，有晋先生因赋闲在家，便写信给毛泽东表示想到解放后的北京观光。很快，中共中央统战部即寄200元费用邀请老人进京。

7月底，老人抵达北京，毛泽东秘书田家英接待安排老人住在前门外的惠中饭店。8月18日下午，有晋老人等在秘书陪同下来到毛泽东家做客。毛泽东笑容满面地迎接了他们，并和他们一一握手，然后宾主依次步入堂内，主席陪有晋先生坐在正面沙发上，主席询问了当时湖南的社会形势，并征询老人对国家政策的看法，老人表示拥护土地政策，并谈了对唐朝均田制的看法，毛泽东听了非常高兴。毛泽东与有晋先生一起回忆了师生相处的日子，他激动地说：东山和一师的学习，对我影响很大，我的知识和学问是在一师打好的基础，我很感谢诸位老师。最后毛泽东问有晋先生还想不想教书。有晋先生如实相告："年事已高，教书已力不从心。"饭后，宾主一起来到中南海岸边，毛泽东搀扶着恩师上了一艘游艇，自己轻轻操桨，两人有说有笑地边聊边游中南海。

不久，有晋先生接到由周总理颁发的中央文史研究馆馆员聘书，老人从此定居北京开始了人生新的旅程。

有晋先生安顿好不久，天气渐渐凉下来，毛泽东又派秘书为老人一家四口添置了新的冬衣及床上用品。当老人一家流露出国家不必如此破费的意思时，田家英说："这是主席嘱托办的，是用主席的稿费支付的。"后来毛泽东还把他自己穿过的呢子大衣和帽子送给老人挡寒。从此每逢五一、十一等重大庆祝活动，老人都会被接到天安门观礼，如有湖南故旧到北京，也会被接去出席作陪。

1962年7月，有晋先生病故。张人价教授兄弟二人便联名向主席寄去讣告。主席即派秘书送来唁函和奠仪300元，以表哀悼。

（摘自网络材料：《毛主席尊敬师长的故事》）

2、程门立雪　悉心求教

程门立雪，这个成语出自《宋史·杨时传》，旧指学生恭敬受教，现比喻学生求学心切和对有学问长者的尊敬。

这个故事是讲杨时尊敬师长，悉心求教。杨时，字中立，是剑南将乐县人。小时候就很聪颖显得与众不同，善写文章，年纪稍大既潜心学习经史，宋熙宁九年进士及第。当时，河南洛阳人程颢和其弟程颐在熙宁、元丰年间讲授孔子和孟子的学术精要（即理学），周边的学人都去拜他们为师。杨时在颍昌以学生礼节拜程颢为师，师生相处得很好。杨时回家的时候，程颢目送他说："吾的学说将向南方传播了。"又过了四年程颢去世了，杨时听说以后，在卧室设了程颢的灵位哭祭，又用书信讣告同期学人。程颢死后，他又到洛阳拜见程颐，这时杨时已四十岁了。一天拜见程颐，程颐正闭着眼睛打坐，杨时与同学游酢（音 zuò）就侍立在门外没有离开，等到程颐察觉的时候，那门外的雪已经一尺多深了。

杨时的德性和威望一日比一日高，四方之人不远千里与之交游，其号为龟山先生。

3、孔圣先贤　尊师重道

公元前521年春，孔子得知他的学生宫敬叔奉鲁国国君之命，要前往周朝京都洛阳去朝拜天子，觉得这是个向周朝守藏史老子请教"礼制"学识的好机会，于是征得鲁昭公的同意后，与宫敬叔同行。到达京都的第二天，孔子便徒步前往守藏史府去拜望老子。正在书写《道德经》的老子听说誉满天下的孔丘前来求教，赶忙放下手中刀笔，整顿衣冠出迎。孔子见大门里出来一位年逾古稀、精神矍铄的老人，料想便是老子，急趋向前，恭恭敬敬地向老子行了弟子礼。进入大厅后，孔子再拜后才坐下来。老子问孔子为何事而来，孔子离座回答："我学识浅薄，对古代的'礼制'一无所知，特地向老师请教。"老子见孔子这样诚恳，便详细地表达了自己的见解。

回到鲁国后，孔子的学生们请求他讲解老子的学识。孔子说："老子博古通今，通礼乐之源，明道德之归，确实是我的好老师。"同时还打比方赞扬老子，他说："鸟儿，我知道它能飞；鱼儿，我知道它能游；野兽，我知道它能跑。善跑的野兽我可以结网来逮住它，会游的鱼儿我可以用丝条缚在鱼钩来钓到它，高飞的鸟儿我可以用良箭把它射下来。至于龙，我却不能够知道它是如何乘风云而上天的。老子，其犹龙邪！"

现实链接

尊师重教　人间正道

　　最近经常在论坛里看到谴责老师的帖子，也会在生活中听到批判老师的话语，接二连三出台的《教师职业道德规范》、《中小学班主任工作规范》，这一方面说明我国的教育法规体系不断完善，另一方面似乎说明现在的教师队伍已经出现严重的"良莠不齐"现象。

　　那么究竟是教师的职业道德出现了严重问题，还是教师队伍中存在个别的败类影响了教师的声誉呢？我们该谴责的到底是所有的老师？还是那极少数的一部分败类？答案是：必须尊重绝大多数老师的辛勤劳动，谴责那些道德败坏的教师队伍中的败类。

　　不可否认，现在社会上存在一些道德品质不好的老师，他们上课的时候不好好讲课，让同学们课外参加各种补习班，既浪费家长的钱财，又让学生背着沉重的学习负担疲于奔命。但是我们也不应该因此用苛刻的眼光去看待所有老师，把他们视为不食人间烟火的神仙。教师的职业决定了他们的高尚性，但我们首先也必须承认老师也是有血有肉的人！现在，很多老师已经不奢求什么所谓的尊重，他们在自己的岗位上勤勤恳恳地工作着，无论是教学水平还是管理能力都不逊色于那些所谓"名校"的老师。他们很无辜，默默地承受着来自社会上的各种指责。

　　曾经有一位全国有名的教育大师这样说过：现在的老师真是越当越贱！很多教师都有这样的感觉，以至于现在很多教师的子女都坚决拒绝从事父辈的"光辉事业"。

　　毫无疑问，这些现状是由教育资源的不均衡导致的，老师和家长同样是受害者。"尊师重教"是中华民族的传统美德，可是现在媒体上宣传教师的负面新闻比正面新闻要多得多。懂得教育的人都知道：要让孩子学会找别人的优点，孩子和别人都会很开心。可我们的媒体却让孩子们看到的总是老师的阴暗面，这如何树立教师的良好形象呢？

　　从社会对教师尊重和重视的程度就能知道这个国家的文明程度，一个人如果连自己的老师都要攻击，那真的是太可怕了。

第七节　以和为贵　谦恭礼让

经典语句

1、果仁者，人多畏，言不讳，色不媚。　　　　——《弟子规》

【语句释义】果：如果，假若。仁者：品行高尚的人。畏：敬服。讳：避忌，有顾忌不敢说或不愿说。媚：逢迎，谄媚。真正品行高尚的人，大家都敬重他，这样的人说话没有忌讳，也不去谄媚讨好别人。

2、和为贵，忍为高。　　　　——《论语》

【语句释义】和：和睦，和谐。和为贵就是万物和谐人理畅通，就是一种人人各安其份、事事尊理而行的美度。俗话说：忍为高，心字头上一把刀。古往今来，人们创造出与忍字有关的许多成语，如忍辱负重、忍辱偷生、忍无可忍、忍气吞声、忍俊不禁、忍痛割爱、小不忍则乱大谋等等，忍字被看成一种品格修养、一种政治手段、一种道德规范和一种精神追求。

3、己所不欲，勿施于人。　　　　——《论语》

【语句释义】己：自己，自身。欲：想要。施：施加。自己不喜欢的，不要施加在别人（身上）。

这句话虽然简短却寓意深远。其实人们在日常生活中往往都做不到这样。比如很多家长自己不愿意学习，却逼着孩子学习；很多人不喜欢接受别人的领导，却喜欢对大家发号施令。这就是典型的自私心理在作怪。

4、忍一句，息一怒；饶一着，退一步。　　　　——《增广贤文》

【语句释义】忍：忍耐，忍受。息：平息。饶：饶恕。退：退让。少说一句话，会少生一次气；让人一步，会防止一次纠纷。

这句话就是说，不要去斤斤计较生活中的小事，当与人相处时，肯定会有摩擦。对方生气说气话的时候，我们忍耐一句，就能避免不必要的争吵。遇到令人气愤的事情时，冷静地想一想就不会生那么大的气。遇到别人做错事的时候，得饶人处且饶人，别人也会记住你的恩情。遇到与别人有冲突的时候，忍让一下，就不会树立起仇怨。

5、谦谦君子，卑以自牧也。　　　　　　　　　　　　——《周易》

【语句释义】谦谦君子：指谦逊而严格要求自己的人。谦谦：谦逊的样子。卑：谦恭。以：以便。自牧：自我修养。这句话的意思是说，如果一个人对人谦恭有礼，对自己严格要求，能适时地加强自我修养，那么他是值得人学习的。

经典故事

1、以和为贵　罢武息争

公元 764 年，即唐代宗广德二年，北方少数民族的几十万军队南下攻打大唐，一路之上势如破竹，到了第二年九月，已经攻打到长安附近，京城百姓非常恐慌，朝臣们也苦无良策。到了国家危亡时刻，郭子仪被唐代宗急招回长安，当时，京城附近兵力不足，仅有一万多军卒可供调遣，郭子仪把军队驻扎在泾阳附近，四周被回纥、吐蕃等军队近三十万团团围困，郭子仪临危不惧，下令属下四将分阵迎敌，自己亲率两千军队来到两军阵前。只见郭子仪端坐在马上，甲胄鲜明，威风凛凛。回纥军队首领很奇怪，大声询问唐兵："贵军的主帅是哪位？"唐兵回答说："郭令公。"回纥军队首领大吃一惊心想："难道郭令公还活着吗？仆固怀恩说天可汗（唐代宗）已经死了，郭令公也病死了，中原已经没有英明的君主和神武的将军，我们才跟随他来到这里想从中捞取点好处。于是又问唐兵："郭令公还活着，天可汗也还活着吗？"唐军大呼道："郭令公安好！天子安好！"听到这里回纥首领吓得冷汗直流，慌乱之间不知如何是好，面面相觑，想到"难道仆固怀恩欺骗我们？"这时回纥军队见到首领们慌乱的样子，军心也开始动摇。郭子仪见到这种情况忙派使者去回纥营中斥责："大唐和回纥一直关系良好，几年之前回纥大军跋涉万里，帮助我大唐收复两京，双方休戚与共。为什么今天，回纥人要破坏友好关系来攻打大唐呢？帮助仆固怀恩这个不讲信义的人，你们又能得到什么好处呢。"回纥首领将信将疑说道："都说郭令公死了，否则，我们怎么敢攻打大唐。我们一向敬重郭令公，如果郭令公真活着，就让我们亲眼见一见，在他面前我们怎敢造次。"听后使者回归大营向郭子仪回报，郭子仪立即吩咐属下准备战马，左右将帅都极力劝阻："戎狄狼子野心，怎能相信他们胡言乱语！如果这是回纥的阴谋，令公就会身处险境。"郭子仪说："现在敌众我寡，力战是不能够取胜的。我出去见他们，一来是安抚，二来也表示我们的诚意。"左右将领要派五百骑兵护卫，郭子仪摇手拒绝，只带十几名骑兵来到两军阵前。唐兵大声喊到："郭令公在此！"回纥军队一阵骚乱，恐怕唐兵有诈，慌忙举起兵器，如临大敌。郭子仪骑马来到两军阵前，摘去头盔，微笑着对回纥首领说道："君与我前些年共同应敌，同生死、共患难的景象仍然历历在目，这才是不久前的事情，怎么现在一点也不念昔日情份啊？"见到果真是郭子仪本人，回纥首领先是大惊，然后都扔掉手中兵器下马参拜："果然是令公，吾等之父也。"于是郭子仪邀请回纥众首领回到大营饮酒作乐，赠送大量的金银丝帛，回纥首领发誓和大唐永修旧好。酒席宴上，酒酣耳熟，郭子仪乘机劝说回纥首领："吐蕃与我大唐一向友好相处，现在背信弃义进攻我们。他们已劫抢牛马无数，诸位如果能倒戈奋击吐蕃，既能逐戎得利，又与我大唐重修旧好，一举两得，多么好啊。"当时，仆固怀恩已经暴病而死，各方军队群龙无首，各自为政，回纥人分析当前情势，觉得郭子仪所说是最好的办法，就答应了郭子仪。

吐蕃军队本来因为仆固怀恩暴死军心大乱，现在又得知唐军与回纥军把酒言欢的消息，早已自乱了阵脚，惊疑双方有诈，腹背受敌，所以乘夜引军退走。郭子仪先派白元光等率一部分唐兵与回纥军会和，追击吐蕃，然后自己率领大军作为后应，一直将吐蕃的军队追赶到灵台西原一带，吐蕃首领见无法逃脱，只能勉强迎战，结果被唐兵斩首五万，生俘一万，唐兵抢回牛羊马驼不可胜计，并追回被俘掠的唐朝士女。

2、谦恭礼让 化解矛盾

何绍基，生于公元 1799 年，卒于公元 1873 年，字子贞，号东洲，别号东洲居士，晚号蝯叟，湖南道州人，就是今天道县人。历嘉庆、道光、咸丰、同治四朝，晚清诗人、画家、书法家。

何绍基少年时家境贫寒，但聪颖有才华，后中进士，授翰林院编修。历任文渊阁校理、国史馆提调等职，后来又担任过福建、贵州、广东乡试主考官。他虽然历任很多官职，但为人谦恭礼让，被后世传为美谈。下面就是他谦恭礼让的小故事。

何绍基在京中做官的时候，有一天家中的管事急急忙忙送来一封家书，说是老家房屋年久失修，正在重新修葺，丈量房基地的时候发现被隔壁邻居占去三尺有余，多次和邻居协商，对方都蛮横无理地拒绝退还土地，邻里之间争执了起来，差点干戈相向，请求何绍基利用当官的优势，找找地方官员帮忙，夺回土地。何绍基看过信后微微一笑，提笔回复了一封家书，告诫亲属："我虽是朝廷官员，但不能自私地抛下公务回乡处理家事，这样于情于理都不合适。远亲不如近邻，邻里间不可为芝麻小事破坏了往日的情分。"还在信中写了一首打油诗："万里家书只为墙，让人三尺又何妨。长城万里今犹在，不见当年秦始皇。"家人看过信后也觉得很惭愧，主动放弃了争夺房基地，在他的开导下，两家又恢复了以往良好的关系，化干戈为玉帛。

3、孔融让梨　幼知礼序

孔融，生于公元 153 年，卒于公元 208 年，东汉文学家，字文举，鲁国人，即今天的山东曲阜人。汉灵帝在位时，就开始进入朝廷当官。公元 185 年，当上了御史，后官至虎贲中郎将。因为孔融刚直不阿，得罪了董卓，被贬官到黄巾军动乱的青州北海郡当官。到了兴平二年，也就是公元 195 年，又改任青州刺史。曹操掌控大权以后，把都城迁到了许昌，启用孔融统领迁都事宜。后来孔融因看不惯曹操挟天子令诸侯，被撤掉了官职。在那之后又做过太中大夫的官职，由于当时的社会政治比较黑暗，孔融无意仕途退居闲职，他热情好客，为人慷慨大方，所以家里经常有客人来访，他的声望很高，最后还是被曹操猜疑并杀害。这是孔融一生的境遇。

这里要讲的是孔融小时候的一个故事。孔融小时候聪明好学，才思敏捷，巧言妙答，大家都夸他是奇童。4 岁时，他已能背诵许多诗赋，并且懂得礼节，父母亲非常喜爱他。

一日，远方的亲戚来孔融家里做客，父亲买了一些梨子回来招待客人，父亲想考校他一下，就让孔融来给几个孩子分梨吃，梨子有大有小，只见孔融把大个的一一分给了哥哥姐姐们，最后自己捡了一个最小的来吃，父亲问他："你为什么不拿大的梨子吃呢?"孔融回答说："我年纪最小，应该吃小个的梨，大个的梨就给哥哥吧。"父亲听后十分惊喜。孔融让梨的故事，很快传遍了曲阜，并且一直流传下来，成了许多父母教育子女的好例子。

4、巴黎礼让　秩序井然

巴黎有人口1000多万，每天行驶的机动车有200余万辆，从外地进入巴黎市区的车辆超过100万辆。整座城市人多车多，在上下班的高峰期，难免发生堵车。但是这种堵，主要是指车速较慢，并非完全堵死而造成"塞"的后果。对于一个大城市来说，能做到这点很不容易，究其原因，关键还是人的作用。巴黎市民在保持交通有序时表现出的公德水平，令许多外国游客钦佩不已。

巴黎的驾驶学校考试极为严格，学习三五个月之后能够一次性通过考试的寥寥无几。在法国，交通规则非常详细具体，印在一本厚厚的书里，多达204页。要将它们全部背下来并加以深刻领会，绝非易事。另外，路考的考场选在巴黎的任意一条街道或公路上，七拐八弯，信号复杂，确实难以过关。在考试中，基础知识、基本法规和基本技术各占三分之一。

巴黎人停车的技术娴熟高超。在街道两边指定的停车区里，车辆排列得整齐有序，且车与车之间仅相隔几十厘米，令人叹为观止。

在巴黎，安全礼让已成为行车的准则。在巴黎的司机看来，"礼让"既是法规的要求，更是公德的体现，让别人如同让自己，只要有秩序地行进，即使车速不高，也要比在你争我夺、挤成一团的混乱状况中行驶得快。

在那些不便安装红绿灯的路口，直行车道上的"STOP"字样十分醒目。司机们都养成了"你先行，我跟上"的习惯，车开到这里，必须停下来看一看路口有无同行的车辆。如果有，则让对方先通过。市区内的不少道路往往由宽变窄并成一线。这时，车主们约定俗成的做法是一辆插一辆，交替而行，有条不紊。

巴黎的交通警察既有执法者严肃认真的威严，又有人情味。这种刚柔相济的管理手段，取得了很好的效果。值勤时，他们有的忙碌在"瓶颈"路段上，疏散受堵的车辆；有的在较为偏僻的地段用专门的装置对过往的车辆拍照、测速。

巴黎交警尽可能不在公路上将车主拦截下来，因为这样做一来极易引起堵车，有悖于疏导交通的初衷；二来会给后面的一大批司机造成精神上的压力和紧张，对他们下一段的行车极为不利。正因为如此，在一般情况下，交警发现有个别车主轻微违章，也就是用手指一指车内的司机，予以警告。对于那些容易造成交通堵塞和带来行车危险的违章行为，交警处罚还是很重的。一般的处以高额罚款或吊销驾照，严重的还要受到法律制裁。

（摘自李忠东《独具特色的巴黎交通》一文）

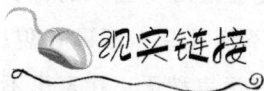

现实链接

大力弘扬中华民族的传统美德

谦恭礼让，是中华民族的传统美德。这一民族品格是在中国几千年"礼乐"文化的濡染熏陶下形成的。中华民族凭着这样的品格紧密团结，维系着祖国大家庭的和睦与发展，而成为东方大国；凭着这样的品格，凝聚力量，自强不息，而成为世界最庞大的种族；凭着这样的品格，在世界树立起"礼仪之邦"形象，国际地位和声望蒸蒸日上。今天，我们正在建设社会主义和谐社会，实质就是建设富强而有"礼仪"的社会，因此更需要继承发扬"谦恭礼让"的传统美德，每一个人应自觉加强谦恭礼让的礼仪修炼，保持中华民族的可贵品格。

大力提倡谦恭礼让的礼仪规范，对个人、家庭、团体和社会都是非常重要的。

对个人而言，"不学礼，无以立"。是否有谦恭礼让的礼仪风范，直接影响到个人的生存与发展。首先，做人应该谦虚谨慎，追求上进。毛泽东说："谦虚使人进步，骄傲使人落后。"只有严于律己，发现自己的不足，才能找到进步的起点。其次，谁都希望有个和睦友好的人际关系，孟子说："爱人者人恒爱之，敬人者人恒敬之。"要想得到别人的尊重，必须先去尊重别人。只有获得周围人的尊重、信任、支持和帮助，才能学习好、工作好、生活好。再次，谁都希望别人宽容自己的过失，但只有你能宽容别人，别人才可能容忍你。在当前充满竞争而又必须沟通合作的时代，每个人都需要用谦恭礼让去合群，否则就陷于孤立，无法生存。

对家庭而言，至亲至近的人在一起，就更需要谦恭礼让。做父母的要真诚地关爱子女，做子女的要孝敬父母和老人，兄弟姐妹之间要做到互相关照、互相提携，夫妻之间要能够互相理解、互相敬慕、相濡以沫，长辈与晚辈之间要能够恪守伦序礼节、尊老爱幼。如果每个家庭成员都能履行这些礼仪，家庭就一定和睦，万事兴旺，幸福美满，其乐融融。

对学校而言，本应该就是礼仪教育的阵地，谦恭礼让应该成为育人的重要内容，形成校容风纪。2007年"两会"期间，政协委员赵金城提交了"关于在幼儿园、中小学开设礼仪课程"的提案。提案指出"当今的青少年学生'知书'而不'达礼'，不懂得尊重他人，不懂礼让，不讲礼貌；在社会上不知道怎样称呼他人，甚至随心所欲，满口污言秽语；在家里不懂得孝敬长辈……这些现象让我们忧虑——'礼仪之邦'的美誉，能不能在这一代人中传承？"改变学生文明礼仪缺失的状况，学校义不容辞，应该大有作为。

对社会而言，"安国家，莫先于礼"，"人无礼而不生，事无礼而不成，国无礼而不宁"。要实现人际和睦、民族团结、社会安定，构建和谐社会，必须加强民族道德礼仪教育，大兴谦恭礼让之风。"仓廪实而知礼节"，当前我国基本实现了小康社会，综合国力不断增强，人民日益富裕，"富而好礼，人心思治"。"一代之丕（pī）兴，必有一代之礼乐"。当此之际，我们必须适应现代社会的需要，对中华传统礼仪批判地继承与创新，研究"新礼法"，构建"新礼仪"，形成"新礼俗"。提高全民族道德礼仪素质，向全世界展示中国现代"礼仪之邦"的新形象。

那么什么是谦恭礼让呢？

谦恭礼让，总的含义是指待人处事能谦虚谨慎，恭敬和气，责己敬人，彬彬有礼，具有绅士、君子风范。仔细分析"谦恭礼让"，其含义可分为对待自己和对待他人两个方面：

对待自己要"谦"而知"礼"。首先要"谦"——谦虚：严于律己，虚怀若谷，不自满；谦卑：宁可将自己看得低一点，不骄傲，不盛气凌人；谦和：谦逊温厚，不卖弄出风头。《易·系辞》云："谦也者，致恭以存其位者也。又，谦者，德之柄也。"其次要明"礼"——懂得长幼有序，男女有别，亲疏有分；讲究礼仪、按礼仪行事，"贵者敬焉，老者孝焉，

长者悌焉，幼者慈焉，贱者惠焉。"（《荀子·大略》）

对待他人要"恭"而"让"。首先要"恭"——恭敬：尊重他人，待人有礼貌；恭谨：尊敬对方，谨慎小心怕出疏漏；恭顺：恭敬和顺，甘愿服从或保持温和态度。其次要"让"——谦让：凡事为别人着想，在名利面前克己利人；卑让：宁可把对方看得高于自己，不争先不逞强；忍让：宽容对方的不恭敬，甚至原谅对方对自己的过失或诽谤。《左传·昭公二年》云："卑让，礼之宗也。"意思是说，礼的根本精神、根本宗旨是对他人的谦卑和逊让。

谦恭礼让，是一种和谐处世的礼仪，更是一门沟通的艺术，它的情感基础是真诚与信义，因此它不同于一般的"虚玄客套"，与口蜜腹剑、阿谀逢迎更有着本质的区别。前者表里如一，目的在通过谦让利人实现人际和谐；后者表里不一，好话和退让里包藏着利己的祸心。

谦恭礼让，是我国传统礼仪文化的要旨精髓。孟子说："辞让之心，礼之端也。"荀子说："让，礼之主也。"在待人处事上能做到谦恭礼让，它是仁爱、忠恕、孝悌、诚信、礼义、廉耻诸多美德的综合体现。品悟"谦恭礼让"礼仪规范，它是一种大仁大爱的圣贤境界，是忧国忧民，"先天下之忧而忧，后天下之乐而乐"的仁爱精神；它是一种坦荡无私，克己利人，"己所不欲，勿施于人"的仁者情怀；它是一种忠恕宽容，"忍人所不能忍，容人所不能容，处人所不能处"的君子风度；它是一种超世脱俗，看破了人世间名利得失，"宠辱皆忘"，"不以物喜，不以己悲"，唯求"礼之用，和为贵"的处世智慧。谦恭礼让是一个国家、一个民族、一个人精神面貌和文化素养的突出标志。

我们如何做到谦恭礼让呢？

谦恭礼让是每个青少年必修的道德礼仪课。修炼这一礼仪规范，不仅需要外在行为习惯的养成，更需要内在道德理念的修炼和积淀，以提升道德境界。具体讲，应把握以下五个修炼重点：

1、培养"仁爱"的情感。"仁者，爱人"，爱亲人、爱老师、爱朋友、爱家庭、爱学校、爱单位、爱国家，"爱"是人与人相处的情感基础，没有真诚的爱，就没有恭敬的态度，更不会有礼让的行为。

2、秉持"恭敬"的态度。敬长辈、敬师长、敬朋友、敬他人，"敬"是待人处世的基本态度。不尊敬对方，如何与对方沟通交往？通过尊敬别人换取别人的尊敬和信任，"敬人者，人恒敬之"。

3、树立"礼让"的风格。谦让、礼让是美德之本、礼仪的精髓。购物乘车，少争先，勿逞强，"与人方便自己方便"；"退让一步海阔天空"；荣誉金钱乃身外之物，见利思义，多行善举，切忌贪婪；成功失败事之常态，推功揽过勇于负责，不要文过饰非；对待恶言批评、流言诽谤，能宽容忍让，等待事实与时间去检验……

4、把握"区别"的尺度。"礼者，定亲疏、别异同、明是非也"。"君臣、父子、夫妇、兄弟、朋友，人之五伦"，各有不同的地位、身份和社会关系，与不同的人相处有不同的礼仪要求，必须恰如其分地加以区别和应对，不可僭（jiàn）越伦序、混乱礼数、有失分寸。谦恭礼让也应区别对象，随机地把握好谦恭与礼让的尺度。

5、追求"和谐"的目标。孔子说："礼之用，和为贵。"谦恭礼让的价值和功用就在于"和"，使人际关系密切与社会秩序和谐，"和"是中国传统道德礼仪追求的最高境界。

重在"笃行"礼仪规范。把握了"仁爱、恭敬、礼让、区别、和谐"这五方面修炼要点是很重要的，但更重要的是落实到具体行动。家庭、学校、社会上的许多人和事都需要谦恭礼让，各学校应该依据《学生日常行为规范》制定出各方面的具体礼仪，严格训练。每个青少年也应该自觉加强实践，主动修炼，使自己成为谦恭礼让、彬彬有礼的人。

（文/王为民　摘自《"谦恭礼让"德目要义讲解》，本文有删改）

第八节　兼爱非攻　仁者爱人

经典语句

1、**兼爱非攻**　　　　　　　　　　　　　　　　　——《墨子》

【语句释义】兼：相互彼此的意思。兼爱：是指一种博爱的思想，爱是没有差别的。非：不，不要。攻：攻占，攻伐。这句话是说要互相尊重、爱护，不要攻伐。

2、**仁者爱人**　　　　　　　　　　　　　　　　——《仁者爱人》

【语句释义】仁者：充满慈爱之心、满怀爱意的人，仁者是具有大智慧、人格魅力、善良的人。这句话是说，充满慈爱、大智慧、善良的人也会爱护、尊敬别人。

3、**老吾老以及人之老，幼吾幼以及人之幼。**　　　　——《孟子》

【语句释义】"老吾老以及人之老，幼吾幼以及人之幼。"老吾老以及人之老：第一个"老"字是动词赡养、孝敬的意思，第二及第三个"老"字是名词老人、长辈的意思；幼吾幼以及人之幼：第一个"幼"字是动词抚养、教育的意思，第二及第三个"幼"字是名词子女、小辈的意思；两句中的"及"都有推己及人的意思。

这句话是说，在赡养孝敬自己的长辈时，不要忘记其他与自己没有亲缘关系的老人，要以对自己长辈的心态去对待他们。在抚养教育自己的孩子时，不要忘记其他与自己没有血缘关系的小孩，要像对待自己孩子那样的爱护他们。

4、**立爱惟勤，立敬惟长。**　　　　　　　　　　　——《尚书》

【语句释义】亲：是指亲人，亲属。长：是指长辈。树立爱这种好的品德要从自己的亲人开始，树立敬这种好的品德要从尊敬长辈开始。

5、**人人亲其亲，长其长，而天下平。**　　　　　　——《孟子》

【语句释义】亲：爱；亲属，亲人。长：尊敬；年长的人。平：安定太平。这句话的意思是说，如果人人都爱他们的亲人，尊敬自己的长辈，那么天下就太平了。

经典故事

1、金钱有价　仁义无价

战国时期有这么一个故事："冯谖客孟尝君"。讲的是战国时期齐国公子孟尝君和其门客冯谖的故事，孟尝君是齐威王之孙、靖郭君田婴之子，封在薛地，他是战国时期闻名天下的"四大公子"之一，是比较贤明的封建主，他广邀天下奇才收为己用，传说当时他的门下有食客三千人，冯谖就是孟尝君的门客之一，是战国时期一位高瞻远瞩、颇具深远眼光的战略家，帮助孟尝君出谋划策，度过几次危难，是孟尝君的心腹智囊。

有一年的秋天，到了收获的季节，孟尝君想派一个家臣去收租，就在府中贴出告示，询问府里的宾客："有谁熟悉算账理财，能够替我到薛地去收债？"冯谖看到告示后想到，我来府中很长时间了，孟尝君待我很周到，我也应该为主人做点事情了，于是主动去见孟尝君说："我虽无能，但是收租这点小事我还是可以胜任的"。孟尝君早就听说冯谖这个人很有才智，一心要试试他有多大的本领，就同意冯谖去薛地收债，辞行的时候孟尝君亲自去送行，冯谖问道："如果债款全部收齐，您想用它买些什么东西回来呢？"孟尝君说："看我家里缺少什么东西，就买什么吧。"说完冯谖就赶着马车去了薛城，百姓们听说孟尝君的收粮官来了，都很恐惧，有些百姓无钱可交纷纷藏了起来，冯谖派出官吏召集那些应当还债的百姓都来核对借据，百姓们战战兢兢地核对完借据，冯谖对百姓们说："孟尝君得知百姓们的疾苦，现在的年景不好，所以免除你们的借款。"说完就将所有的借据焚毁了，百姓们看到后大呼孟尝君是英明的君主。

处理好薛地的事务，冯谖马不停蹄地赶回齐国都城，向孟尝君汇报薛地的情况。孟尝君非常高兴，想到还是冯谖有才智，这么快就处理好了薛地的债务，便穿戴好衣帽接见他，问道："债款全收齐了吗？怎么回来的这么快呀？"冯谖回答说："收齐了。"孟尝君又问："用它买了些什么回来呢？"冯谖说："您说'家里缺什么就买什么'，我考虑您府里已经堆满了珍宝，好狗好马挤满了牲口棚，堂下也站满了美女，您府里缺少的东西要算'义'了，因此我替您买了'义'。"孟尝君问："买义怎么个买法？"冯谖说："如今您只有一块小小的薛地，却不能抚育爱护那里的百姓，反用商贾的手段向百姓取利息，我私自假传您的命令把借约烧了，百姓齐声欢呼您万岁，这就是我给您买的'义'啊！"孟尝君听后不高兴地走了。

当时的孟尝君权倾朝野，齐湣王担心孟尝君的权势过大，危及自己的王位就想方设法排挤他。有一天上朝的时候，齐湣王对孟尝君说："我的才能平庸，不敢拿先王的臣子作为自己的臣子。"孟尝君听后非常担心，有门客给他出主意，为了避免齐湣王的迫害最好的办法就是回到薛地。一路上孟尝君非常的沮丧，想到自己多年来为国家尽职尽责，没想到竟为朝廷所不容。走到离薛城还有一百里的地方，突然听到外面吵吵嚷嚷的声音，原来是百姓们扶老携幼，在大路上夹道迎接孟尝君，百姓们一直跟随着孟尝君的车队，长长的队伍一眼都望不到尽头。孟尝君非常感动地回头对冯谖说："先生替我田文买的义，竟在今天看到了。"以后孟尝君更加信任冯谖，冯谖也为孟尝君立下了汗马功劳，使其政治事业久盛不衰。

仁义不像钱或物那样实实在在，看得见，摸得着，因此孟尝君对冯谖买义非常不高兴。当孟尝君被齐王贬回到薛地时才认识到昔日失去的今天都加倍地得到了回报。真是"仁义重于利"啊！

2、法理无情　仁爱有径

阿利尔是生活在美国北部的一名矿工，他自幼失去双亲，靠自己的努力读完大学，但因家庭背景不好，所以没能找到好工作。不过，他并不以做矿工为耻，他相信经过艰苦奋斗，一定能创造幸福的。

令阿利尔最为痛苦的是，最近妻子的身体老是不舒服，虚弱得很，到医院一检查，竟然是肺癌。家中本来就一贫如洗，现在又雪上加霜，阿利尔欲哭无泪。他要留住妻子，他不能让她死。于是，阿利尔带她去了一家声誉不错的医院，可医生开出的药单让他不知所措，那是一种名贵的化疗药物，三百多元一支，每日一次，静注三支。也就是说妻子每天的医疗费用高达近千元。

阿利尔很难过，他随着取药的人来到药房，看着人家一个个进去拿药，只有他呆呆地站在门口。那种药他看得非常清楚，就摆在屋中靠窗的位置，把药取出来给妻子注射进去，就可能治愈妻子的病痛，至少可以延长生命。可是，他没有钱，他拿不到药。回到病房，看妻子躺在床上痛苦的样子，他难过极了。

由于没钱治疗，阿利尔把妻子接回了家。那段时间他既要消耗巨大的体力下井挖煤，加班加点多挣些钱，又要照顾妻子和女儿，每天都很忙很累。因为没有药物治疗，妻子的病情迅速恶化，眼看就要离开他们父女了。

"不，不能这样！"阿利尔在心里呼喊。

可是，能怎样呢？他没有钱，不能买那种昂贵的药来维持妻子的生命。

最后，心力交瘁的阿利尔决定铤而走险，他要去医院偷药。

没错，他打算把存放在医院药房里靠窗位置的药偷出来。当然，他没告诉妻子，他只对她说去买药，他挣到足够的钱了。

那是一个黑夜，阿利尔开始行动了。他带着钳子和锤子，很顺利地就打开了药房的大门，然后把药装进事先准备的包里。尽管很紧张，但阿利尔心里还是感到很庆幸，他背着包悄悄地溜出来。可是，在门口，阿利尔被保安抓住了。

就在保安准备打电话报警时，阿利尔"扑通"一声跪了下去。他向保安哭诉了自己的不幸，恳求保安不要报警。如果报警的话，阿利尔肯定会被关进监狱，那样他的妻女就完了。

那是一个好心的保安，他很同情阿利尔。可是，他也无能为力，因为他的职责是保护医院，如果有药品丢失，他一定会被医院解雇，甚至被告上法庭。

怎么办呢？摆在保安面前有两条路，一是放了阿利尔，那样就成全了阿利尔，但他失职了；二是报警，可阿利尔就惨了。

怎么办合适呢？

保安最后想出了第三条路：放掉阿利尔，让他把药品拿回去给妻子治病，然后阿利尔再回来，接受处罚。这是一个很可行的办法，既能保住阿利尔妻子的生命，又能使保安不失职。

就这样，阿利尔对保安千恩万谢，带着药品回家了。经过注射，妻子的病果然好了许多。而阿利尔也是一个诚信的人，他主动投案了。

后来，这件事被当地的一名记者知道了，他写了一篇报道发了出来，在社会上引起强烈反响。人们不禁发问：我们自诩是发达、文明的国家，为什么还有人为了给亲人治病铤而走险？政府在哪里？

随后，州长发表电视讲话，首先道歉，然后他向那名保安致敬，称他是一个伟大的保安。州长向全州人民承诺，政府将会尽最大努力为阿利尔妻子治病，并普查全州，看是否还有类似的病人，一旦发现，将无条件地帮助他们……

可以想象，阿利尔是多么高兴和欣慰，而那名保安，被人们誉为"最温情的保安"。面对犯罪，他不是冷酷地报警，而选择了第三条路，用智慧和仁爱为生命开辟了绿色通道。一个人，不论尊卑、贫富、贵贱、强弱，只要怀有一颗仁爱之心、博爱之心，就远离了低级与冷漠，就靠近了伟大与高尚。很多时候，在抉择面前，让仁爱领先，一定就能找到第三种出路。

(屈晓峰//摘自《妇女》，《第三种选择叫做仁爱》一文)

3、人有贫贱　爱无差别

这是一个真实的故事，有位孤独的老人，他一生都没有结婚，所以无儿无女，到了晚年体弱多病无依无靠，他思来想去最后决定搬到养老院，这样日常的生活起居都有人照顾，老人年轻的时候积攒了很多的金钱，购置了一套漂亮的房子，搬去养老院，房子就闲置了下来，于是老人决定出售他漂亮的住宅。

这座住宅是当时著名的设计师设计的，风格独特，用料讲究，不仅仅是一座住宅，更可以称得上是一件艺术品，价值不菲，所以购买者闻讯蜂拥而至。老人决定将住宅的底价定在 8 万英镑，采取公开拍卖的形式出售，人们都认为有利可图，很快就把它炒到 10 万英镑，而且价钱还在不断攀升。老人内心也十分的不舍，毕竟这座住宅已经陪伴了他大半个世纪的时间了，这里留下了他很多青春和美好的回忆，要不是健康状况不行了，老人也不会忍痛割爱。但是老人也不会将这座住宅轻易卖给不会爱护房子的人，连日来，他见过很多购买者没有一个如他所愿，老人每日都愁眉不展，满目忧郁。

有一天，一个衣着朴素面貌清秀的青年来到老人面前，他礼貌的问候老人并弯下腰低声说："老先生，我也想买这栋住宅，可我只有 1 万英镑。""但是，它的底价就是 8 万英镑"，老人淡淡地说。青年说："如果您把住宅卖给我，我保证会让您依旧生活在这里，和我一起喝茶、读报、散步，相信我，我会用整颗心照顾您！"

老人听后激动地站了起来，挥手示意人们安静下来。"朋友们，这所住宅的新主人已经产生了，就是这个小伙子！"

青年以其博大的胸怀和对人深深的敬意赢得了经济上的胜利，脱颖而出成为这座房子的新主人，这不得不引起人们反思。

是的，现实生活中，有的人为了能达到目的不折手段，对别人坑蒙拐骗无所不用其极，对自己更是不惜出卖人格、思想，甚至灵魂，但这个故事却让我们懂得了，完成梦想其实很简单，不一定靠金钱，不一定靠欺诈，还有比金钱和欺诈更好的办法，那就是爱与真诚。

现实链接

"兼爱""非攻"的现实意义

墨子主张"兼爱"，兼爱就是"兼相爱，交相利"。就是爱人，爱百姓而达到互爱互助，而不是互怨互损。这是墨子博爱世界要具备的品质之一。"非攻"就是大国不侵略小国，国与国之间无战事，和平共处。墨子兼爱非攻的思想是以爱护百姓为根本出发点的，兼爱告诉人们要爱你身边的百姓，这种爱不能有差别，所以墨家的学者是以百姓之忧为忧、以百姓之利为利的。"兼爱"与"非攻"思想的提出是与当时的社会环境密不可分的。

春秋战国时期，周王朝皇室衰微，诸侯林立，为争夺土地、百姓和资源，各诸侯国不断发动战争，土地荒芜无人耕种，战争使人口锐减，青壮劳力丧失殆尽，民不聊生，广大人民群众渴望弥兵息战，休养生息。墨子作为一名学者，来自民间，能真正地体察到下层民众的疾苦，以下层劳动人民的利益为出发点，向上层统治阶级争取权利，可以说墨子是广大百姓的代言人。"兼爱"与"非攻"的思想就是在这样一个社会环境中产生的。自古及今，不论什么形式的战争，其受害最深的首先是人民群众。墨子"兼爱非攻"的思想在今天仍有现实意义。

一、兼爱、非攻是建设社会主义和谐社会的思想基础。

我们所要建设的社会主义和谐社会，应该是民主法治、公平正义、诚信友爱、充满活力、安定有序、人与自然和谐相处的社会。民主法治，就是社会主义民主得到充分发扬，依法治国基本方略得到切实落实，各方面积极因素得到广泛调动；公平正义，就是社会各方面的利益关系得到妥善协调，人民内部矛盾和其他社会矛盾得到正确处理，社会公平和正义得到切实维护和实现；诚信友爱，就是全社会互帮互助、诚实守信，全体人民平等友爱、融洽相处；充满活力，就是能够使一切有利于社会进步的创造愿望得到尊重，创造活动得到支持，创造才能得到发挥，创造成果得到肯定；安定有序，就是社会组织机制健全，社会管理完善，社会秩序良好，人民群众安居乐业，社会保持安定团结；人与自然和谐相处，就是生产发展，生活富裕，生态良好。所有这些美好的状态都要有一个基础，那就是兼爱、非攻。爱国，不为私利而相互攻伐，才会有民主法治；爱正义，主张礼让才会有公平正义；爱朋友，讲和谐才会有诚信友爱；爱自己，不指责他人才会充满活力；爱社会，遵守秩序才能使社会安定有序；爱大自然，重视环境保护才能做到人与自然和谐相处。所以，兼爱、非攻应该成为构建社会主义和谐社会的思想基础和根本的出发点。

二、"兼爱""非攻"是人与人和谐相处的思想基础。

兼爱就是要告诉人们，不但要爱我们自己父母、兄弟、姐妹，还要爱护别人的父母、兄弟、姐妹；不但要爱护自己的子女，还要爱护别人的子女；不但要爱我们自己的国人，还要爱护其他国家的人民。所谓"老吾老以及人之老，幼吾幼以及人之幼"就是这个道理。如果社会所有的人都可以付出一点爱，墨子博爱世界的美好憧憬也就不会遥远了。

三、"兼爱、非攻"可以揭露战争的欺骗性。

战争是政治的继续，不是为了霸权，就是为了财富，它的掠夺性是显而易见的。无论发动者冠以多么冠冕堂皇的理由，那都是侵略者为满足一己私利的借口。战争发动者首先不爱自己的国人，无端侵害本国人民的利益，因为战争需要大量的人力、财力、物力。而战争就像一部巨大的机器，不停地吞食着人和财物。据报道说，伊拉克战争美国军队平均每个士兵的日消耗在一万美元以上，这种消耗并不是统治者自己利益的损失，而是把美国人民的血汗弃之如流，所以战争的欺骗性昭然若揭。

那么为什么统治者还要不遗余力地发动战争呢？王公大人回答说："我贪伐胜之名，及得之利，故为之。"《非攻中》墨子对这种论调，立即给予驳斥：计算一下攻伐者所获得的利益，是没有什么用处的，而他在战争中得到的东西，反而不如他丧失的东西多。为了争夺多余的土地，而让平民去白白送死，这难道不让全国上下都感到悲哀吗？毁掉大量的钱财，去争夺一座虚城，这难道是治国的需要吗？贪图伐胜之名，只不过是一个骗人的幌子而已。（非攻百度百科）

喜好攻伐的君主说，我不是为了金玉、美女、土地，我是想在天下以"义"立名，以"德"求得霸主地位。对这种论调，墨子以事实予以彻底揭穿：他说，天下处在攻伐的时代已经很久了，而攻伐之人也没有得到什么"义"和"德"，相反，如果把战争的费用，用于治国，功效必定加倍，军队将成为无敌的军队，民心也自然会归顺，这才合于天下之利。

对于欺骗士卒拼死攻伐，一时取得胜利的，那胜利也不会长久。墨子用晋国的智伯最终失败的事实，驳斥了收买民众士卒可以取得攻战胜利的论调。墨子撕去了王公大人欺骗的面纱，说道，今天下所公认的"义"，是圣王的法则。当今诸侯大多都是强力攻战，这是以"义"为虚名，没有去体察其中的真实。这正如瞎子不能分辨出黑白颜色一样。

墨子行事的原则是"利人乎，即为；不利人乎，即止。"（《非乐上》）综上所述，战争对人民是没有什么利益可言的，所以坚决非之。但难能可贵的是，墨子并不反对一切战争，他反对"攻伐无罪之国"，主张"诛灭无道之君"。"诛无道"，同样符合"利于人"的原则。（摘自百度百科）

墨子的主张，体现了伸张人间正义，保障人民权益，主持社会公道，推进世界和平的伟大理想。

四、"兼爱、非攻"有利于促进国际社会的和平与发展。

国际社会的和平与发展如果能从"兼相爱，交相利"的原则出发，"视人之国，若视其国；视人之家，若视其家；视人之身，若视其身"。那么，各个国家之间就会相信相爱，不相交战；人和人之间也会不分国籍相互友爱，"地无异国，民无四方，四时充美，鬼神降福"；领导和下属之间才能相互爱戴，上下一心，工作也能如鱼得水；亲属之间必然互相爱护，相互尊重，父慈子孝，友好和谐。天下之人皆相爱，就可以达到世界大同的理想境地，从而停止攻伐的战争。

如果每个国家的人民都能有"兼爱、非攻"的思想境界，整个世界的和谐也就近在咫尺了。

第三章
立世篇

第一节 学法知法 守法用法

经典语句

1、凡将举事，令必先行。事将为，其赏罚之数必先明之。

——《管子》

【语句释义】将：将要。举事：办重大的事情。事，指国家大事。数：道理。凡是要举办重大事情，政令必须先行。办事之前，一定要首先明确赏罚的尺度。没有奖赏就不能激励人，没有处罚就不能威慑人。光有赏罚还不行，必须做到赏罚分明。这是为政的经验。

2、有权衡者，不可欺以轻重；有尺寸者，不可差以长短；有法度者，不可巧以诈伪。

——《慎子》

【语句释义】有：拥有，占有。权衡：秤。权，秤砣。衡，秤杆。有秤在手，人们就不能在轻重上作欺骗；手中有尺子，人们就不会在长短上出偏差；掌握了法度，人们就不能够耍弄花招，弄虚作假。慎子是战国时赵国人，是法家学派的著名思想家。他的这句话用精当的比喻，指出法制对于维护社会秩序极为重要。

3、夫制国有常，而利民为本；从政有经，而令行为上。 ——《战国》

【语句释义】制国：管理国家。常：规律。经：规律。管理国家自有其规律，那就是以有利于人民为根本；从政也有其规律，那就是以执行法令为最高原则。制国：管理国家。常：规律。下文的"经"也是这个意思。《战国策》是记载战国历史的国别体史书。赵武灵王（赵雍）执政后，发奋图强，积极进行军事改革，当时朝臣中有不少人反对，他在回答大臣们的问题时讲了这个道理。这种见解，对我们今天仍有借鉴意义。

经典故事

1、廉政清明　百姓福祉

老黄今天特别兴奋，一下班便哼着小调到了家。妻子见此景感到很稀奇。原来，下午老黄接到任命，他成为县交通局局长了。

第二天，老黄走马上任。每个人看到他都笑脸相迎。坐在办公室里，老黄觉得浑身不自在——因为这个座位，不知道令多少人垂涎三尺，且一直有人对它虎视眈眈。而老黄像一头默默耕耘的老黄牛，在交通局已工作了20年，他既没关系又没钱，能当上局长，可以说让许多人意外。

这时，办公桌上的电话响起来，老黄刚拿起话筒，手机也响了。此起彼伏，异常热闹，老黄忙得不亦乐乎。这些电话中，有的是同学、朋友和老同事，有的是下属和其他单位的领导，还有的是各企业老板。内容基本相同，首先是表示祝贺，其次是请吃饭。为这，老黄编了个谎："妻子身体不舒服，饭免了吧。"

回到家里，老黄以为可以松一口气了。正准备吃饭，门铃响了。打开门一看，是一位老同学，手里提着一大袋名贵水果，说是来探望他的妻子。这下可好，一个走了，又来一个，络绎不绝。他们向老黄的妻子问寒问暖，有的还说带她到省城最好的医院检查一下。妻子听了像丈二和尚摸不着头脑，愕然地望着老黄。此时的老黄显得很无奈，他真没想到事情会搞成这样，急忙辩解，说妻子身体没事。老黄的妻子是否有事他们不管，一番客套后，放下礼物就走。老黄把礼物塞回给人家，他们都不要，追到楼下也无济于事。

各种礼物差不多堆满半个屋子，琳琅满目，有的礼物里面还有红包。老黄和妻子拿出红包一点，竟有两万多元，两人吓了一大跳。老黄忧心忡忡，感觉背脊直冒冷汗。在这个贫穷县，老黄一年的工资也不过万元有余。面对这么多的钱，老黄异常冷静，他不但没有心动，还劝妻子打消其他念头。妻子非常了解老黄的为人，坚决支持他。第二天，老黄毫不犹豫地把收到的礼物和红包全部上交给了纪检部门。

过了一段时间，在省城读大学的儿子回到家，老黄和妻子很高兴。一家人正在聊天，突然手机响了，老黄拿出手机一看，不是自己的手机来电。这时，只见儿子慢条斯理地从裤袋里拿出一部崭新的手机。老黄疑惑地望着儿子，问他手机从哪里弄来的？儿子开心地告诉他，这可是"老黄"给钱买的。老黄懵了，儿子刚上大学，学费还是向亲戚借来的，怎么会有钱给他买手机？儿子说，一个星期前，老黄的司机送5万元到学校给他，说是老黄给他的生活费，要他想买什么就买什么。儿子欣喜若狂，于是用其中的5000元买了一台电脑和一部手机。

听罢，老黄从椅子上跳起来，他根本不知道这件事，他气得说不出话来，浑身发抖，拿起扫把，不容儿子分辩，使劲地打儿子，儿子疼得大声求饶。原来，钱是一个建筑商给的。县里准备修建一条公路，他为了能够承包到工程，想讨好老黄。他知道老黄秉公守法，正直廉洁，肯定不会收他的钱，便让老黄的司机把钱送给老黄的儿子。老黄想方设法把钱还给了那位建筑商，又严厉批评了司机。退了钱，老黄终于如释重负。

要致富先修路，这已成为全社会的共识。县里的道路在全市最差，严重制约了经济社会的发展，甚至邻县也抱怨影响了他们经济建设。县里任命老黄为交通局局长，就是因为他的工作一直都很出色，成绩显著。果然，老黄不负众望，每一条道路都是通过招标修建的，他坚持公开、公平、公正的原则，科学规划，做到质量保证，造价低廉，宽敞漂亮。几年下来，县里的道路状况焕然一新，老百姓对老黄赞不绝口。许多地方的领导慕名前来向老黄取经，老黄很是谦虚，只说一句：学法用法，懂法守法，以人为本，科学发展，社会和谐。这话说得言简意赅，人们无不钦佩。

（文/何耀超 摘自法制日报－－《学法守法从小事开始》）

2、人民军队　纪律严明

在李楼村，有姓李的兄弟两人，每年每人种亩把好西瓜。因为方圆一二十里，只有这兄弟俩种西瓜，大家便叫他们"西瓜兄弟"。西瓜老大的地在村东大路边上，西瓜老二的地在村西南小路边上。这年虽然雨水多，可是他们的瓜地高，西瓜还是长得又大又甜。瓜刚熟的时候，村东走过来一队蒋介石的保安团，这些饿狼一看见老大的瓜，顿时你抢我夺，不一会儿，一亩多地西瓜就一个也不剩了，地里只留下一片踩烂的瓜藤瓜叶与吃剩的瓜皮瓜子。

在这些保安团过去20多天后，村里忽然来了八路军，巧的是这回八路军从村西南老二的瓜地边走过。"我这瓜地完了！"西瓜老二想，"我这命不要啦，我就躲在瓜地里，看他八路军摘我的瓜吧。"西瓜老二灰心丧气地往西瓜棚底下一坐，看着八路军路过，谁知道部队有多少人呢？往北看不见尾。"这西瓜长得好呀！"领头一个兵说，"还有三白瓜哇！""这瓜一个怕有三十斤。""吃上两个才解渴呢。"路过的兵你一句我一句的赞叹不已。

听见八路军说西瓜好，西瓜老二的心就像刀扎一样痛。但是他却奇怪，这些人说说就完啦，连脚都不停，一股劲往前走。西瓜老二把头偏西边一看，看不见队伍的头，也看不见队伍的尾，他自言自语地说："这八路军就是怪呀！"说着就站起来，提着瓜刀，跑到地里抱起一个大西瓜，往路边一放，"刺刺"地切开了。"吃西瓜，弟兄们！"西瓜老二向八路军叫，但却没有人答应他。"走路渴啦，来吃块瓜！"西瓜老二又向另外一些士兵叫着，但回答都是："谢谢你，老乡！俺不吃。"这一下西瓜老二可急了，大声嚷起来："看你们八路军西瓜切开了怎么不吃呀！"这时有个16岁的小司号员问他："老乡！这西瓜多少钱一个？""不要钱，随便吃吧！"西瓜老二边说，边拿起瓜往小司号员跟前送，小司号员连连说："俺不吃，俺不吃！"脚不停地就朝前走了。西瓜老二捧着瓜，直愣愣的在西瓜地边站着，队伍还是肩并肩地往前走，前不见头，后不见尾。

"西瓜兄弟"的故事，发生在1947年10月。同样是在1947年10月，党和毛主席紧紧抓住人民解放战争转入战略进攻这个关键时刻，及时地决定重新颁布三大纪律八项注意，要求全军"深入教育，严格执行"，"不允许有任何破坏纪律的现象存在"，成为加强我军纪律，统一全军行动的强大思想武器。

（摘自中国国防报《西瓜兄弟》一文）

3、知法守法　依法平冤

　　钱若水生于公元960年，卒于公元1003年，字濬成，一字长卿，河南新安人。生于宋太祖建隆元年，卒于真宗咸平六年，终年四十四岁。钱若水年幼的时候非常聪明而且悟性很高，十岁的时候就能够做出非常好的文章。公元968年考中了进士，告别父母起身赶往同州担任观察推官一职。后来又担任过简易大夫，同知枢密院士等职务。钱若水为人很有气量，在大是大非面前从不含糊，同时也非常的孝顺父母。

　　这个故事是发生在钱若水担任同州推官的时候，当时的知州性情急躁，气量狭小，有多次光凭借主观的判断来处理案件，结果误判错判，百姓叫苦不迭，虽然钱若水极力劝阻知州，但也不能改变知州的决断。就对知州说："你这样一意孤行，不听人劝解，犯下错误，我要陪同你一起受罚。"不久，果然被朝廷和上级的官员知晓，不但受到严厉的斥责，知州和钱若水都被处以罚款。知州向钱若水道歉说："还是你说的对，我以后一定改掉这个坏毛病。"但不久又是老样子，前前后后像这样子已经好多次了，钱若水也是无可奈何。

　　有一次，有个富户家的小侍女逃跑了，没有人知道她的去处，侍女的父母见女儿不知所踪就把富户告到州里，知州见这个小案子，就命令州衙里管理文书的小官来审问。这小官曾向富户借过钱，没借到，一直怀恨在心，于是就恶意栽赃富户父子数人共同杀死了侍女，并抛尸于水中，可是找不到尸体。小官认定这些人有的是主犯，有的是跟着做帮凶的，都应该是死罪。富户受不了鞭杖拷打的酷刑，被屈打成招了。小官报告知州说明了情况，知州等人复审后认为并无相反或异常的情形，都认为审出了此案的真实情况。只有钱若水怀疑此事，留下这案子好几天不批核。小官一直担心他冤枉富户的事情被别人发现，所以想赶快将此案定下来，就没有人有异议了，但是钱若水迟迟不肯批核就到他的办公处骂他说："你一定是接受了富户的钱财，才不肯批复案件，难道你想出脱他的死罪吗？"钱若水笑着抱歉说："现在几个人都判了死罪，他们又跑不了，仔细看看他们的供词有什么过错呢？"案卷在钱若水处留了很多天，知州多次催促他赶快做出批复，州衙里的官员也都埋怨钱若水。

· 114 ·

有一天，钱若水去见知州，屏退了下人后对知州说："若水一直拖延此案是因为秘密派人寻找侍女，现在找到了。"知州大吃一惊地说："在哪里？"钱若水于是秘密派人将侍女送到知州官府。知州把侍女藏在后堂，命人领来侍女的父母问道："你们今天如果看到你们的女儿还认得吗？"侍女的父母回答说："女儿是我们亲生，又是亲手养大，怎么会不认得呢？"于是知州命属下带出侍女给他们看。侍女的父母一开到女儿还活着，悲喜交加，大哭着说："这是我们的女儿啊！"知州又命人带来富户父子，卸下枷锁宣判他们无罪释放。富户哭着不肯走，说："如果没有您的恩赐，我们一家就要全完了。"知州说："这是推官的恩赐，不是我的功劳。"富户又赶往钱若水的办公处，若水关上门不见他，说："这是知州自己求得实情的，我又参与了什么？"知州因若水替几个被判死罪的人洗雪了冤情，想为他上奏请功，钱若水坚决拒绝说："我只求审判公正，不冤枉好人，免得他们被处死罢了。论功行赏不是我的本意。"知州感叹佩服。小官到钱若水处叩头表示惭愧，被革职法办。于是远近都一致称赞钱若水。

现实链接

知法懂法　共创和谐

在社会文明高度发达的今天，每个人都必须拥有基本的法律素养。然而，现实社会却违法乱纪居高不下、恶性案件不断发生，特别是频频出现大学生犯罪的现象，时时向我们敲响警钟。一个个血与痛浇铸的案例，让我们不得不反思，到底是法制教育没有得到深入落实，还是当今的物质社会塑造了他们狂躁的性格？到底是他们知法犯法，还是根本就不知道法为何物？

下面我们就一起来探讨一下这个问题。

经过多年的法制建设，我国可以说基本上进入了法制社会。但凡生活在这个社会中的人都必须遵守法律的规范，只有法律才能让社会和谐有序。进入21世纪以来，我国的经济飞速发展并加了世界贸易组织WTO，所有市场主体都得遵循统一的规则或制度，在这种高度规则化的社会里，"法制手段"将越来越广泛地运用于我们的现实社会关系中。这意味着，从个体人的日常生活行为到丰功伟业之创造，均离不开法律知识或法律技能。当我们以审思发展和关切生活的态度来判断实践视域时，自然会发现，必备的法律素养，已成为现代市民特别是青年学生们立足社会的不可或缺的基本要件。

那么什么是法律素养？所谓法律素养是指认识和运用法律的素质和能力。法律素养包括三个方面的内容：一是指法律知识，也就是法律法规的具体规定是什么；二是法律意识、法律观念，即对法律的尊崇、敬畏、有守法意识，遇事首先想到法律，能履行法律的判决；三是法律信仰，就是信奉法律是解决事物的基本准则，认为法律应当被全社会尊为至上的行为规则，这是对于法律最高层次的认识。一个人的法律素养如何，是在其日常生活和工作中体现出来的，是否在遇事时能够运用法律的知识和技巧，是否首先能想到法律是如何规定的。

综观人类社会发展史，越是民主化和秩序化的社会，该社会场景下的市民对法律的崇尚和需求就越强。这些市民之所以追求法律（规则）至上，首先是他们习惯于信赖法律规则，更重要的是他们有条件通过法律规则来保障自身权利实现的最大化和对政府权力控制的具体化。这是因为"法律规则是一种普遍、稳定、明确的社会规范，是一种公共权威，而非人格权威、特权威严及亲情，在调整社会向高层次发展中，能自动地排除或抵制偶然性、任意性及特权的侵害，使社会在严密的规范化、制度化的良性运行中，形成一种高度稳定有序的秩序和状态；其次，法律规则对人们的生活安排方面，它要求个人之间、个人与政府及组织之间有一种默契，一种自我调节的机制，这种'默契'和'调节机制'经法律的确定性配置后，能促成人类生活的高度和谐，予以人的自由与尊严最大化保障，让人有绝对的权利，不依赖于阶级或国家，设计的是一幅自由自在的充满人性关怀的生活模型。"因此，要提升一个国家公民整体的法律素养，应从两方面着手，一是传授给公民法律知识和培育其法律意识乃至法律信仰；二是大力推进社会的民主化和法治化进程。

实现法制社会是一个漫长而艰难的过程，这需要我们全社会的共同努力，青少年是我们社会的未来和希望，只有他们掌握了法律知识，具备了法制的自觉性，我们才能向法制社会不断的迈进，在此呼吁教育界的"执政者"，法制教育利国利民，泽及后世，迫切需要改变旧有的教育模式，期待我们的国民法制教育更上一层楼。

第二节　善小为之　恶小不为

经典语句

1、勿以恶小而为之，勿以善小而不为。　　　——《三国志》

【语句释义】勿：不要。以：因为。不要以为坏事小就去做，不要以为好事小就不去做。

这句话讲的是做人的道理，只要是"恶"的，即使是小恶也不能做；只要是善的，即使是小善也要去做。其实这句话还有更深层的意思，每个人做人做事都有一定的习惯，如果可以坚持每一件善良的小事都去做，那么天长日久就会形成习惯，那么小善慢慢积累也变成了大善。相反，小恶累积起来便是大恶。

2、严于律己，宽以待人。　　　——《谢曾察院启》

【语句释义】严：严格。于：对于。律：约束。宽：宽厚。待：对待。这句话是说，对于自己要严格的要求，要宽厚地对待别人。

3、不履邪径，不欺暗室，积德累功。　　　——《太上感应篇》

【语句释义】履：行走。欺：瞒骗。积：积攒。累：积累。不走邪恶之路，不明瞒不暗骗，力行好事，多积阳功阴德。

4、故吉人，语善，视善，行善，一日有三善，三年天必降之福；凶人，语恶，视恶，行恶，一日有三恶，三年天必降之祸。

——《太上感应篇》

【语句释义】故：所谓。吉：善、贤、美。语：话语、语气。视：看见。行：行为。所谓善人，说话语气和内容都很和善，看见的都是善良的事物，做的也是善良的举动，一天当中做三件善事，三年后老天爷就会降福音给他；凶人，也就是恶人，说话语气和内容都很凶恶，看见的都是丑恶的事情，做的也是坏事，一天做三件坏事，三年后老天爷就会降下灾祸给他。

5、善不积不足以成名；恶不积不足以灭身。 ——《周易》

【语句释义】善：善行，善良的行为和事物。不足以：不能够。恶：坏事或者不好的行为。善良的事应该多做，因为如果善事不多做，就不能够成就美好的名声；坏事不应该做，因为坏事做多了就会毁灭自身。不要因为坏事小就去做，积恶成习就会造成难以挽回的后果。

6、积善之家，必有余庆；积不善之家，必有馀殃。 ——《周易》

【语句释义】庆：喜庆，福庆。殃：灾难、灾祸。馀：意外的，其他的，同余。积：是积累的意思。经常做善事的人家，必然会有意外喜庆的事情；经常做坏事的人家，必然有意外的灾祸在等着他们。多行善事的人家即使偶尔遭受灾祸，也自然有善良之人帮助渡过难关。做坏事的人家，即使现在没有灾祸，其实灾祸已经不远了。这正符合我们常说的："善有善报，恶有恶报，不是不报，时候未到。"

经典故事

1、善言以对 善行自生

古时候有两个一心向佛的居士，他们二人住在一座佛寺中。每天天刚亮的时候，甲居士就会带来新采摘的鲜花和水果来到菩萨像前，诚心祈求获得佛法，将来可以往生极乐。乙居士则每天在禅房中诵经念佛，向佛之心非常的虔诚。两个居士多次要求老禅师为自己剃度，老禅师总是摇头说："机缘未到"。

有一天甲居士像往常一样兴冲冲的抱着一束鲜花及供果，想趁一大早向佛菩萨祈福求愿。谁知才踏进大殿，突然间一个人迎面跑来，他躲之不及正好与来人撞个满怀，水果和鲜花掉了一地，甲居士一看是乙居士，气愤地大叫道："你怎么这么的莽撞，看！我精心准备的贡品就这样让你打翻了一地，佛主要怪罪怎么办？你怎么说？"

乙居士听到甲居士强硬的口气说道："打都打翻了，撞也撞了，我只能说一声对不起了，大不了我向你道歉，说话不要这么凶好不好？"

甲居士非常生气地嚷道："你这是什么态度？自己错了还要怪人！"

接着，二人就争吵了起来，彼此咒骂、互相指责的声音此起彼伏。

此时，老禅师刚好从此经过，制止了两人争吵，并将两人带到一旁，问明原委，开示道："莽撞行走是不应该的，但是不肯接受别人的道歉也是不对的，这都是愚蠢不堪的行为。能坦诚地承认错误及接受别人的道歉，才是智者的举止。"老禅师接着说，"我们人生活在这个世界上，必须要谦恭礼让地对待他人，如：在社会上我们要友善地对待朋友；在学校里要恭敬地对待师长；在家庭里要爱护妻子、儿女。俗话说：'良言一句三冬暖，恶语三声六月寒。'想想看，为了一点小事，一大早就破坏了一片虔诚的心境，值得吗？"

乙居士先说道："老禅师！是我错了，我不该冒冒失失地打翻佛友的东西！"说着便转身向甲居士道："请接受我至诚的道歉！我实在太愚痴了！请您原谅我好嘛？"甲居士也由衷地说道："我也有不对的地方，不该为这点小事就发脾气，指责你，也请您原谅我的粗鲁！"

二人从这件小事上也了解到自己的德行还很欠缺，从此以后，二人更加虔诚地修习佛法，严格地要求自己的言行，后来都成为了一代高僧大德。

2、严于律人　宽以待己

有这样一个故事：从前一个学者乘坐一条船出海旅行，在海上遇到了大风浪，人们都很恐惧，这时天神出现在浓重的黑云中，人们都跪在甲板上祈求天神的拯救，这时天神说话了："你们这条船上有一个十恶不赦的罪犯，我要惩罚他"。说完就刮起狂风，掀起巨浪，将船打翻了。船上所有的人都被淹死了，只有学者死死地抱住一块木板活了下来。

他抱着木板在海上漂流了很久也没看到陆地，他每天都咒骂天神："你根本就不配做天神，这样是非不分，只因为一个罪犯正好乘坐这条船，你就竟然让众多的无辜者受害。"

有一天，就在学者快支撑不住的时候，他突然发现了一个小岛，他奋力地游了过去，在小岛上美美地睡了一觉。正当学者做着美梦的时候，他发觉自己被一大群蚂蚁围住，原来他睡觉的位置距离蚂蚁窝不远。这时，有一只蚂蚁爬到他身上并叮了他一口，他非常气愤，立刻用脚踩死了所有的蚂蚁。

这时候天神现身了，并用他的拐杖敲着学者的脑袋说："你既然以类似我的方式对待那些可怜的蚂蚁，那么你还有什么资格诅咒我的行为呢？"

严于律己，宽以待人，是中华民族的传统美德，也是现代社会为人处世的基本准则。但在我们周围，总有这样一些人，评判别人的时候，往往头头是道，指责别人应该这样做，不应该那样做。可当自己身在其中成为当事人，往往就没了标准，一不小心，就犯了宽以待己、严以律人的错误。

人是感性动物，处理事物往往从自己的主观观念出发，以自己的价值观和思维模式来下判断，因此对待别人与要求自己就有了双重标准。一方面是用放大镜来观察他人的行为，说三道四，品头论足；另一方面却又放纵自己的行为，毫无标准可言。殊不知，你在用放大镜对待别人的同时，别人也会用放大镜对待你，由此产生冲突是可想而知的。所以，我们在日常的生活和工作中要严格的要求自己，善良的宽待别人，人同此心，心同此理，我们工作和生活的氛围就会轻松愉快得多。相反，我们面临的只有无尽的误会和烦恼。

3、善行义举　情系雪域

位于西藏西部的阿里是一个让很多人望而却步的地方，从拉萨到阿里首府狮泉河最近的路线也有 1600 公里，平均海拔 4500 米以上，很多路段都是没有修过的路基和荒滩。每年 11 月到来年 5 月大雪封山，阿里便几乎成了与世隔绝的代名词。

王秋杨对阿里的感情不是冒险家对目的地的征服之情，而是游子对心灵故乡的深深情义。"我前世好像是西藏人"王秋杨说，"在阿里我会强烈地感觉到自己真实的存在。"2003 年王秋杨在西藏阿里地区投资 500 万建立两所小学，2005 年有着太阳能浴室的小学在喜玛拉雅山边建成。

西藏地广人稀，牧区没有固定的医疗点，阿里地区全年只有几个月的通车时间，很多人没办法看病。王秋杨登山经常路过一户人家，第一年，那家一个三十多岁的男人快乐地和他们打招呼；第二年他在咳嗽，第三年他的家人告诉王秋杨他已经死了。亲人微笑地说到他的死亡，神情纯真得好像那是件很自然的事情。从那以后，王秋杨每年去阿里登山都会背个装满常备药的大箱子。

一个晴朗的六月天，背着药箱的王秋杨正站在草地上给一群藏民分发药品，突然，一个老年藏民拉住她的手，在她手里放了一个小铜牌，上面写着 L154。原来这是两年前一个下乡医疗队发给他的排队看病号牌，但医疗队还没有看到他就走了，老人则一直保存着这块铜牌。

于是她受到启发，启动了乡村医疗队计划，从当地的牧民中选一些有文化的年轻人送到城市的医院或医校集中培训，有了基本医疗能力后返回当地，并为他们提供摩托、马匹、药品，完善医疗体系，让危重病人能通过这些乡村医生的指导转入有足够治疗水平的医疗机构。另外，身为两个孩子母亲的王秋杨还有个心愿，就是协助阿里地区培养女性助产师，帮助那里的产妇们。

联席董事长王秋杨所在的今典集团决定每年拿出 500 万元给苹果基金，用作在阿里地区援助教育，王秋杨说："我相信只要我坚持做下去，十年下来应该会有一个好的结果。"

（文/王炜、少左 摘自《王秋杨：坚持做下去，应该会有好结果》一文）

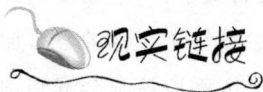

现实链接

人之大善在于严于律己宽以待人

成功之路是艰辛而漫长的，需要克服的困难很多，但更重要的是要战胜自我，战胜消极的人生态度。成功之路更需严于律己，宽以待人。有些人心胸狭隘、气量小，不能宽以待人，很少去主动帮助别人。要改变这样的心态，就得帮助他们融于团队中，去感受集体的温暖，去积极帮助别人，宽以待人。俗话说：大肚能容，容天下难容之事。宽以待人，会使你心理放松，排除消极暗示的干扰，心情愉快地面对人生；宽以待人，会改变一个人狭隘的个性，会使你成为一个热爱生活、充满自信、勇于奋斗的人；宽以待人，会使你赢得更多的朋友，赢得更多的支持，得到更多机会。这都是成功之路上不可或缺的！有些人宁愿我负人，不愿人负我，小庙的神仙容不了大香火。虽然这些人也渴望成功，但总是与成功失之交臂。这就得下一番功夫，对自己来一次彻底的省悟。应先从小事做起，多做好事，多做善良及鼓舞人心的事，以此来改变自我。宽以待人是一种高尚的品德，是无数次的心灵净化。其实质就是卸下自己心中的一块块石头。下面是一位优秀教师教育小朋友如何宽以待人的生动事例：

一次，老师问小朋友："你们有讨厌的人吗？"小朋友们有的不吱声，有的点点头。接着，老师发给班级每个孩子一个纸袋，告诉他们："今天，我们来玩一个游戏，请你们把你所讨厌的人的名字写在一个纸条上，也可以用符号代替，每天放学后，请大家到路边拣一些小石头，回去把这些写着名字的纸条贴到石头上。把你非常讨厌的人的名字贴在大一点的石头上，一般讨厌的贴在小一点的石头上。每天，你都把'讨厌的人'放进这个袋子里，带到学校里来。"

小朋友们听了，感到很有趣。放学后，他们都抢着到处去找小石头。第二天一早，孩子们都带着装了石头的袋子来到学校，你一言我一语地相互讨论。时间一天天地过去了，第三天、第四天、第五天……有些小朋友袋子里的石头越装越多，他们自己几乎都快提不动了。"老师，拎着这些石头来学校好累啊！我都快累死了！"小朋友们开始有一些抱怨。老师笑了笑，对孩子们说："那就放下这些石头吧，以后也不要往里面放石头了！"小朋友们都很诧异，为什么不搜集了呢？"孩子们，讨厌一个人，就等于在你的心头加了一块石头。你讨厌的人越多，你也就越累。我们每个人都应该学会宽恕别人，不要把小事儿记在心上……。"（魏悌香）相信多年以后，这些孩子都能记得那个故事，都能记得应该怎样对待别人。相信孩子也曾对你说过自己不喜欢谁之类的话，对此你是怎样引导孩子的呢？是否也像这位老师一样教给孩子宽容了呢？宽容是一剂健康的良药，宽容是一种美德。告诉孩子，每个人都有可能犯错误，只有大度地看待别人的错误，才能原谅别人。如果一直保持生气的状态，对自己的心理也是一种负担。这位优秀教师用富有哲理的方法教育小朋友如何宽容别人，给了我们深刻启迪：宽容不仅是搞好团结的一个好方法，也是正确对待自己应该采取的态度。

严于律己，就是对自己的工作采取两分法，不仅要看到成绩一面，也要看到缺点一面。毛主席说过："作为一个共产党人，必须具备对于成绩与缺点、真理与错误这两分法的马克思主义辩证思想。"什么时候运用两分法的自觉性高，什么时候进步就大；反之，进步就小，甚至还会退步。越是做出了很大成绩、很大贡献，有了很大功劳，越要看到自己的不足、缺点甚至错误，这样才能保持清醒的头脑，不至于把成绩当做包袱背起来。现在有些人常常不是这样，自己的工作出了问题，不是严于律己，而是把责任推给别人，推给别的单位，责怪人家影响了自己的工作，总用客观原因来为自己工作中的缺点、错误打掩护。对自己宽，对别人严，结果，反而妨害了自己的进步。

事物总是存在两面性的，宽以待人当然也不例外，宽以待人也要运用两分法来对待别人。这就是说看到别人的优点要毫不吝惜的夸奖，遇到别人的错误也不要全盘的否定。古人云：金无足赤，人无完人。没有人是十全十美的。因此，我们必须学会严于律己，宽以待人。宽以待人，最重要的是要做到宽容，宽容朋友、亲人，甚至宽容对手，这是一种很高尚的境界，这是一种至高无上的精神所在，宽容是海，容纳百川；宽容是山，不舍垒土。宽容别人则处处显示着你的纯朴、你的坚实、你的大度、你的风采。如果能够常常宽容他人，那么，你将永远是胜利者。天长日久，所有人都会被你感化，社会氛围就会焕然一新。当然，宽以待人也是有一定限度的。例如宽以待人并不是对下属放松要求，一团和气，不讲原则，撒手不管。要用宽宏大度的态度或宽厚的心态对待别人的过错，树立团结协作的团队精神，如果有精力还要努力帮助犯错的人认识错误，改成缺点。当然，在社会生活或者工作中，由于沟通、性格、文化的差异往往不可避免的出现各种矛盾和误解，甚至遭受不公正的待遇，这些都是正常的现象，如果这时候双方都不依不饶，俗话说得好，话赶话没好话，可能会将矛盾加深，一发而不可收拾。尤其是在工作岗位中，各部门之间的工作要互相渗透、互相支撑才能很好的完成，工作中有互相交错的地方，这是互相补充的空间，只有关键点很好的契合，工作起来才会游刃有余。如果我们两面三刀，互相猜疑，各行其是，各唱各的调，分散工作合力，甚至是使绊子、拉后腿，那么工作铁定是无法完成的。尤其是有些部门因为利益的冲突，见台就拆，当工作中有漏洞、有偏差时，不但不能处以公心，及时地提出来，还要在一旁看笑话，说三道四，搬弄是非，"拉倒车"。我想这样的工作单位要想实现很好的成绩是非常困难的。在工作中必须多讲奉献，多替别人考虑，只有在工作中为他人做出奉献，才能赢得奉献的回报，才能在相互协作中融洽关系。

（文本摘自何文坤《共产党人要严于律己、宽以待人》一文，有删改）

第三节　接人待物　诚信为本

经典语句

1、志不强者智不达，言不信者行不果。 ——《墨子》

【语句释义】志：意志。强：坚强，顽强。意志不坚强的人，智慧也不通达；言语不诚实的人，做事也不会有成果。也就是说，如果意志不坚强的人，也不会有很好的意志去学习，自然也不会拥有通达的智慧；没有诚信的人，说了也不做，说话不算数，无论做什么都不会有很好的效果。

2、自古皆有死，民无信不立。 ——《论语》

【语句释义】皆：都，全部。自古以来人总是要死的，如果老百姓对统治者不信任，那么国家就不能存在了。"

3、诚者，天之道也；思诚者，人之道也。 ——《孟子》

【语句释义】诚：真实无妄的意思。天：指自然。天之道就是自然之道，或自然的规律。自然界的一切，宇宙万物都是实实在在的，真实的，没有虚假；真实是宇宙万物存在的基础，虚假就没有一切。所以说诚是天之道。那么向往真诚，就是做人的基本原则。人之道，是指做人的道理或法则。中国传统文化认为人道与天道一致，人道本于天道。

4、人而无信，不知其可也。 ——《论语》

【语句释义】作为一个人，如果不讲信用，真不知道那会怎么样。这里信有两层含义：一是被人信任；二是诚信，讲信用。在现实生活中，有些人谎话连篇，坑蒙拐骗，他们也会偶尔成功，但是长此以往，他将被人们认清本质，从而失去所有的朋友，甚至亲人，进而失去他赖以生存的一切社会关系的基础。因为人们都喜欢那些说真话、讲信用的人。所以做人一定要以诚待人，这样方能在世上立足，才能使自己有很好的发展。

5、诚者物之终始，不诚无物。是故君子诚之为贵。 ——《中庸》

【语句释义】诚，是自然的道理，万事万物的本末始终都是以诚为出发点和落脚点的，没有"诚"，也就没有万事万物了。所以，君子非常重视"诚",把它看得特别的珍贵。

经典故事

1、诚信经营　赢得顾客

阿信是个诚实守信的青年，多年来通过勤劳致富开了一个小小的汽车修理店，来店里的都是一些老顾客，因为阿信店里的商品和服务都是上等的，所以多年来赢得了很好的声誉。

一天一个顾客走进店里，自称是某运输公司的汽车司机。他在店里转了几圈，然后对阿信说："在我的账单上多写点零件，我回公司报销后，有你一份好处。"阿信听到后很气愤，严厉地拒绝了这样的要求。顾客见阿信回绝了还纠缠说："我做的生意很大，每年都需要大量的零部件，这样你我都能赚很多钱，这是双赢，何乐而不为呢？"阿信告诉他："这事无论如何也不会做，我的店是靠诚实经营才有现在的规模，那种投机取巧的事我是不会做的，挣钱是小，让我失去做人的根本是大。"顾客见阿信毫不动摇，气急败坏地嚷道："现在大家都这么干，这都成了行业里公开的秘密，放着到手的钱不赚，我看你是太傻了。"阿信火了，他要那个顾客马上离开，到别处谈这种生意去。这时顾客露出微笑并满怀敬佩的握住店主的手说："我就是那家运输公司的老板，我一直在寻找一个固定的、信得过的维修店，你还让我到哪里去谈这笔生意呢？"

从那以后，阿信一直与那家运输公司保持良好的合作关系，阿信的修理店也越开越大。

在现实生活中，我们每个人都会面对诱惑，但要把持住自己，不怦然心动，不为其所惑。有时候诱惑可能就是一个个危险的陷阱，如果每个人都能做到平淡如行云，质朴如流水，那么社会上也就少了很多的尔虞我诈，人就不会为蝇头小利失去做人的根本。所以在做人做事的时候，多点诚信，也就不会在漆黑的人生旅途中失去前进的方向。

2、人格力量　拯救生命

这个故事发生在广袤无垠的大西洋上，当时的海上贸易非常的发达，每年大量的物资通过大西洋运往世界各地。

迈克是一艘货船的船长，常年往来于大西洋两岸。迈克还是个乐于助人的船长，所以船上的水手和船员都热情地叫他"好人，迈克"。

一天海上起了风浪，一个在船尾搞勤杂的黑人小孩不慎掉进了波涛滚滚的大西洋。孩子大喊救命，无奈风大浪急，船上的人谁也没有听见，他眼睁睁地看着货轮托着浪花越行越远……

在求生的本能支撑下，小男孩奋力地在海水中游着，他嘴里不断地念叨着："我要活下去"。但是海水实在是太冰冷了，孩子在海中渐渐地失去身体上的温度，再坚强的意志也抵不过残酷的大自然，他用全身的力气挥动着瘦小的双臂，努力使头伸出水面，睁大眼睛盯着轮船远去的方向。

船越来越远，船身越来越小，到后来，什么都看见了，只剩下一望无际的汪洋。孩子的力气快用完了，实在游不动了，他觉得自己要沉下去了。放弃吧！他对自己说。这时候，他想起了老船长那张慈祥的脸和友善的眼神。不，船长知道我掉进海里后，一定会来救我的！想到这里，孩子鼓足勇气用生命的最后力量又朝前游去……

船长终于发现那个黑人孩子失踪了，当他断定孩子是掉进海里后，下令返航，回去找。这时，有人劝他："算了吧，这么长时间了，就是没有被淹死，也让鲨鱼吃了……"船长犹豫了一下，还是决定回去找。又有人说："为一个黑奴孩子，值得吗？"船长大喝一声："住嘴！"

终于，在那孩子就要沉下去的最后一刻，船长赶到了，救起了孩子。

当孩子苏醒过来之后，跪在地上感谢船长的救命之恩时，船长扶起孩子问："孩子，你怎么能坚持这么长时间？"孩子回答："我知道您会来救我的，一定会的！""怎么知道我一定会来救你？""因为我知道您是那样的人！"听到这里，白发苍苍的船长扑通一声跪在黑人孩子面前，泪流满面："孩子，不是我救了你，而是你救了我啊！我为我在那一刻的犹豫而感到耻辱……"

当别人在绝望时想起你，相信你会给予拯救。这种被信任是多么幸福的事啊！

（摘自《读者》2005年第3期《被人相信是一种幸福》，本文有删改）

3、言而有信　信则必行

曾子，姓曾，名参，字子舆，生于公元前505，卒于公元前435。春秋末年鲁国南武城人，也就是现在的山东省济宁市嘉祥县人。传说曾子是黄帝的后代，也是夏禹王的后代，是鄅国太子巫的第五代孙。父亲曾点，字皙，是孔子七十二贤徒之一，母亲上官氏。曾子生于东鲁，后随父母移居武城，曾子从小就非常聪慧，经人引荐，十六岁拜孔子为师，他勤奋好学，颇得孔子真传，孔子也非常喜爱这个学生。曾子学成后积极推行儒家的各项主张，他为儒家思想的传扬贡献了巨大力量。孔子死后，曾子成为儒家学派的大德，孔子的孙子孔伋，字子思，就是跟随曾子学习儒家经典的。后来孔伋又收孟子为徒，将儒家的思想传授给孟子，所以曾子是儒学承上启下的关键性人物。他一方面集成了孔子的儒家思想精华，另一方面又将其传授给孔伋、孟子，对孔子的儒家学派思想既有继承，又有发展和创新。他的思想中最令人赞赏的是他的修身、齐家、治国、平天下的政治观，为人处世要省身、慎独的修养观，尤其是以孝为本、孝道为先的孝道观，影响中国两千多年，至今仍具有极其宝贵的社会意义和实用价值，是我们当今社会和民众仍要大力学习和发扬的传统美德。正是由于他的巨大成就，曾参与孔子、孟子、颜回、子思比肩共称为五大圣人。

下面我们要讲的就是曾子以信教子的故事。

一天，曾子的妻子有事要到集市上去，准备把儿子留在家中，他的儿子年幼不懂事，非要跟妈妈一起去，曾子的妻子觉得带着孩子很不方便，但是儿子在后面哭叫得厉害，曾子的妻子没有办法，就对儿子说："儿子乖，你回去吧，我从街上回来后杀猪给你吃。"儿子听后就不哭闹了，乖乖地自己回家去了。

曾子的妻子从集市办事回来，就看见曾子正在磨刀，妻子问："你这是要做什么呀？"曾子说："我要杀猪呀，你不是说要杀猪给儿子吃吗？"说着就去杀猪了。曾子的妻子连忙劝阻说："我只是哄小孩子才说要杀猪的，不过是玩笑罢了。"

曾子很严肃地对妻子说："小孩子不可以哄他玩的。小孩子并不懂事，什么知识都需要从父母那里学来，需要父母的教导。现在你如果哄骗他，这就是教导他去哄骗别人。母亲哄骗小孩，小孩就不会相信他的母亲，这不是教育孩子成为正人君子的办法。"

曾子的妻子听了丈夫这番话感到非常惭愧，一起帮着曾子把猪杀了，给儿子做了肉吃。这就是一代大儒以信教子的故事。

4、徒木立信　戏耍诸侯

春秋战国时，周王朝皇权衰微，各诸侯国为争夺百姓和土地不断发动战争，秦国地处西北蛮荒之地，土地贫瘠，百姓生活困苦，时常遭受东方大国的侵略和责难。为了使秦国能够强大起来，秦国的商鞅在秦孝公的支持下主张变法。当时战争频繁、人心惶惶，王公贵族的话就是法令，成文法的还没有形成至高无上的权威，百姓对统治者制定的法律存在疑虑。为了树立威信，让百姓了解国家法令的权威性，取得百姓的信任，推进改革，商鞅想出了一个办法，他下令在都城南门外立一根三丈长的木头，并当众许下诺言：谁能把这根木头搬到北门，赏十金。这时南门聚集了很多的百姓，听到商鞅的承诺都窃窃私语，百姓们都不相信如此轻而易举的事能得到如此高的赏赐，很多人想去尝试但又怕官府戏耍，当众出丑，结果没人肯出手一试。商鞅看到这种情况深知这是长期以来百姓不信任官府的结果，非一日之功能扭转过来的，所以他并不十分的心急，只是让手下的官员将赏金提高到五十金。重赏之下有人开始心动了，终于有个小伙子站出来将木头扛到了北门。商鞅立即赏了他五十金。小伙子十分的意外，没想到一下子就能拿到这么多的赏金，千恩万谢拜别商鞅走了，商鞅这一举动，在百姓心中树立起了威信，所以接下来的变法很快就在秦国推广开了。新法使秦国逐渐强盛，最终统一了六国。

而在早它400年前，周朝国都却发生过一场令人啼笑皆非的"烽火戏诸侯"的闹剧。也许大家对这个故事并不陌生，徒木立信和烽火戏诸侯这两个故事，正是一个事物的两个对立面，让我们在故事中领悟信与非信的区别和利弊。

周幽王名叫姬宫涅，生活在西周时期，是西周的亡国之君。他生于公元前795年，卒于公元前771年，是周宣王的儿子。他为人贪婪腐败，重用奸佞之徒，最后导致国破家亡。周幽王有个宠妃叫褒姒，是褒国人为了替褒珦赎罪而献出的美女，周幽王看到褒姒非常的喜欢，爱如掌上明珠，褒姒平时总是愁眉愁脸的，为博取她的一笑，周幽王下令在都城附近20多座烽火台上点起烽火——烽火是外敌入侵的信号，是周天子召集诸侯勤王护驾的重要工具，是国之重器。诸侯们见到国都燃起了烽火，急忙调兵遣将前来护驾，没想到来到国都才发现根本没有外敌入侵，当弄明白这不过是君王为博宠妃一笑的花招后，都愤然离去。褒姒看到平日威仪赫赫的诸侯们手足无措的样子，终于开心一笑。周幽王专宠褒姒，在褒姒生下孩子后更加的喜爱她，甚至废除了太子和王后，引起了诸侯们很大的不满。五年后，边疆的少数民族大举攻周，幽王见情况危急，再晚国都就保不住了，于是慌忙命人燃起烽火，但是诸侯们以为又是一个玩笑——谁也不愿再上第二次当了。结果国都被攻破，幽王被逼自刎而褒姒也被俘虏。

一个"立木取信"，一诺千金；一个帝王无信，戏耍诸侯。结果前者变法成功，国势强盛；后者自取其辱，身死国亡。可见，"信"对一个国家的兴衰存亡起着非常重要的作用。

5、一纸契约　百年传承

故事发生在两百多年以前的 1797 年。这一年，这片土地的小主人才五岁时，不慎从这里的悬崖边坠落身亡。其父伤心欲绝，将他埋葬于此，并修建了一个小小的陵墓，以作纪念。数年后，家道衰落，老主人不得不将这片土地转让。出于对儿子的爱心，他对今后的土地主人提出一个奇特的要求，他要求新主人把孩子的陵墓作为土地的一部分，永远不要毁坏它。新主人答应了，并把这个条件写进了契约。这样，孩子的陵墓就被保留了下来。

沧海桑田，一百年过去了。这片土地不知道辗转卖了多少次，也不知道换过了多少个主人，孩子的名字早已被世人忘却，但孩子的陵墓仍然还在那里，它依据一个又一个的买卖契约，被完整无损地保存下来。到了 1897 年，这片风水宝地被选中作为格兰特将军陵园。政府成了这块土地的主人，无名孩子的墓在政府手中完整无损地保留下来，成了格兰特将军陵墓的邻居。一个伟大的历史缔造者之墓，和一个无名孩童之墓毗邻，这可能是世界上独一无二的奇观。

又一个一百年以后，1997 年的时候，为了缅怀格兰特将军，当时的纽约市长朱利安尼来到这里。那时，刚好是格兰特将军陵墓建立一百周年，也是小孩去世两百周年的时间，朱利安尼市长亲自撰写了这个动人的故事，并把它刻在木牌上，立在无名小孩陵墓的旁边，让这个关于诚信的故事世世代代流传下去……

(摘自小故事网《流转百年的诚信》一文，本书有删改)

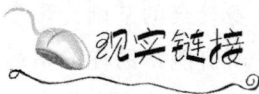

现实链接

诚信是一种美德

说到诚信，也许每个人都会说，诚信很容易。但是真正在关键时刻，又有几个人能保持诚信呢？"诚信"二字说起来简单，但要做到就需要我们用心去实践了。

"惟诚可以破天下之伪，惟实可以破天下之虚。"大多时候，人都能讲诚信，但是到了关系自己切身利益时，人们常常会把诚信抛到九霄云外，用虚伪来包装自己，这时诚信犹如一份毫无价值的礼物，虚伪则是华丽的包装，可以欺骗人一时，不能欺骗人长久。

我们常说"精诚所致，金石为开"。这是讲诚信的巨大作用。有一家公司招聘人才，这家公司有规模、效益好、工资高，每个人都希望到这里工作。于是，在招聘的那一天，来面试的人很多，每个人不是说自己曾在什么大公司工作过，就是说自己学历高、工作负责，但在他们离开的时候，有的人不小心碰到他人也不说一声对不起，有的把垃圾就扔在地上，有的在大庭广众之下毫无顾忌地脱下身上的衣服，这也算有素质、有教养的人吗？这一切老板都看在眼里，对于这些不讲诚信的人，老板毫无保留地把他们的名字划掉了。就在这时，一个穿着朴素、中等身材的小伙子走进了办公室，他含蓄地告诉老板，他学历不算高，有些工作可能暂时做不来，但他会努力地工作，认认真真把每一件事做好。多么坦诚的一番话啊，老板被他的诚信感动了，爽快地聘请了这个小伙子，这就是诚信的回报。

我们曾读过许多名人的故事。列宁小时候玩的时候打碎了花瓶，但他坦诚地承认了错误；华盛顿不小心弄坏了父亲的樱桃树，他坦诚地告诉了父亲事情的真实情况，得到了父亲的原谅；美国的开国总统华盛顿，因为售货员多付了他12美分，是诚信让他走了六里路终于把钱还给人家。他们都是举世闻名的人，在他们身上，同样能够找到生活中细枝末节的动人事例。正因为这些诚信塑造了一国领袖的优秀品质，奠定了他们事业成功的基石。

诚信，是做人的根本。它以高尚的心为基础，以责任感为前提。不诚信也许可以欺骗一时，但长久下去，丑陋的面目定会暴露无遗，并因此失去人们的信任，实在是得不偿失啊！诚信还是我们立身社会的基础，现在很多国家都为每个公民建立了诚信档案，如果失信，所有能帮助你的幸运之门都会关闭。人生短暂，岁月无情，让我们用诚信的土壤培育出生命的灿烂鲜花吧！　（本文摘自《诚信是金》、《诚信方能汇通天下》，有删改）

第四节　日常生活　克勤克俭

经典语句

1、君子以俭德辟难。　　　　　　　　　　　　　——《周易》

【语句释义】俭：俭朴。德：德行。君子用俭朴的德行来避免危难。这句话的深层意思是说，正人君子保守节俭的情操，就不会有太多的欲望，"壁立千仞，无欲则刚"。人一旦有了欲望就会做出违背道德或者法律的事情，就会有灾难降临。

2、俭，德之共也；侈，恶之大也。　　　　　　　——《左传》

【语句释义】俭：节俭，俭朴。德：道德，品德。侈：奢侈。节俭，是善行中的大德；奢侈，是邪恶中的大恶。

3、俭节则昌，淫佚则亡。　　　　　　　　　　　——《墨子》

【语句释义】俭：俭朴。节：节约。淫：荒淫。佚：享受安乐。节俭就会昌盛，淫佚享乐就会败亡。

4、克勤于邦，克俭于家。　　　　　　　　　　　——《尚书》

【语句释义】克勤：能够勤劳。邦：国邦，就是指国家。克俭：能够节俭。在国家事业上要勤劳，在家庭生活上要节俭。这句话是舜对于大禹称赞之词。大禹治水数十载，三过家门而不入，一心想着百姓和天下大事，为国不辞辛劳，在居家生活上克服奢侈，厉行简朴，严于律己，所以能够成为子孙后代万世景仰的楷模。

5、民生在勤，勤则不匮。　　　　　　　　　　　——《左传》

【语句释义】民：指人民，古时指百姓。生：生计，谋生的办法。勤：勤劳。匮：匮乏。老百姓的生计在于辛勤劳作，只有勤于劳作，财物才不会匮乏。

6、由俭入奢易，由奢入俭难。　　　　　　　　——《训俭示康》

【语句释义】由：从。俭：俭朴。入：到，变得。奢：奢侈。易：容易。难：困难。从节俭变得奢侈容易，从奢侈转到节俭则很困难。

7、一粥一饭，当思来处不易；半丝半缕，恒念物力维艰。

——《治家格言》

【语句释义】即使是一顿粥、一顿饭，也应当想到它来得不容易，那饱含着农民的辛苦劳动；即使是半根丝、半根线，也要想到劳作的艰辛。

8、取之有度，用之有节，则常足。　　——《资治通鉴》

【语句释义】取：索取。度：限度，这里是指有节制的意思。节：同度。常：经常。有计划地索取，有节制地消费，就会常保富足。

经典故事

1、季孙行父　勤俭持家

季文子，即季孙行父。出生年月不详，卒于公元前568年，春秋时期鲁国的正卿，公元前601年至公元前568年执政。姬姓，季氏，谥文，史称"季文子"。季文子出身于三世为相的家庭，是春秋时期鲁国的贵族、著名的外交家。

季文子虽出身世家，但为人一生俭朴，以节俭为立身的根本，并且要求家人也过俭朴的生活。他平时穿衣只求朴素整洁，除了朝服以外从不添置华丽的衣服和配饰，他外出乘坐的马车都是粗布的装饰，别人根本看不出来这是官家的马车。有个叫仲孙它的同僚见他如此节俭，就对季文子说："你身为上卿，德高望重，但听说你在家里不准妻妾穿丝绸衣服，也不用粮食喂马。你自己也不注重容貌服饰，这样显得太寒酸了，会让别国的人笑话我们的，这样做也有损于我们国家的体面，人家会说鲁国的上卿过的是一种什么样的日子啊。您为什么不改变一下这种生活方式呢？这于己于国都有好处，何乐而不为呢？"季文子听后淡然一笑，对那人严肃地说："我也希望把家里布置得豪华典雅，但是看看我们国家的百姓，还有许多人吃着粗糙得难以下咽的食物，穿着破旧不堪的衣服，还有人正在受冻挨饿。想到这些，我怎能忍心去为自己添置家产呢？如果平民百姓都粗茶淡衣，而我则妆扮妻妾，精养粮马，这哪里还有为官的良心！况且，我听说一个国家的国强与光荣，只能通过臣民的高洁品行表现出来，并不是以他们拥有美艳的妻妾和良骥骏马来评定的。既如此，我又怎能接受你的建议呢？"这一番话，说得仲孙它满脸羞愧，同时也使得他内心对季文子更加敬重。此后，他也效仿季文子，十分注重生活的简朴，妻妾只穿用普通粗布做成的衣服，家里的马匹也只用谷糠、杂草来喂养。

2、勤俭一体　不可分割

从前，在中原的伏牛山下，有一个叫做吴成的农民，他从小家境贫寒，娶妻生子后他勤俭持家，日子过得无忧无虑，十分美满。俗话说："富不过三代"，吴成怕自己死后儿孙们不知道勤俭持家，奢侈浪费，所以他想出了一个好主意。在他临终前，把一块写有"勤俭"两字的横匾交给两个儿子，告诫他们说："你们要想一辈子不受穷挨饿，就一定要照这两个字去做。"两个儿子都很听从父亲的教导。后来，兄弟俩各自娶妻成家，就商量着把家产分了，但是唯独父亲留下的匾让兄弟俩个为难了，最后没办法就将匾一锯两半，老大分得了一个"勤"字，老二分得一个"俭"字。老大把"勤"字恭恭敬敬高悬家中，每天"日出而作，日入而息"，年年五谷丰登。然而他的妻子却过日子大手大脚，孩子们常常将白白的馍馍吃了两口就扔掉，久而久之，家里就没有一点余粮。老二自从分得半块匾后，也把"俭"字当作"神谕"供放中堂，却把"勤"字忘到九霄云外。他疏于农事，又不肯精耕细作，每年所收获的粮食很少，尽管一家几口节衣缩食、省吃俭用，日子过得还是捉襟见肘。这一年遇上大旱，老大、老二家中都早已是空空如也。他俩情急之下扯下字匾，将"勤""俭"二字踩碎在地。这时候，突然有纸条从窗外飞进屋内，兄弟俩连忙拾起一看，上面写道："只勤不俭，好比端个没底的碗，总也盛不满！""只俭不勤，坐吃山空，一定要挨饿受穷！"兄弟俩恍然大悟，"勤""俭"两字原来不能分家，相辅相成，缺一不可。吸取教训以后，他俩将"勤俭持家"四个字贴在自家门上，提醒自己，告诫妻室儿女身体力行，此后日子过得一天比一天好。

（文／旭日　摘自《小读者》2007 年 05 期
《勤俭不分家》一文，本书有删改）

3、廉洁隐之　卖狗嫁女

东晋吴隐之年少的时候父亲就去世了，和母亲相依为命，家境贫寒，但他人穷志不穷，聪明好学，饱览诗书，以儒雅好礼而被人们所称赞。即使每天喝粥，也不轻易接受别人的钱财，在母亲去世时，他悲痛万分，每天早晨都以泪洗面，路过的行人都被他的孝行所感动。当时太常韩康伯是他的邻居，康伯之母常对康伯说："你若是当了官，就应当推荐他那样的人。"

吴隐之曾为桓温所知赏，拜为奉朝请、尚书郎，后来被谢石点名要去做主簿。他的女儿出嫁，谢石将军派人前来贺喜，看到一个女仆牵着一条狗走出来。管家问道："你家小姐今天出嫁，怎么一点筹办的样子都没有？"仆人皱着眉说："别提了，我家主人太过分节俭了，小姐今天出嫁，主人昨天晚上才吩咐准备。我原以为这回主人该破费一下了，谁知主人竟叫我今天早晨到集市上去把这条狗卖掉，用卖狗的钱再去置办东西。你说，一条狗能卖多少钱，我看平民百姓嫁女儿也比我家主人气派啊！"前来贺喜的人感叹道："人人都说吴大人是少有的清官，看来真是名不虚传。"

吴隐之后来调任晋陵太守，妻子仍负柴做饭，孝武帝很器重他，任为御史中丞、左卫将军。后历任中书侍郎、国子博士、太子右卫卒、领著作郎、右卫将军等职。

隆安年间（397年－402年），朝廷想革除岭南的弊端，任命隐之为龙骧将军、广州刺史、假节领平越中郎将。赴任途中行至距广州20里处的石门，遇一山泉，当地人皆说喝了此泉之水就会变得贪婪无比，故名"贪泉"。隐之对家人说："如果压根儿没有贪污的欲望，就不会见钱眼开，说什么过了岭南就丧失了廉洁，纯属一派胡言。"说着走到泉边舀了就喝，并赋诗一首："古人云此水，一歃怀千金，试使夷齐饮，终当不易心。"上任后，他廉洁奉公，清简勤苦，始终不渝，所食不过是稻米、蔬菜和干鱼，穿的是粗布衣衫，所住的帐帷摆设均交到库房，有人说他故意摆样子，隐之笑而不语，一如既往。部下送鱼，每每剔去鱼骨，隐之对这种媚上作风非常厌烦，总是喝斥惩罚后赶出帐外。经过他的惩贪官、禁贿赂，广州官风有所好转。元兴初，皇帝下诏，晋升他为前将军，赐钱50万，谷千斛。

吴隐之在广州多年，离任返乡时，小船上仍是初来时的简单行装，唯有妻子买的一斤沉香，不是原来的物件，隐之认为来路不明，立即夺过来丢到水里。到家时，只有茅屋六间，篱笆围院。刘裕赐给他牛车，另为他盖一座宅院，隐之坚决推辞掉了。后升任度支尚书、太常，隐之仍洁身自好，清俭不改，生活如平民。每得俸禄，留够口粮，其余的都散发给别人。家人以纺线度日，妻子不沾一分俸禄。寒冬读书，隐之常身披棉被御寒。义熙八年（412年），隐之告老还乡，授光禄大夫，加金章紫绶，赐钱10万，米300斛。九年（413年）卒。追赠左光禄大夫，加散骑常侍。

现实链接

要养成勤俭的品格

苏轼是唐宋散文八大家之一，21岁中进士，前后共做了40年的官，做官期间他总是注意节俭，常常精打细算过日子。宋神宗元丰三年（公元1080年）大年正月初一，苏轼因为"乌台诗案"被降职贬官到黄州，在举国欢庆的日子他心情灰暗地踏上赴任的路。刀下余生让他平生第一次感到凄凉，更可怕的是，由于薪俸减少了许多，他穷得甚至没有过宿之粮。后来在朋友的帮助下，弄到一块地，便自己耕种起来。为了不乱花一文钱，他还实行计划开支：先把所有的钱计算出来，然后平均分成12份，每月用一份；每份中又平均分成30小份，每天只用一小份。钱全部分好后，按份挂在房梁上，每天清晨取下一包，作为全天的生活开支。拿到一小份钱后，他还要仔细权衡，能不买的东西坚决不买，只准剩余，不准超支。积攒下来的钱，苏轼把它们存在一个竹筒里，以备意外之需。

伊丽莎白二世是英国的女王，她经常说的一句英国谚语是："节约便士，英镑自来。"每天深夜她都亲自熄灭白金汉宫小厅堂和走廊的灯，她坚持皇家用的牙膏要挤到一点不剩。日本丰田汽车公司，号称"车到山前必有路，有路必有丰田车"，他们在成本管理上从一点一滴做起，劳保手套破了要一只一只的换，办公纸用了正面还要用反面，厕所的水箱里放一块砖用来节水。一个贵为一国之尊、一个是世界著名的跨国公司巨头，节约意识竟如此强烈，令人赞叹。

艰苦奋斗、勤俭节约是中华民族的传统美德，老一辈无产阶级革命家率先为我们作出了榜样。在毛主席生前用过的一百多件日常生活用品中，就有一件穿过20多年、已补过73次的睡衣。

有人问："我能做什么？"答案很简单：从我做起，从小事做起，从自身岗位做起。对，就是这么简单！大家可以想一想，在我们洗脸刷牙、洗头洗澡、每天打扫卫生的时候，是不是在意节约了一滴水？在我们使用电灯、空调、电脑、饮水机的时候，是不是刻意节约了一度电？建设节约型社会就是需要我们从身边的小事做起，从节约一滴水、一度电、一张纸开始。

艰苦朴素、勤俭节约是我们人类社会的共同美德。古今中外，无论是发达国家，还是发展中国家，都将艰苦朴素作为一种美德发扬光大。联合国专门把 10 月 31 日设立为"勤俭日"，提醒并要求人们在物质文明高度发达的今天仍然要坚持艰苦朴素、勤俭节约的美德。

在人们的印象里，富豪应该是开着名车、住着豪宅、出手阔绰的一群人。但台湾很多有钱人，尤其是那些拥有数百亿元资产的超级富豪却"反其道而行之"，在衣食住行上奉行简单原则，绝大多数富豪没有私人飞机和游艇，他们的俭朴生活也改变了台湾人的奢华之风。以国际间公认的"真正富豪入门车——劳斯莱斯"为例，十几年前台湾只有武打明星王羽购买了一辆，亿万富豪都没有。只是近几年，才有一些人相继购买了劳斯莱斯，但像宾利那样的超级豪华车，在岛内还是很少见。很多富豪的专车甚至是最普通的轿车，像裕隆集团的掌门人吴舜文从创立裕隆汽车公司至今，其专车始终是裕隆自己的产品，一辆车的价钱不过 30 万元人民币左右。其他人像台塑集团董事长王永庆、远东集团掌门人徐旭东和航运巨头张荣发等亿万富翁，他们的专车也都不是国际上公认的豪华轿车。有人戏称，如果光看专车，很多人或许以为台湾没有富豪呢！

香港富豪李嘉诚有一次从酒店出来，准备上车的时候，把一枚硬币掉在了地上，硬币咕辘辘地向阴沟滚去，他便欠下身去追捡，旁边一位印度籍保安见状，立即过来帮他拾起，然后交到他的手上。李嘉诚把硬币放进口袋后，再从钱夹里取出 100 元港币，递给保安作为酬谢。为了一元钱却花了 100 元，这无论从哪个角度看都是不划算的。有人向李嘉诚问起这件事情，他解释说："若我不去捡硬币，它就会在这个世界上消失，而我给保安 100 元，他便可以用于消费。我觉得钱可以拿去使用，但不能浪费。"

周恩来总理勤俭节约的故事，妇孺皆知，成为美谈。他一贯倡导勤俭建国、艰苦奋斗，要求"一切招待必须是国货，必须节约朴素，切忌铺张华丽、有失革命精神和艰苦奋斗的作风"。朱光亚同志曾回忆过这样一则故事：1961 年 12 月 4 日召集专门委员会对当时第二机械工业部的一个规划进行审议，会议从上午开到中午还没结束，周总理留大家吃午饭。餐桌上是一大盆肉丸熬白菜、豆腐，四周摆几碟小咸菜和烧饼。周总理同大家同桌就餐，吃同样的饭菜。这个故事至今听来让人觉得很有教育意义。

在生活条件大大改善的今天，一些同志头脑中的节约意识渐渐淡化了。现实生活中，有失革命精神和艰苦奋斗作风的现象屡见不鲜，但些人却不以为然，在他们看来，勤俭节约、艰苦奋斗是过去战争年代和艰苦岁月提出的特殊要求，现在条件和环境改变了，再提倡这个就不合时宜了；也有人认为，艰苦朴素是个人的生活小事，吃点、喝点、玩点无关大局，没必要看得那么重，要求得那么严；还有人认为，时下人们生活讲质量、讲档次，国家也提倡和鼓励消费，"慷慨花钱"是为国家经济建设做贡献。这些认识与共产党人的人生观、价值观是格格不入的。

崇尚俭朴、反对奢华、艰苦奋斗历来是中华民族的传统美德，也是我党始终坚持和倡导的优良作风和克敌制胜的法宝。当年，美国记者斯诺在延安看到毛泽东等中共中央领导人吃的是粗糙的小米饭，穿的是用缴获的降落伞改制的背心，住的是简陋的窑洞，他感慨地称赞这是存在于共产党人身上的"东方魔力"，并断言这种力量是"兴国之光"。我党正是靠这种力量带领人民不断走向强大的。全国革命胜利前夕，毛泽东同志高瞻远瞩地要求全党"务必使同志们继续地保持谦虚、谨慎、不骄、不躁的作风，务必使同志们继续地保持艰苦奋斗的作风。"党的十六大闭幕不久，胡锦涛总书记和中央书记处的同志到革命圣地西柏坡学习考察，号召全党同志特别是领导干部要牢记"两个务必"，带头艰苦奋斗。

勤俭节约、艰苦奋斗的优良作风，不仅在革命战争岁月和新中国成立初期"一穷二白"的条件下需要坚持，今天全面建设小康社会仍然需要坚持。应当看到，虽然我国的现代化建设取得了很大成就，但我国仍然是发展中国家，要全面建设小康社会，需要进行长时期的艰苦奋斗。即使我国实现了小康社会，人民生活富裕了，但我国人口众多、自然资源相对不足的国情，也不允许我们坐享其成，奢侈浪费。聚沙成塔，积少成多，铺张浪费给国家带来的损失是不可估量的。著名抗日爱国将领续范亭在一首《五百字诗》里写得好："节约莫怠慢，积少成千万，一粒米如珠，一菜不许烂。""节约虽有限，万合是十石，细流成江河，冲破东海岸。"滴水汇成河，粒米攒成筐。可见，节约是强大力量的储蓄！事实证明，任何一个国家一个民族，如果骄奢淫逸成风，享乐主义盛行，就没有前途和希望。

无论我们个人是否富有，都应该保持勤俭的操守，因为整个地球的资源是有限的，我们不应该浪费整个人类共有的财富。

（本文摘自《名人节俭故事》，有删改）

第五节　先国后己　先公后私

经典语句

1、先天下之忧而忧，后天下之乐而乐。　　　　——《岳阳楼记》

【语句释义】先：在……之前。天下：天下人。忧：担忧，忧虑。乐：享乐。在天下人忧虑之前就忧虑，在天下人享福之后才享福。体现了一种为天下人谋福利，吃苦在前，享受在后的精神。

2、大公无私　　　　　　　　　　　　　　　——《忠经》

【语句释义】指办事公平正直，不徇私情，毫无私心。即完全为人民群众的利益着想，毫无自私自利之心。

3、鞠躬尽瘁，死而后矣。　　　　　　　　——《后出师表》

【语句释义】鞠躬：弯着身子，表示恭敬、谨慎。尽瘁：竭尽劳苦。已：停止。指勤勤恳恳，竭尽心力，到死为止。

4、施恩不求报，与人不追悔。　　　　——《太上感应篇》

【语句释义】施：布施，施舍。恩：恩惠，恩德。求：要求。报：报答，回报。与：给，赠予。追悔：后悔。布施给他人的恩惠不求回报；赠予他人的财物也绝不后悔。

5、先国后己　　　　　　　　　　　　　　——《左传》

【语句释义】先：把……放在前面。把国事放在自己事的前面。国家的事是关系到整个国家和民族的大事，个人的事再大，也大不过国家，没有国哪有家呢？

6、苟利国家生死以，岂因祸福避趋之。　——《赴戍登程口示家人》

【语句释义】苟：如果。利：对……有利。岂：难道，怎么。如果对国家有利，即使牺牲自己生命也心甘情愿，怎么能因为是祸就躲开、是福就追逐呢。

经典故事

1、大公无私　荐贤举能

祁奚生于公元前620年，卒于公元前545年，姬姓，祁氏，名奚，字黄羊，春秋时晋国人，也就是现在的山西祁县人，因为他的封邑在今天的祁县，所以以祁为氏。公元前572年，也就是周简王十四年，晋悼公即位，祁奚被任为中军尉。祁奚本来是晋公族献侯的后代，他的父亲是高梁伯，"下宫之难"（就是赵氏孤儿的时候）后，晋景公把赵氏家族的田产都赐给了祁黄羊。在晋平公在位时，又起用他为公族大夫，辞掉工作繁多的官职，当一个清闲的小官，基本上不过问政事了。祁奚在位约六十年，为四朝元老。他忠公体国，急公好义，誉满朝野，深受人们爱戴。孟县、祁县有祁大夫庙。在这里要讲的是他大公无私推荐贤能的故事。

晋平公有一次问祁黄羊说："南阳县缺个县令，你看，应该派谁去当比较合适呢？"祁黄羊毫不迟疑地回答说："叫解狐去最合适了，他一定能够胜任的。"平公惊奇地又问他："解狐不是你的仇人吗？你为什么还要推荐他呢？"祁黄公说："您只问我什么人能够胜任，谁最合适，您并没有问我解狐是不是我的仇人呀！"于是，平公就派解狐到南阳县去上任了。解狐到任后，替那里的人办了不少好事，大家都称颂他。过了一些日子，平公又问祁黄公说："现在朝廷里缺少一个法官。你看，谁能胜任这个职位呢？"祁黄公说："祁午能够胜任的。"平公又奇怪起来了，问道："祁午不是你的儿子吗？你怎么推荐自己的儿子呢，不怕别人讲闲话吗？"祁黄公说："您只问我谁可以胜任，所以我推荐了他；你并没问我祁午是不是我的儿子呀！"平公就派祁午去做法官。祁午当上法官后，替人们办了许多好事，很受人们的欢迎和爱戴。孔子听到这两件事，十分称赞祁黄羊。孔子说："祁黄公说得太好了！他推荐人，完全是拿才能做标准，不因为他是自己的仇人，心存偏见不推荐他；也不因为他是自己的儿子，怕人议论就不推荐。像黄祁羊这样的人，才够得上是'大公无私'啊！"

2、任人唯才　不徇私情

裴光德，名垍，字弘中，唐代人，在唐僖宗时曾任宰相。在唐人赵璘所编写的《因话录》中，记载着裴光德一个不因情徇私的小故事。裴光德有一个好朋友，也当了一个不小的官职，两个人感情非常好。有一次，他的这个老朋友到他家里做客，裴光德非常热情地招待他，衣食起居都照顾得非常妥当，一点也不因为身份地位的变化而轻视朋友。朋友在裴公的家里非常自由，做什么都很随便，就像是自己家里一样。过了一段时间以后，朋友认为自己和裴公的交情很深了，便觉得请求他给予自己一个官职应该没什么问题了，就同裴公提起想成为京城长安的判司，判司是州郡各部参军的总称，是州郡长官的下属、助手，虽然官职不是很高，但是个肥缺，掌握着军政大权。裴公说："您实在是一个优秀的人才，但是这个官职并不适合你，我能因为你和我是故友就把这个官职委派给你吗？这样我就败坏了朝廷的纲纪。"话已经说到这种地步了，但是友人还是百般要求想得到这个官职，最后裴公不得不说："如果以后有哪个瞎眼的人当了宰相，可能会同情你，让你坐上这个官职，但是我是不会这么做的。"这样才算拒绝了友人的无理要求。

裴光德虽然很重视朋友的情谊，但是能够保持自己的原则，不为友情而破坏了"朝廷纲纪"，坚持任人唯贤而不唯亲的做法，在那"人情大于王法"，"一人得道，鸡犬升天"、以权谋私盛行的封建社会里，特别难能可贵。裴光德遵守法度，贤良方正，不徇私情，不愧为一代名相。

3、拾金不昧　不图回报

2006 年夏天，在德国留学的中国青年杨立从波恩港出发，沿着莱茵河开始了他的自行车旅行。

一天，当他来到莱茵河沿岸的一座小镇投宿时，却被几名身着制服的警察拦住。德国国内的治安相当不错，几名警察对他也很客气，在仔细询问了他从哪里来之后，彬彬有礼地把他请到了警局。不明就里的杨立非常紧张向警察询问缘由，可是对方对情况也并不清楚，说是受一个叫做克里斯托的小镇之托来寻找他。

来到警局不久，杨立就接到从克里斯托打来的电话。在电话里，小镇镇长掩饰不住欣喜地告诉他，要他回克里斯托小镇领取 500 欧元的奖金和一枚荣誉市民奖章——这是小镇历来对拾金不昧者的奖励。

原来，两天前杨立路过克里斯托的时候，将捡到的一个装有几千元欧元现金和几张信用卡的皮夹送到了市政厅，连姓名都没有留下就悄悄离开了。这次镇长希望他回去，他当然是想都没想就推辞了。镇长问他为什么，他回答说，施恩不图报是我们中国人的传统，自己如果接受那笔奖金和荣誉，反倒显得动机不纯了。镇长想了想，问杨立："你知道我们是怎样找到你的吗？"

杨立说不知道。镇长告诉他，在他离开后，镇上的人们立即开始打探这个善良的东方青年的下落。由于杨立在镇上只是稍作停留，镇上的人也只是听说他在沿莱茵河旅行，连具体的方向都不清楚。小镇的警局只好把对杨立相貌的拼图电传给上下游两岸的十多个城镇的警局，发动了百余名警力，这才把他找到。

听到两天来克里斯托小镇如此劳师动众地寻找自己，杨立很是感动，也很不理解：既然自己都已经离开，还有必要如此大费周折吗？如果不找的话，岂不是替失主省下了这笔钱吗？

镇长听到他的话之后，用英语说了句"东方式思维"，然后严肃地回答："施恩不图报，并不是你们中国人眼中简单的个人问题。可以说，你拒绝我们的请求，已经相当于在破坏我们的价值规则。那些奖励你可以不在乎，但你必须接受。因为那不仅仅是对你个人的认可，也是整个社会对每个善举的尊重。对善举的尊重，是我们每个公民的责任，也让我们有资格去劝勉更多的人施援向善。所以，我们才不能因为你的无私而放弃履行自己的责任。"

这番话颠覆了受中华传统熏陶的杨立对"施恩不图报"的理解，也让已经旅居德国近一年的他第一次真正认识到所谓的"德意志智慧"，还有这个民族近似古板的严谨和固执。最后，他终于答应回到了克里斯托，因为他明白自己实在辜负不起那份尊重。

（摘自《读者》2007 年 14 期《施恩不图报》一文）

4、为民谋福　力止征战

对于墨子大家都不会陌生，他生于公元前 468 年，卒于公元前 376 年，名翟（dí），鲁人。他是墨家学派的创始人和集大成者，同时墨子在教育、科学、军事、社会活动等方面都有杰出的贡献。他的《墨子》一书至今仍为后世学习的经典。这里讲的是墨子劝说诸侯放弃征战的故事。

天下有名的巧匠公输盘，也就是我们常说的鲁班，姓公输，名般。又称公输子、公输盘、班输、鲁般。鲁国人，山东曲阜人，其中"般"和"班"同音，古时通用，故人们常称他为鲁班。鲁班约生于公元前507年，卒于公元前444年，生活在春秋末期到战国初期，出身于世代工匠家庭，从小就跟随家里人参加过许多土木建筑工程劳动，逐渐掌握了生产劳动的技能，积累了丰富的实践经验。鲁班是我国古代杰出的发明家，两千多年来，他的名字和有关他的故事，一直在民间广泛流传。我国的土木工匠们都尊称他为祖师。

相传有一年，公输盘为楚国制造了一种叫做云梯的攻城器械，楚王非常高兴，将要用云梯来攻打宋国。宋国民众听到这个消息惶惶不可终日，战端一起生灵涂炭。当时墨子正在鲁国游历，听到这个消息后十分担心，立即骑着快马赶往楚国，日夜兼程走了十天才来到楚都城郢，去见公输盘。公输盘见到墨子问："夫子此来不知有何见教呢？"墨子回答说："我在北方游历的时候有人蛮横不讲道理，我对他好言相劝却受到侮辱，我很气愤想请求你帮忙去杀掉他。"公输盘听后很不高兴。墨子见他脸色有异又说到："请先生放心，我不会让你白白辛苦，请允许我送你10锭黄金作为报酬。"

公输盘说："我凭借仁义道理为人处事，绝不去随意杀人。"墨子立即起身，向公输盘行礼说："先生果然是仁人君子，但是我在北方听说你为楚王造了云梯，楚王就要用云梯去攻打宋国了。宋国的臣民有什么罪过呢？楚国有广袤的土地，不足的是百姓，很多土地荒芜无人耕种。如果挑起战端，很多青壮年就会死去，即使能够夺取更多的土地也无人去耕种，这样没有益处的事情怎么能做呢。宋国没有罪过而去攻打它，这是不义之战，很难成功。你作为臣子明白这些道理却不去劝阻君主，你对国家就不忠。如果你谏止楚王而楚王不从，就是你不强。你自认为仁义不帮我去杀一人而准备杀宋国的众人，确实不是个明智的人。"公输盘听了墨子的话，深为其折服。墨子接着说："既然我说的是对的，你又为什么不停止攻打宋国呢？"公输盘回答说："这件事我也非常的为难，我已经答应过楚王了。"墨子说："不用先生为难，请你把我引荐给楚王，我去劝说他。"公输盘答应了。

于是，公输盘带墨子去见楚王，墨子行礼后说道："我有一个问题时时困扰于我，请求你帮我解答。"楚王说："先生请讲。"墨子说："如果有一个人，舍弃自己华丽贵重的彩车，却想去偷窃邻居的那辆破车；舍弃自己锦绣华贵的衣服，却想去偷窃邻居的粗布短袄；舍弃自己的膏粱肉食，却想去偷窃邻居家里的糟糠之食。楚王你认为这个人怎样呢？"楚王说："天下还有这样不聪明的人吗？这个人一定是个有偷窃毛病。"墨子接着说道："楚国有方圆五千里的国土，宋国的国土，不过方圆五百里，两者相比较，就像彩车与破车相比一样；楚国土地肥沃，牛羊遍野，水产丰富，是富甲天下的地方。宋国土地贫瘠，连所谓野鸡、野兔和小鱼都没有，百姓生活困苦，这就好像粱肉与糟糠相比一样；楚国森林茂密，河流众多。宋国却没有，这就好像锦绣衣裳与粗布短袄相比一样。由这三件事而言，大王攻打宋国，就与那个有偷窃之癖的人并无不同，我看大王攻宋不仅不能有所得，反而还要损伤大王的义。"楚王听后说："你说得太好了！尽管这样，公输盘为我制造了云梯，我一定要攻取宋国。"

墨子见到楚王如此固执，就转而面对公输盘，说："既然楚王执意要攻打宋国，那么我就和先生你较量一下。"于是墨子解下腰带围作城墙，用小木块作为守城的器械。公输盘多次设置了攻城的巧妙变化，墨子都全部成功地加以抵御。公输盘的攻城器械已用完而攻不下城，墨子守城的方法却还绰绰有余，公输盘只好认输，但是却说："我已经知道该用什么方法来对付你，不过我不想说出来。"墨子也说："我也知道你用来对付我的方法是什么，我也是不想说出来罢了。"楚王在一旁不知道他们两个人到底在说什么，忙问其故，墨子说："公输盘的意思不过是要杀死我，杀死了我，宋国就无人能守住城，楚国就可以放心地去攻打宋国了。可是，我已经安排我的学生禽滑厘等300人，带着我设计的守城器械，正在宋国的城墙上等着楚国的进攻呢！所以，即便是杀了我，也不能杀绝懂守城之道的人，楚国还是无法攻破宋国。"楚王听后大声说道："说得太好了！"他不再固执地坚持攻宋，而是对墨子表示："我不进攻宋国了。"墨子成功地劝阻楚王放弃了进攻宋国的计划，便起程回鲁国。途经宋国时，适逢天降大雨，于是想到一个闾门内避避，看守闾门的人，却不让他进去。殊不知，正是墨子刚刚挽救了宋国，是宋国的恩人。

现实链接

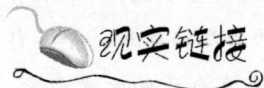

卖国求荣 遗臭万年

自古以来卖国求荣、背叛国家的人有很多，前有西汉的中行说、南宋害死岳飞的秦桧、明末清初引清兵入关的吴三桂、投靠清兵的洪承畴，后有中华民国时期的南京伪国民政府头子汪精卫、周佛海等。每一个背叛国家和人民的叛徒都没有好下场，不但身首异处，还留下身后的千古骂名。

民族英雄岳飞率铁骑大战金兵于朱仙镇，眼看就要直捣黄龙府，大获全胜。然而权臣秦桧却卖国求荣，假传十二道金牌，召岳飞班师回朝，之后以"莫须有"罪名将岳飞害死在风波亭。一代将才、民族的希望就这样毁在了秦桧的手中，真是亲者痛、仇者快呀！百姓对秦桧恨之入骨，秦桧死后，人们将秦桧及其夫人王氏和奸臣张俊、万俟卨的跪姿铁像放在了岳飞墓前，墓门有联曰："青山有幸埋忠骨，白铁无辜铸佞臣。"正所谓"正邪自古同冰炭，毁誉于今判伪真。"

到了近代，由于清朝的腐败统治，国力衰微受尽屈辱。多少人崇洋媚外，不知廉耻，认贼作父。远的不说，就说汪精卫。汪精卫（1883—1944），字兆铭，号精卫，广东三水人。历任广州国民政府主席兼军委会主席、国民党副总裁等职。1938 年投敌，出任伪国民政府主席。1944 年11 月 10 日在日本名古屋病死。虽然有当时的社会背景，但是汪精卫这个卖国求荣的大汉奸头衔恐怕是摘不掉了。早年汪精卫参加国民革命，是国民政府的元老级人物。没想到竟然因为争权夺利成为日本人的傀儡，还厚着脸皮指定死后要葬在中山陵。汪精卫也清楚自己做了很多遗臭万年的事情，怕后人对他鞭尸而用了 5 吨坚硬的碎钢块掺在混凝土里浇筑成厚厚的墓壳。那又怎样？还不是被蒋介石炸得尸骨无存。现在中山陵上的那个小亭，又有几人知道这里的泥土曾被卖国巨奸玷污过呢？

人终有一死，但肉体可以死亡，精神可以永存。人生最长不过百年，百年之后，有人被人民树碑立传，美名传扬千古；有人被后人扒骨扬灰，恶名遗臭万年。

第六节 事有规划 志行高远

1、有志不在年高，无志空长百岁。 ——《封神演义》

【语句释义】志：志向。空：白白，虚度的意思。指年轻人只要有志向就可以干出一番事业，不在年纪大小。如果心中没有理想，到老也是白活。所以，人们从小就要树立远大的理想，并在日后的生活中为理想不懈努力，这样才不会虚度年华。

2、老骥伏枥，志在千里；烈士暮年，壮心不已。 ——《步出夏门行》

【语句释义】骥：良马，千里马。枥：马槽，养马的地方。比喻有志向的人虽然年老，仍有雄心壮志。烈士：志向远大的英雄。已：停止，衰减。英雄到了晚年，壮志雄心并不衰减。

3、有志者，事竟成，破釜沉舟，百二秦关终归楚；苦心人，天不负，卧薪尝胆，三千越甲可吞吴。 ——蒲松龄

【语句释义】有志向的人，最终会成就自己的梦想，项羽破釜沉舟，终于推翻了暴秦的统治；为自己梦想吃苦耐劳的人，老天不会辜负他，勾践卧薪尝胆，终于打败吴国。这句话讲的是两个故事。

一是秦军消灭六国，吞并天下，军力之强大可想而知。但项羽自幼立志复国（楚），甚至希望取秦而代之。他召集了以前楚国的遗民（江东父老）而组成军队，几经奋战，过黄河与秦军背水死战，项羽破釜沉舟，表明了"有进无退"的决心，结果军心大振，上下一心，于钜鹿一战全歼秦军二十万。其后自立为西楚霸王，建都彭城（今徐州）。

二是卧薪尝胆的故事，主要是说越国本已亡国，但凭着勾践等君臣忍辱负重，从全局着想，结果非但越国得以保全，还在最后一雪前耻，反灭了吴国。"上下同心，其力断金"，越国君民的坚忍成就了强盛的正果。

4、与其临渊羡鱼，不如退而结网。 ——《史记》

【语句释义】临：临近，在……边上。羡：羡慕，想得到。退：后退。结网：编织渔网。这句话是说，你与其站在河塘边急切地期盼着、幻想着鱼儿到手，还不如回去下功夫结好渔网，这样就不愁得不到鱼。

5、古之立大事者，不惟有超世之才，亦必有坚韧不拔之志。

——《晁错论》

【语句释义】立：建立，成就。惟：只。超世：超凡脱俗。亦：也。志：意志。自古能成就伟大功绩的人，不只是有超凡的才能，也一定有坚忍不拔的意志。

6、凡事豫则立，不豫则废；言前定，则不跲；事前定，则不困；行前定，则不疚；道前定，则不穷。 ——《中庸》

【语句释义】凡：所有，任何。事：事情。豫：预备，准备。言：语言，话语。定：预定，准备。任何事情，事前有了准备就会容易成功，没有准备失败的机会就很大；说话前先有准备，就不会理屈词穷；做事前先有准备，就不会遇到困难挫折；行事前计划要先制定好，就不会发生错误和后悔的事情；做人的道理能够事先决定妥当，就不会行不通。

经典故事

1、勤学苦练　振国兴帮

周恩来生于1898，卒于1976，字翔宇，曾用名伍豪等，出生在江苏淮安，祖籍是浙江绍兴。作为中国共产党和中华人民共和国的主要领导人，中国人民解放军主要创建人之一，他呕心沥血，全心全意为人民服务，是伟大的马克思列宁主义者，中国无产阶级革命家、政治家、军事家。他以大公无私的精神、风流文雅的谈吐和求同存异的政治谋略为世界人民所爱戴，在国际上也享有很高的威望。周恩来功勋卓著、品德崇高，是我们心中永远的好总理。

这里说的是周恩来小时候的故事。

周恩来十几岁的时候跟从长辈来到沈阳东关读书，他从小就志向高远，看到国家屡弱，备受列强欺辱，更加坚定了他要立志成才，挽救国家危亡的决心。他当时学习非常勤奋、刻苦，因为他知道只有学好本领才能实现自己的理想，所以常常和老师同学一起讨论自己在阅读书报时思考的问题，广泛听取老师和同学的意见，以填补自己思考中的不足。当时他们讨论得最多的是怎样救国和宣传救亡的问题。

周恩来不但课堂上认真听讲，认真完成课外作业，尊敬老师，团结同学，对老师同学和所有人都很有礼貌，严格遵守学校和课程纪律，还特别注意课外阅读，来弥补课堂上学习的不足。当时正是中国发生巨大变革的时期，清政府的统治岌岌可危，东西方列强对中国虎视眈眈，国民革命运动正在蓬勃开展，社会上新旧思想正在激烈的冲突中，出现了很多种救国救民的思想。周恩来为了能进一步扩充自己的知识层面阅读范围十分广泛，除了社会科学的书籍外，自然科学和军事科学的书籍也是他喜爱的读物。读书最怕不求甚解，难能可贵的是周恩来可以将书的思想内容相互比较，去粗取精，探求最科学的内容和答案。

有一天，东关模范高等学堂的魏校长把同学们召集起来开会，他想了解一下大家学习的目的，于是问大家："同学们，你们读书为了什么？"一开始大家都很沉默，没人站起来说话，魏校长鼓励大家说："同学们，要勇于说出自己的志向"。于是有的同学说："为了光宗耀祖。"有的同学说："为了能发财致富。"还有个同学说："读书是为了将来有一份好工作，生活得好。"魏校长听了点点头，又摇摇头。最后魏校长问周恩来："你呢，为什么读书？"周恩来站起来大声地说："为中华之崛起而读书。"老师和同学们听到后无不暗暗佩服，只有志向远大的人，才能做出伟大的业绩。周恩来小小年纪就有了为中华民族的强大兴盛，像巨人一样挺立于世界而读书学习的志向，于是才有了后来他鞠躬尽瘁为中华民族的解放和新中国建设事业无私奉献的光辉人生。

周恩来在小学读书的三年中，学习成绩始终名列前茅，老师和同学们都喜欢这个勤奋学习、志向远大的少年。尤其值得一提的是，他的作文曾经被选送到省里，作为小学生的模范作文印行，其中一篇题目为《东关模范学校第二周年感言》的文章，还收入上海进步书局出版的《学校国文成绩》和上海大东书局出版的《中学国文成绩精集》这两本书里。这篇九百多字的文章写得非常精彩，其中对老师、同学充满着热切的希望，希望师生一道以担负"国家将来艰巨之责任"。这对一个13岁的孩子来说是非常难能可贵的。

周恩来中学毕业以后，赴日本留学前，曾经回到沈阳母校，看望诸位师友。他给一个要好的同学写了临别赠言："志在四方"，"愿相会中华腾飞世界时"。相约当中华民族独立、繁荣的时刻再相见言欢。这位同学一直把这个题字珍藏了40年，1957年，又送给周恩来总理，两位老同学终于在解放了的新中国重逢，畅谈祖国天翻地覆的变化。

为中华崛起而读书，是周恩来毕生的目标，唯是如此，周恩来才受到万民的景仰，几近成为一个完美的化身。

2、事有规划 点滴做起

春末夏初，天气十分晴朗，学校要组织同学们到山区野营，汤姆和同学们要到山里开始为期两天的野营活动。同学们都显得十分兴奋，熬过一个漫长的冬季，大家都迫不及待地去感受大自然的气息。学校的老师向同学们介绍了营地的一些情况，包括气候、温差、湿度等等，并告诉他们一些必备物品，让孩子们回家去自行准备。回到家中，妈妈问汤姆是否需要帮忙，他说自己能够照顾自己。在他出发前，妈妈检查了他的背包，发现他没有带足够的衣服，山区昼夜温差很大，白天的衣服不足以抵挡夜晚的寒冷，显然汤姆忽视了这一点，他没有山区生活的经验。妈妈还发现他没有带手电筒，这是野营时经常需要带的东西，山区到了夜间漆黑一片，不像城市的街道会有路灯照明。但是妈妈并没有给他更多的提示，因为自身的教训才会让人记忆深刻。

汤姆高兴地和同学们去野营了。过了两天，他垂头丧气地回来了，妈妈问他："怎么样，这次野营玩得开心吗？"汤姆说："山区的夜间太冷了，我的衣服带少了，晚上我几乎无法入睡，所以我没有休息好，第二天也没有精力玩耍，而且由于我没有带手电筒，山里的晚上漆黑一片，每天晚上都要向别人借手电筒，这两件事搞得我好狼狈。"妈妈说："为什么衣服带少了呢？""我认为那里的天气会和这里一样，所以只带了平常穿的衣服，没想到山里会那么冷！下次再去，我就知道该如何去做了。""下次如果你去南方的城市，也带同样的衣服吗？""不会的，因为南方很热。""是的，你应该先了解一下当地的天气情况，再作决定。那手电筒是怎么一回事呢？""我想到要带手电筒，可我忙来忙去，最后把手电筒给忘了。我想，下次野营时我应该先列一个单子，就像爸爸出差时列的单子一样，这样就不会忘记东西了。"

汤姆的尴尬是计划不周造成的。做事情之前不冷静思考各种可能出现的情况，常常会让人顾此失彼。因此我们作为父母，就要教孩子学会有条理地安排事情，避免犯类似的错误。

3、老骥伏枥　志在千里

齐藤竹之助这个名字大家都不会陌生，他是世界首席保险推销员。1959 年创下日本最高销售记录，成为日本首席推销员。1963 年，他的推销额高达 12.26 亿日元，成为美国 MDRT 协会的会员，昭和 41 年（1966 年）任朝日生命保险公司总代理店经理。随后四年中，他作为唯一的亚洲代表，连续四次出席 MDRT 协会举办的例会，并被该协会认定为终身会员。让我们一起来分享这个传奇般的故事。

1919 年齐藤竹之助毕业于庆应大学经济学系。同年进入日本三井物产公司，后任三井总公司参事，1950 年退休。1951 年，57 岁的齐藤竹之助为了偿还重债，成了朝日生命保险公司的推销员。

齐藤竹之助进入朝日生命保险公司后，决定要成为公司首席推销员。当时朝日生命保险公司大约有两万名业务员，年过半百的他要脱颖而出，谈何容易？

为了实现这一愿望，齐藤竹之助倍加努力地工作。早晨 5 点钟一睁开眼，立刻开始一天的活动。躺在被窝里看书，思考推销方案；6 点半钟往顾客家挂电话，最后决定访问的时间；7 点钟吃早饭，与妻子商谈工作；8 点钟到公司去上班；9 点钟坐最喜爱的卡迪拉克轿车出去推销；下午 6 点钟下班回家；晚上 8 点开始读书，反省，安排新方案；11 点准时就寝。

这就是齐藤竹之助最典型的一天的生活。

1959 年 7 月，是朝日保险公司的成立纪念日，齐藤竹之助全力以赴，第一次实现了 1.4 亿日元的月销售额。其后，11 月又创造了 2.8 亿日元的新纪录，也是在这一年，他登上日本第一的宝座，成为日本首席推销员。

1963 年，齐藤竹之助的年保费达 12.26 亿日元。这一年，他被美国的百万圆桌会议（MDRT）吸收为会员。在随后的四年中，他作为唯一的亚洲代表，连续四次出席例会，而最后被认定为 MDRT 终身会员。

在他首次出席例会的那一年，他的年销售额已突破了10亿日元大关，第二年达到17亿日元，第三年却达到27亿日元。

齐藤竹之助这样总结他的经验：

"靠坚定信念而焕发斗志，动脑筋，想办法，不断创新，顽强地使推销获得成功，就一定能成为优秀推销员。"

（摘自百度文库，《日本世界首席推销员——齐藤竹之助》一文）

现实链接

志行高远　脚踏实地

一个人想成才要具备两大方面的素质：一个是要有自己的志向，并朝着自己的目标努力；另一个就是要有好的方式方法，它对成才能起到事半功倍的作用。下面我们就聊聊这两个方面的话题。首先，我们要说说什么是立志高远：志，就是志愿、志向，通俗来说就是人们心里所确定的奋斗目标，只有有了明确而具体的目标，人们才有前进的动力，才能够取得成功。古今中外很多取得成就的人都是从小就树立了明确的目标，并在日常生活中不断地努力，最后取得了骄人的成绩。其次，要有较强的日常规划能力。生活中人们要处理很多的事物，做事要有规划的习惯，从长远看，要对人生有规划；从细节方面来说，则要对日常生活有计划、有安排、有检查、有总结。

"所谓人生规划就是一个人根据社会发展的需要和个人发展的志向，对自己未来的发展道路做出一种预先的策划和设计。"就像设计图纸一样，有了规划，我们就有章可寻，做事就不会颠三倒四。人生规划包含很多内容，比如说有事业规划、家庭规划、健康规划等等，一个科学的规划将使你受益终身，成就美好的人生。人生规划虽然长远而意义重大，但是我们万万不可忽视对于日常生活的合理安排。我们每个人的一生，都要时时刻刻的计划，由小见大才会顺利走完人生的漫漫长路。

那么怎么才能安排好自己日常生活的点点滴滴呢？下面谈谈每天应该怎么做？如果能运用好以下几点，对大家以后的学习生活都会有所帮助。

1、早列清单事物清

意思是说我们在做事之前要列出所做事情的清单，也就是每天早上起来或者头一天晚上睡觉前就把明天要做的事情列在记事本上，包括一些注意事项。

2、做完事情打对号

就是说一天之中有很多事情，有的能够完成，有的不能完成，要把已经完成的做好标记，没能完成的分析之后转到第二天做，这样不但比较清晰，也有利于我们分析一天的得失。

3、时间地点记清楚

生活中有的事是一定要做的，对重要的事一定要记录清楚，时间、地点、人物等，以备后来有据可查。

4、未来事情先记录

就是说有时候我们会遇到将来某个时间要做的事情，要想办法把这个事情记录在时间表上，这样可以提醒自己不要忘记。

5、常用物品固定放

我们生活中有一些经常用到的东西，这些东西一定要有固定的位置，这样使用起来比较方便，可以节约大量的时间。除此之外，相关的物品最好可以分类摆放，查找起来比较方便。

6、定期清理要牢记

无论是学习还是生活都是有阶段性的，很多物品都会废弃或者闲置，这样会占据很大的空间，要定期把这些物品处置好。

只要能够坚持这些做法，至少可以让你的生活有规律、有条理，千万不可轻视日积月累的作用，从点点滴滴中才能成就美好人生。

第七节　珍爱今生　惜时勤学

经典语句

1、业精于勤，荒于嬉，行成于思，毁于随。 ——《劝学解》

【语句释义】业：学业，事业，功业。精：精通，熟悉。勤：勤奋，勤劳。荒：荒废。思：思考，思虑。意思是说学业由于勤奋而精通，但它却荒废在嬉闹中。事情由于反复思考而成功，但它却能毁灭于随随便便，没有主张。在现实生活中无论是学业还是事业都不是一朝一夕就可以成就的，要经过日积月累地努力。如果每天只是嬉笑玩耍就不会有学业的精进。我们的行为和要做的事情也是同样道理，遇到事情的时候，一定要多加思考，这样才能想得周全，失败的机会才会很小，要是随便地就做出决定或者去做事，那么一定会失败的。

2、天道酬勤 ——《论语》

【语句释义】天：指上天。道：指主张。天道：即天意，在这里可以引申为客观规律。酬：即酬谢、厚报的意思。勤：即勤奋。整句话的意思是说，上天会达成勤劳人的意愿，有耕耘就会有收获，我们只要不懈努力，最大限度地完善充实自己，千方百计地提高自己的竞争实力，就会有一个美好的明天。

3、少壮不努力，老大徒伤悲。 ——《乐府诗集》

【语句释义】少：少年。壮：青壮年。少壮年华时不发奋努力，到老来只能是空余悔恨了。时间是个公平的使者，它从来不会偏爱某人，但是我们每个人都可以利用时间，抓住时间我们就是生活的强者，否则我们就会被时间所抛弃，消失在历史的长河里。

4、发奋忘食，乐以忘忧。 ——《论语》

【语句释义】发奋：刻苦努力。忘：忘记。发奋忘食，乐以忘忧，不知老之将至云尔。很刻苦很努力甚至忘记了吃饭，沉浸在奋斗里非常愉悦，早已忘了其中的苦闷，在不知不觉中就老了！

5、勤学如春起之苗，不见其增，日有所长；辍学如磨刀之石，不见其损，日有所亏。

——陶渊明

【语句释义】勤学：勤奋学习。增：增长。损：亏损，减少。勤奋的学习就像春天的麦苗一样，虽然肉眼看不出它的成长，其实每一天它都在生长；如果荒废了学业，那就像磨刀的石头那样，看不出它的亏损，其实它每天都会因为磨损而减少。

6、三更灯火五更鸡，正是男儿读书时。黑发不知勤学早，白首方悔读书迟。

——《劝学》

【语句释义】是指勤奋的人在三更半夜时还在读书学习，三更时灯还亮着，五更鸡叫就起床开始学习了。如果年轻时不知道勤奋学习，年老才后悔读书就晚了，又有什么用呢？

7、我非生而知之者，好古敏以求之者也。

——孔子

【语句释义】非：不是。求：追求，探索。我不是生来就懂得知识，只不过是爱好古代文化，勤奋敏捷地去探求它罢了。

8、玉不琢，不成器；人不学，不知道。

——《礼记》

【语句释义】琢：雕琢、雕刻。成：成为。器：器皿。知道：知晓、通晓道理。玉不雕琢不能成为精美的器皿；人要是不学习，就不通晓人世间的道理。

9、博学之，审问之，慎思之，明辨之，笃行之。

——《中庸》

【语句释义】博学：广泛的学习，涉猎。审问：详细地问，在学问的探究上，深入追求。慎思：慎重思考。为学首先要广泛的涉猎，有所不明白的地方就要追根问底，要对所学的知识谨慎的思考，明确的辨别，最后还要切实地去实行。

经典故事

1、勤学苦读　凿壁借光

西汉时有个叫匡衡的人，字稚圭，东海郡承县人，即是今天枣庄市峰城区王庄乡匡谈村人。祖籍是今苍山兰陵镇，到匡衡的时候，举家迁居到山东省邹城市城关羊下村。匡衡是西汉经学家，以说《诗》著称。他从小就聪明过人，知道读书可以明理，所以很想读书，可是因为家里穷买不起书，他只好借书来读。古时候的书都是用木简做成的，上面的字都是一个一个字刻上去的，所以十分的珍贵，有书的人不肯轻易借给别人。匡衡后来想到一个办法，在农忙的时节，给有钱有书的人家打短工，不要工钱，只求人家借书给他看。

过了几年，匡衡长大了，家里的活计很繁重，他每天用来读书的时间越来越少，只有中午歇晌的时候，才有工夫看一点书，所以一卷书常常要十天半月才能够读完。匡衡很着急，心里想：白天种庄稼，没有时间看书，我可以多利用一些晚上的时间来看书。可是匡衡家里很穷，买不起点灯的油，怎么办呢？

有一天晚上，匡衡躺在床上背白天读过的书。背着背着，突然看到从隔壁透过来一线亮光，他连忙站起来，走到墙壁边一看，啊！原来从壁缝里透过来的是邻居的灯光。于是，匡衡想了一个办法：他拿了一把小刀，把墙缝挖大了一些。这样，透过来的光亮也大了，他就凑近透过来的灯光读起书来。

后来，匡衡到一个有钱人家做帮工，这家的主人被他刻苦学习的精神所感动，把家中的书籍都借给他读。凭着这样刻苦地学习，匡衡后来成为西汉著名的经学大师，任少傅数年，多次向皇帝上疏，陈述治国之道并经常参与研究讨论国家大事，按照经典予以答对，言合法义，博得元帝信任。建昭三年（公元前36年）为丞相，封乐安侯，辅佐皇帝，总理全国政务。

2、学无捷径　日积月累

陶渊明，约生于公元365年，卒于公元427年，字元亮，号五柳先生，谥号靖节先生，入南朝刘宋后改名潜。东晋末期、南朝宋初诗人、文学家、辞赋家、散文家。东晋浔阳柴桑（今江西省九江市）人。曾做过几年小官，后辞官回家，从此隐居，田园生活是陶渊明诗的主要题材，相关作品有《饮酒》《归园田居》《桃花源记》《五柳先生传》《归去来兮辞》《桃花源诗》等。

陶渊明退归田园隐居后，有不少读书少年仰慕他的博学向他求教。一天，他家里来了位少年，眉清目秀，举止有礼，进门后他向陶渊明恭恭敬敬的行了一礼，非常诚恳地说到："小辈非常敬仰先生渊博的知识，读书时常受到阻碍，有心向先生讨教读书妙法，望先生指教，不胜感激。"

陶渊明一听这话便皱起了眉头，他本想责备少年幼稚可笑，在做学问时竟想找捷径。但转念一想：少年历事较少，有投机取巧之心实乃常情，况且少年又是虚心讨教，说明少年还是可教之才，应当循循善诱才是！想到这里陶渊明面露微笑，起身拉着少年走到一块稻田边，指着一棵尺把高的禾苗说："你聚精会神地瞧一瞧，看禾苗是不是在长高？"少年目不转睛地看了半天，眼睛都酸了，那禾苗却仍然和原来一样不见长高。他失望地对陶渊明说："没见长呀！"

陶渊明又把少年带到溪边的大磨石前问："你看看那块石头，那磨损得像马鞍一样的凹面，它是在哪一天被磨成这样的呢？"少年想了想，说："不曾见过。"

陶渊明耐心地启发诱导说："要你看禾苗，是想让你知道，虽然眼睛观察不到，但禾苗的确是每时每刻都在生长的。如同我们做学问，知识的增长来自平时一点一滴的积累，我们自己都没有觉察到。但是只要持之以恒，就可以见成效。所以说：勤学如春起之苗，不见其增，日有所长。"

少年点点头，说："我明白了，这磨损的刀石是年复一年地磨损才成马鞍形的，不是一天之功。先生，我说的是不是？"

陶渊明赞许地点点头，接着说："从这磨石，我们可以悟出另一个道理：辍学如磨刀之石，不见其损，日有所亏。学习一旦中断，所学的知识会不知不觉地忘掉。"

少年一下子豁然开朗，叩首拜谢道："多谢先生，晚辈明白了：'勤学则进，辍学则退'的道理，从此再不妄想学习的妙法了。"

陶渊明高兴地对少年说："我给你题个词吧。"他挥起大笔写道："勤学如春起之苗，不见其增，日有所长。辍学如磨刀之石，不见其损，日有所亏。"

少年恭恭敬敬地接过字幅，一直把它当作对自己勤学苦练的告诫。

（摘自《阅读与作文》——初中版 2006 年第 7 期）

3、天道酬勤　勤能补拙

曾国藩又名曾子城，字伯涵，号涤生，谥文正，生于公元 1811 年，卒于公元1872年，汉族，湖南省长沙府湘乡县人。晚清重臣，湘军的创立者和统帅者。清朝军事家、理学家、政治家、书法家，文学家，晚清散文"湘乡派"创立人。官至两江总督、直隶总督、武英殿大学士，封一等毅勇侯。

这里讲的是曾国藩勤奋读书的故事。

没有人能只依靠天分成功。上帝给予了天分，勤奋将天分变为天才。

曾国藩是中国近代史上最有影响的人物之一，可以说是晚清时期的风云人物，然而他小时候的天赋却不高，一篇文章要学习很久才能够融会贯通。

有一天曾国藩在家读书，对一篇文章不知道重复了多少遍，夜深人静了家人都已经入睡了，他还在朗读，因为他还没有背下来，曾国藩知道自己的天分不如别人，所以从来不怕读书辛苦，别人读书十遍，他就读百遍，所以长久以来积累了很多的知识，在当地也小有名气。有趣的是天刚刚黑的时候，他家来了一个贼，潜伏在他书房的屋檐下，希望等读书人睡觉之后捞点好处。贼人一遍一遍地听曾国藩朗读着文章，自己都可以背诵下来了，可是就不见他睡觉，还是翻来覆去地读那篇文章。贼人忍无可忍，跳出来说："你的悟性这么差，还学别人读书，实在是自不量力，还是早早另寻出路吧。"说罢将那篇文章背诵一遍，扬长而去！

贼人是很聪明，至少比曾先生要聪明，但是他只能成为贼，而曾先生却成为一代封疆大吏、永留史册的人物。

俗话说："勤能补拙是良训，一分辛苦一分才。"爱因斯坦说过："成功是99%的勤奋在加上1%的天分。"可以说那贼人的记忆力很好，短时间就可以记住整篇文章，而且很傲慢，偷人家东西不成，居然可以跳出来"训斥"读书人，教训曾先生之后，还要背完书扬长而去，但遗憾的是，他名不见经传。曾先生后来启用了一大批人才，希望为救国图存做出贡献，在一定程度上推动了新思想和新文化的发展，成为我们所尊敬的人。

温馨提示：伟大的成功和辛勤的劳动是成正比的，有一分劳动就有一分收获，日积月累，从少到多，奇迹就可以创造出来。

4、一生乐学　孔圣先师

孔子诞生于公元前551年，因为他出生的时候长得很丑，干干巴巴的很不好看，所以不是很惹人疼爱。孔子自幼聪明伶俐，跟母亲学了很多的字，很短的时间就能背下母亲教授的知识，母亲也很欣慰。等到孔子稍微年长的时候，母亲就教给他各种礼仪，让他做事要有规矩。

母亲去世后，孔子立志要学好礼仪，掌握天下的知识。于是他不辞辛苦长途跋涉去向有品德的人请教祭祀的礼仪，学会以后开始为别人主持仪式、朗读祭文。帮别人牧羊的时候又开始学习鼓乐和射箭。他不舍得浪费一点的光阴，在睡觉的时候常常念诵白天学到的知识。

孔子向师襄子学琴的时候，一首曲子常常要练习十几天，直到弹得非常的流畅才肯罢休。老师让他练习新的曲子，孔子对老师说："老师，我觉得我旧曲子还没有融会贯通，我还需要练习，请您允许我再练习一段时间吧。"师襄子看到孔子专心致志的样子，心底里暗暗地佩服。过了几天，师襄子认为可以教孔子新的曲子了，但是孔子再次拒绝了，他还要继续练习，来领会曲子的精要。这样又过了很多天，孔子终于领会到了曲子的精粹，他弹给老师听，师襄子惊讶得连连给孔子行礼，说到："先生的曲艺不是我能教授的了，恭喜你现在已经出师了。"

就这样孔子一生坚持不懈地努力学习，并将自己的知识和礼仪传授给更多的弟子，成为我国古代著名的教育家和思想家，被人们尊称为"孔圣先师"，顶礼膜拜。

现实链接

不要以"爱"的名义毁了孩子

我想"富二代"这个词语大家都不会陌生，一提起"富二代"大家就会把"狂妄、无知、物质、颓废"等等词汇和他们联系在一起。近日不断发生的富家子飙车案不得不引起我们深深地思考。行走在闹市区斑马线上的谭卓，年仅25岁，被一辆超速行驶的红色三菱改装跑车当场撞飞身亡。杭州西湖区人民法院7月20日一审判决20岁的肇事者胡斌有期徒刑3年。

事实上，在杭州飙车案前后，北京、重庆、南京等地也发生过类似的"富二代"飙车致人死伤的悲剧。当经济条件富裕以后，"富二代"已经成了一个令人揪心的名词。人们发现，在物质上对孩子的纵容已经成了下一代教育的"公害"。

　　一场教育缺失带来的飙车事故，造成两个家庭的悲剧。如何避免我们的孩子在物质富裕的同时面临精神上的贫穷，成了摆在全社会面前的一个新课题。

　　日前，一场名为"第三届中国民营企业传承与发展高峰论坛"的活动在北京国家行政学院落幕。300多名来自全国各地的民营企业家及其子女在三天时间里，通过十余位教授和民营企业家代表的演讲，试图探究民营企业传承发展以及企业接班人培养的途径和方法。与此同时，关于"富二代"教育培养问题的讨论也再次吸引了社会的目光。

　　"富二代"一词，指改革开放以来第一代民营企业家的子女，通常靠继承家产拥有巨额财富。随着父辈们年事渐高，家族企业的接力棒已经开始传到这些"70后"、"80后"们手里。如海鑫集团李海仓之子李兆会、万向集团鲁冠球之子鲁鼎伟、ST宗动左宗申之女左颖，都是"富二代"们走向前台接替父辈掌管企业的例子。如河北大午农牧集团孙大午所言，目前我国第一代创业者向第二代交接已经进入高峰期。

　　"子承父业"的思想在中国传统文化中根深蒂固，"富二代"接掌和发展父辈打拼下来的家产，对家族来说无疑有着重要的意义。而从社会角度来看，民营企业多为中小企业，它们在国民经济中起着活跃经济、增加税收、促进就业的作用，并且与大企业相辅相成。据统计，在一些发达国家，中小企业安置就业的人数占就业人口的70%－80%；而对于发展中国家来说，中小企业易调整结构、灵活转轨的特点在经济发展中起着举足轻重的作用。从这个角度来看，接班的"富二代"们还肩负着传承民营企业、发展国民经济的使命。

　　新中国成立以来，政治、经济、文化等各方面发展迅速，使得"富一代"和"富二代"的成长环境迥异，最突出的体现则是在教育方面。"富一代"们由于历史原因，多数没有受过完整系统的教育，而是在改革开放后乘着政策的东风，靠着顽强的打拼精神，吃尽了"白天当老板，晚上睡地板"的种种苦头，才终于打拼出一番事业。正如辽宁省工商联副主席臧克所总结的：老一代创业者的素质并没有和聚集财富以同样的速度提升。"富二代"们则是成长于上世纪七八十、八九十年代国家对外开放、社会大幅进步、教育重受重视的时期，整个社会的教育环境和氛围大大优于从前。不论是家庭方面还是社会方面，"富二代"们在受教育问题上都体现着明显的优势，然而在另一方面也存在重大的问题。在政策夹缝中闯出来的成功给一些"富一代"带来了对地位和社会认同的强烈需求，以及对自己权威的盲目维护，这种家长式的家庭统治难免使得子女养成乖戾的性格，也压制了子女的自由发展。而在另一个极端上，一些"富一代"由于自己在创业中经历了种种磨难，所以愿意倾其所有让子女生活无忧，却使子女养成了骄纵挥霍的恶习。

然而，只靠这些培训班能解决根本问题吗？华商管理科学研究院院长袁青鹏坦言，"富二代"教育培养的问题不是一个机构一个学院能够解决的，而是全社会的问题。上课、培训讲的只是理论，要真正成为"富二代"的知识财富，还需要他们自己研究思索，更需要实践的历练。而对"富二代"人格德行的培养，则要依靠早期的家庭教育和全社会的正风正气。

正如孙大午所言，中国的民营企业能否顺利传承，不仅是企业内部问题，也是整个社会的问题。从这个意义上说，"富二代"由于身处的特殊地位，对他们的教育培养，应该得到整个社会的重视。（北京日报）

在现实的法庭上，胡斌已经得到了法律的惩罚，在社会的法庭上，被谴责的却是肇事者父母。飙车案发生的第二天，网上跟帖过万，许多人不约而同地认为，正是胡斌家庭在物质上给予孩子过度满足，威胁到了其他人的利益和生命。国家二级心理咨询师方婷说，一些在物质上得到过度满足的孩子因为家庭教育缺失等缘故，无法健康成长，言行举止失当，轻则招致反感，重则酿成大祸。方婷认为，随着市场经济的发展，富裕人群在实际生活中成为优势群体，而其中一部分人所表现出来的社会道德行为又无法与其社会地位相适应。尤其在年轻一代中，不少人自恃有经济后盾就能"搞得定一切"，从不考虑事情的后果与他人以及社会的利益。

"再穷不能穷教育，再苦不能苦孩子"，这句口号引起过很多家长的共鸣。尤其是经历过物质匮乏时期的家长们都有这样的心声：现在生活富裕了，再也不能让孩子过自己小时候那样的苦日子了。别说"小皇帝"、"小公主"习惯了衣来伸手，饭来张口，即使是成年的孩子，做着"啃老族"，花着父母的钱也毫无愧意。

在杭州当律师的蔡迪庆告诉记者，自己的儿子今年4岁，全家人给儿子买东西从来都不会皱一皱眉毛。"衣服、玩具，什么都要买最好的，花在他身上的钱一年少说也要四五万元。"他的理由是，现在工作太忙，陪孩子的时间太少，总觉得对不起孩子，只有在物质上尽量满足。"物质上的满足其实是最容易、最偷懒的。另外，我感觉这算是一种补偿。"蔡迪庆说。

"现在孩子的学习压力太大，太可怜了。学习上我们帮不了什么忙，只能在物质上给他最好的。"杭州学军中学一名初三学生家长的这番话，很有代表性。还有一种在家长中很有市场的观点认为，女孩子应该"富养"，男孩子应该"穷养"。家住大塘新村的钱俞清说，女孩子"富养"可以避免其因为物质诱惑而迷失，男孩子"穷养"可以培养吃苦耐劳精神。所以，对女孩子可以在物质上多满足一些。

浙江省北山幼儿园园长陶瑾说，很多父母其实知道不能在物质上过度满足孩子，也知道教育孩子做人比成才更重要。无法回避的是，一些家庭的教育已经进入了一种畸形状态：父母对孩子的溺爱根深蒂固，往往舍不得孩子受苦，孩子有要求尽量满足，而对孩子的要求只有一个——好好学习。

这样的现状实在是令人担忧，希望这些惨痛的案件能够引起有关机构的重视，采取有力措施消除社会潜在的问题。

（摘自：新华网 原作者：章苒 商意盈）

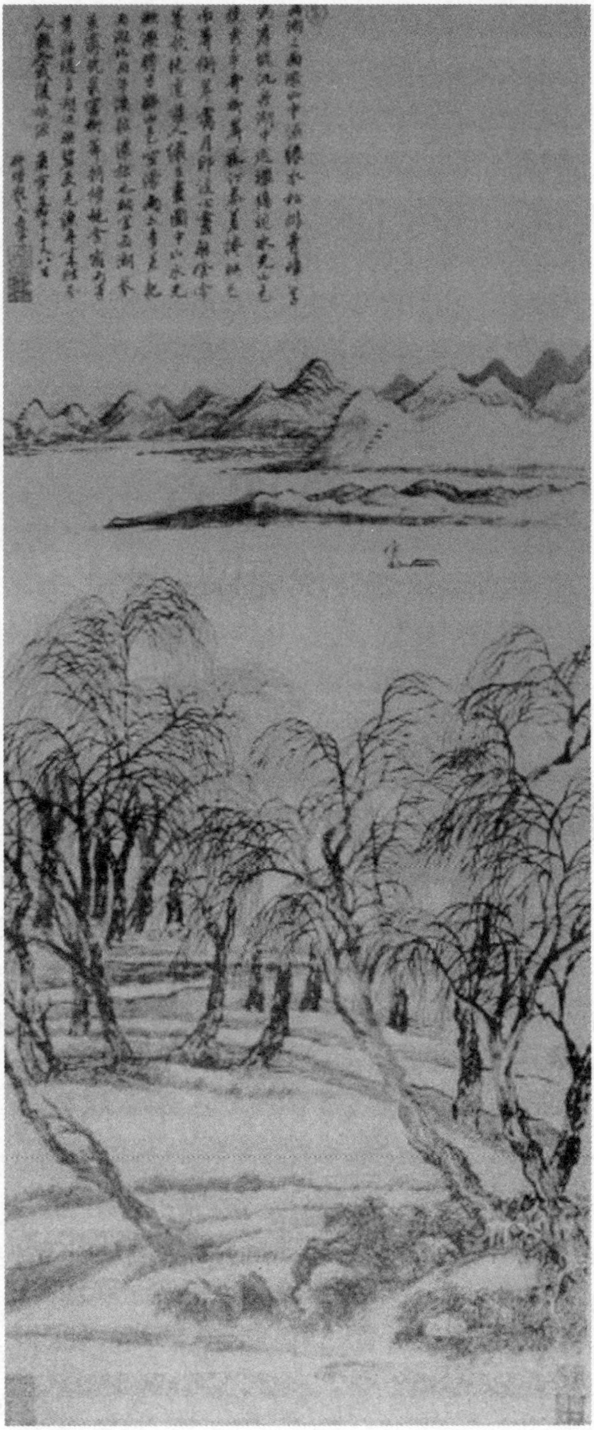

第四章

反思篇

　　法国牧师纳德·兰塞姆去世后，安葬在圣保罗大教堂，墓碑上工工整整整地刻着他的手迹："假如时光可以倒流，世界上将有一半的人可以成为伟人。"马克·瓦恩加德纳（美国）说过："只要你发现自己是站在多数人的一边，那就是该停下来反省一下的时候了。"这两句话正是要告诉我们，反省对于人生的意义。一个人之所以能够不断地进步，在于他能够不断地自我反省，找到自己的缺点或者做得不好的地方，然后不断改正，以追求完美的态度去做事，从而取得一个又一个的成功。

　　可能在大多人的眼里，一提到反省，似乎是中老年人的事情，而与青年人无关，青年人正是勇于拼搏的时候，要无所畏惧，勇往直前。其实不然，反省对于任何人都是必要和有意义的事情，不因年龄、性别、地位等而有差异。对于中老年人来说，经历了人生的风风雨雨，可以说积累了丰富的经验和教训，这时候的反省可以让事情做得更加完美；对于青年人而言，反省更具有现实意义，青年人年轻识浅，做事很容易出现失误和差错，反省可以让他们在短时间内改正错误，达到惩前毖后的目的；对于少年儿童而言，反省应该作为一种习惯来培养，良好的反省习惯会内化为一种良好的品质，在以后的人生道路上会发挥重要的作用。

反省是一种学习能力。其实每个人最难战胜的是自己，而战胜自己的最好途径就是反省自己。就以创业为例，创业是一个不断摸索的过程，创业者难免在此过程中犯错误。反省，正是认识错误、改正错误的前提。对创业者来说，反省的过程就是学习的过程。有没有自我反省的能力，具不具备自我反省的精神，决定了创业者能不能认识到自己的缺点和失误，能不能改正所犯的错误，是否能够不断地学到新东西。

反省是一种从认识到实践的过程。歌德曾说："知之尚需用之，思之犹应为之。"年轻人，除了要善于反省，还要善于将反省的思考付诸实践。反省还只是停留在思想层面上，要想成功必须将反省运用到实践当中去。实践很重要的一点就是辛勤耕耘、善于反省，并将反省的思考付诸新的耕耘，这样才有可能使过去的失误变成今后的成功，使过去的成功变为今后更大的成功，真正品尝到金秋的琼浆玉液，享受到大地赐予的丰收喜悦。

反省是一门学问，简单地说，反省就是检查自己的思想行为，检查其中的错误，它包括信号标准的确认，信号的出现和觉察、反省、修正。你要懂得去反思自己的人生，不是胡思乱想，而是真正去思考你的人生。你这一生，最大的心愿是什么？不是挣多少钱，有多大的房子，那是欲望。你必须清醒地认识到自己，我这一生，有什么样的目标，哪怕是短期的目标，你也应该有自己的人生方向！有了方向，你在路上跌倒时才不会迷茫，更不会因为一时的挫折而倒下，因为你知道你的未来要朝哪个方向去努力，此路不通，我可以绕道而行，只要能达到希望的顶点，拐一个弯又有什么关系？为什么在一条路走不通时，就要彻底放弃呢？

既然反省这么重要，我们不得不学会如何教会我们的孩子思考！

可以毫不夸张地说，自我反省是孩子成长的一个秘诀。一个不会自我反省的孩子永远也长不大。孩子通过反省及时修正错误，不断地调整精神信息系统接受信号的灵敏度和准确度，以确保信息系统不出现紊乱。学会自我反省的孩子，就等于掌握了自我完善和健康成长的秘方。

首先，应该让孩子学会接受批评。人们都喜欢听别人表扬自己的话，当被批评时都会感到不愉快。但是，人无完人，每个人都可能犯错误，所以如果想要进步，就应该学会坦然接受批评，这对于他的成长是有好处的。法国心理学家高顿教授通过一项专题研究证实，那些难以接受批评的孩子长大后，大多会对批评持"避而远之"或干脆"拒之门外"的态度。因此，父母应该让孩子在幼儿时期就学会接受批评，这不仅能够塑造孩子完整的人格，而且可以帮助孩子在其他方面取得成功。

怎样让孩子学会接受批评呢？法国的一些儿童教育专家为此提出以下建议：

1、教育孩子不必对他人的批评大惊小怪。在教育孩子的过程中，我们提倡赏识教育，应该坚持以表扬为主，但是，对于孩子来说，只听到表扬是不利于他的成长的，父母应该有意识地肯定孩子好的一面，同时对孩子不良方面提出批评意见。当然，批评孩子的语气要温和，批评孩子的缺点应该中肯。父母还需要告诉孩子，在接受他人批评的时候要认真倾听，要持有平和的心态，有则改之，无则加勉。

2、允许孩子作出解释。父母在批评孩子的时候不要太专制，应该允许孩子作出解释。有时候，父母的批评往往是根据自己的推断进行的，事实上，孩子的确有原因去做一件事情，因此，父母如果允许孩子对事情作出解释，不仅可以更全面地了解事情的真相，而且可以引导孩子进行自我反省。比如，为什么他的行为没受到别人的认可，是不是哪里做得不好等。当然，父母应该让孩子明确的是，允许他作出解释，并不是让他推卸责任。

3、批评孩子时应该一视同仁。如果父母在批评孩子的时候有其他孩子在场，父母更应该注重维护孩子的自尊，不仅要讲究批评的方式、方法，而且对其他孩子的评价也要适当，不要过分夸张，让孩子产生不恰当的对比。父母该让孩子明白的是，对待批评，头脑应该冷静，不要过于冲动，但这并不表示应该默不作声，而是应该反省自己的行为是否有不恰当的地方。

其次，是让孩子学会总结经验教训。总结经验教训事实上就是对自我行为的一种反省。例如，一个孩子用打架来解决与同学之间的矛盾，如果他在打架上吃了亏，他会想："上次我感到生气的时候是用打架来表达我的愤怒的，结果我被别人打了。那么下次发生这样的情况时，我该怎么办呢？我不用打架可以吗？是不是有更好的解决方法呢？"

当孩子直接感受到行动与结果之间有某种关系后，他们往往会先想一想再采取行动。孩子们可能会对自己的行为有一个预先的评价，看是否会出现他们预料的结果，假如结果正如他想的，那么他会继续这么做。假如结果与他想的不一样，孩子就会总结经验教训，调整自己的想法，这也是一个人做事的一种反应机制。这种时候，父母最好不要把自己的价值观强加给孩子，而是要善于引导孩子进行总结。例如，父母不要这样说："我早就跟你说过了，你就是不听，现在尝到苦头了吧?""不听老人言，吃亏在眼前，说的就是你这种人呀!"这种论调只会加强孩子的逆反心理。父母应该对孩子说："怎么会出现这种结果呢? 你好好想一想，如果用妈妈跟你说的方法去做，结果会怎样呢?""有时候，你需要听听他人的意见，这样就会避免一些问题。"这种语气，孩子比较愿意接受一些。如果孩子学会了经常总结经验和教训，他就已经学会了自觉地进行反省，这对他的人生会有很大的帮助。

（部分摘自百度百科）

第一节　冲动易怒　自尝苦酒

 经典语句

1、宠辱不惊，闲看庭前花开花落；去留无意，漫随天外云卷云舒。

——《菜根谭》

【语句释义】宠辱：荣辱，荣耀与耻辱。去留：离开留下，指人生的升迁和得失。为人做事能把荣辱得失看得如花开花落般平常，才能不惊奇；能把职位的升迁去留看得如云卷云舒般的变换，才能不在意。

2、苦乐中常得悦心之趣，得意时须防失意之悲。　　——《菜根谭》

【语句释义】在心情苦闷的时候要学会自我解脱，经常去寻找一些乐趣；在春风得意的时候要保持头脑的冷静，避免发生不好的事情。

3、小不忍则乱大谋。　　　　　　　　　　——《论语》

【语句释义】小：指小事。忍：忍耐。乱：扰乱。大谋：大的或者整体的计划。小事不能忍受就会扰乱大的事情或者计划。这是孔子告诫人们对小事要忍耐的话。冲动只会让人陷入更恶劣的情境之中。

4、噪性者火炽，遇物则焚；寡恩者冰清，逢物必杀；凝滞固执者如死水腐木，生机已绝。俱难建功业，而延福祉。　　——《菜根谭》

【语句释义】一个性情暴躁的人好像烈火，遇到什么事情一点就着；一个薄情的人好像一块冰，对什么都寒气逼人；一个顽固的人好像是死水和腐木，没有一点的生气。上述三种人都难以建功立业，也难交上好运。

经典故事

1、体罚学生　导致伤残

周明是贵港市一个中学的初二学生，他已经在病床上躺了一个多月。因为老师说他上自习时"乱丢东西砸人"违反课堂纪律，被班主任韦某体罚，导致脑部受伤，已住院治疗一个多月，花去 3 万余元医药费，至今还未痊愈。不久之后，韦某声称无钱支付医药费，这可难坏了周明的父母。周明的父母都是普通的工人，薪水少得可怜，仅够维持家庭的开销，突然间儿子被人打成重伤，对一个贫困的家庭来说无疑是雪上加霜。

事情的经过是这样的，周明在上自习课的时候，坐在他后排的一名男生扔出一支笔，砸中了坐在他前排的一名女生，笔摔碎在地上，墨水溅到了女生衣服上。那个女生以为是周明丢的，就和他争执了起来。正在争执的时候，班主任韦某走进教室，女生向韦谋报告了此事。随后，周明和那名后排男生被一起叫到了教室外，面对韦某的询问，周明和后排男生都否认是自己所为。

看到两个男生都不承认是自己做的，韦老师暴跳如雷，他狠狠地扇了周明两个耳光，又踢了几脚，后排那个男生也被打了一顿。周明不肯屈服，辩解不是自己做的，但韦老师不相信，又带他去办公室。在办公室里，不问青红皂白，又是一顿毒打，周明当时就觉得头晕目眩，恶心想吐。

从办公室出来后，周明觉得十分委屈，不明不白就被冤枉不说，还遭受一顿毒打，于是想把此事告诉父母。当时学校实行封闭式管理，周明也没有电话联系父母，就悄悄翻围墙出了学校，步行三四公里回家。回到家中父母觉得儿子不太对劲，于是周明就把所发生的一切告诉了父母，当时父母也非常气愤，打算第二天到学校找老师理论。谁知道还没到第二天，父母就发现儿子神情恍惚，鼻子里还流出血来，第二天天刚亮，他们就送儿子去卫生院治疗，由于病情严重又被转到贵港市人民医院治疗。周明的诊断书上清晰地写着："轻型颅脑损伤、脑震荡、颅底骨折"，"双大腿多处软组织挫伤"。

据了解，经过治疗，周明的病情已有好转，但仍时常感觉头疼、浑身无力、嗜睡。

对于周明的医药费，有关部门表示，教科局会与学校联系，让学校尽快解决此事。对韦某打伤学生的行为，教科局在调查清楚后也会作出相应的处理。

老师严格要求学生没有错，但不应该动手打人，更不应该下如此重的手残害学生的身体。作为老师，应该对学生循循善诱，周到细致，绝不能简单粗暴。

2、一时冲动 代价惨重

2008 年 8 月 29 日深夜十二点多，繁华热闹的浙江温州市区大南路上，一辆"宝马"越野车从国际大酒店门口飞驰而来，它撞坏了一辆正常行驶的出租车后，又直向路边行走的一个人冲去，车子顶着那人直接冲进了旁边的招商银行，被撞的人当场气绝身亡，惨不忍睹。

据警方调查，驾驶"宝马"越野车的人姓夏，浙江温州市龙湾区人，是一名三十岁的私企老板。那辆价值 100 多万元的"宝马"越野车是这个月初才上的牌照。被故意撞死的人叫谢小领，刚满三十岁，温州永嘉人，没有固定工作。

两名三十岁的年轻人在此之前并不认识，就是因为琐事发生口角，在酒店门前扭打起来，夏某处于下风。出于报复，夏某打开"宝马"车门，拿出一把刀准备砍向对方，谢小领迅速躲过，而夏某一时冲动，怒从心起，竟然跳上汽车，以"宝马"越野车作为杀人工具，加足马力，实施了灭谢的罪恶行为……

夏某犯罪后弃车逃跑，警方正在全力追逃。而谢小领却丧失了宝贵的生命，永远离开了人世。

三十岁的年龄，正是人生风华正茂、大有作为的最佳时期，然而也是人生最易冲动、性格定型的关键时期。

古人曰："三十而立"，讲的就是这个时期。按照于丹教授的诠释："三十岁以后，就要开始学着用减法生活了，也就是要学会舍弃那些不是你心灵真正需要的东西。""学做减法，就是把那些不想交的朋友舍掉了，不想做的事情拒绝了，不想挣的钱不要了。"

一个人在成长过程中，需要不断地"洗心革面"，因为每个人的身上都会有某些毛病或缺点，在经历了近三十年的学习、磨练、熏陶、修养之后，应该"减掉"那些不适合时代发展的东西；应该思想高尚，心胸豁达，在一些小事上能忍能让；应该多考虑别人的利益，为他人、为众人多做有益的事。

回忆往事，应该明白：以前的冲动就是幼稚，以前的浮躁就是无知，以前的固执就是任性，以前的失望就是无奈……；"三十而立"，就如同湍急汹涌的江河流进了宽广平坦的湖泊，一下子柔顺温和起来。人生若是平稳地过渡到这个阶段，可以说是"修成正果"了。

"三十而立"，重要的是要懂得宽容。在社会上与人交往，磕磕碰碰，发生口角，甚至动手动脚，那是常见的事。关键是要严于律己，多以宽容之心处理这些琐事。要理解和谅解对方，以慧眼看待对方，每个人都有其可爱的一面，就看你能不能够看到。

（摘自温州网《三十岁冲动的后果》）

3、恶语相伤　后果严重

5月26日，鲁甸县人民法院公开宣判被告人迟某涉嫌故意伤害一案，一审认定被告人迟某犯故意伤害罪，判处有期徒刑二年，缓刑三年。

经法院审理查明：1月6日20时50分左右，被告人迟某在男生宿舍五楼大声放音乐，引起了王某的不满，两人因此发生言语冲突后上升为肢体抓扯，在抓扯过程中，被告人迟某用随身携带的水果刀将王某的腹部刺伤，被告人迟某又与同学一起将王某送至医院抢救，且在途经学校大门时又将此情况告诉了学校保卫科，而后经老师报警，民警赶往医院将被告人迟某传唤到派出所，被告人迟某如实供述了犯罪事实。经法医鉴定，王某所受损伤属重伤。

法院审理认为，被告人迟某用水果刀将王某刺致重伤的行为已经构成故意伤害罪。但是鉴于被告人迟某属于在校学生，且作案时未满18周岁，属于未成年犯罪，有法定从轻或减轻处罚的情节；且案发后，被告人迟某积极主动将被害人王某送往医院抢救，且在途经学校大门时又将此情况告诉了学校保卫科，经老师报警，民警赶往医院将被告人迟某传唤到派出所，被告人迟某如实供述了犯罪事实的行为，属于自首，加之被告人的法定代理人就民事赔偿与被害方达成了赔偿协议，赔偿款已全部给付，取得了被害人家属的谅解，综合本案中被害人王某也有一定的过错，被告人迟某在庭审中的认罪态度比较好，有悔罪表现。根据我国《刑法》二百三十四条第二款的规定，故意伤害致人重伤的，应在三年以上十年以下有期徒刑内判处，而综合本案的犯罪事实、情节及后果，为落实"以教育为主，惩罚为辅"的方针，贯彻宽严相济的刑事政策，法院决定对被告人迟某减轻处罚，故作出上诉判决。

这个故事印证了一个道理：一个人只有正确地全面地看待别人和世间一切事物，才能做到心胸宽阔，处事稳重，才能从容豁达，安度终生。

4、惩恶过重　致人死命

1998 年 10 月 30 日凌晨 2 时许，重庆市潼南县双江镇 7 村一社一个出租屋起火，嘈杂的救火声中，只听到屋内有人在喊："哎呀，救命呀！"无奈火势太大，村民们未能救出遇险者。大火扑灭后，警方在现场发现了谢某夫妻烧焦的尸体。

经调查，民警发现死者谢某与侄儿谢永彬有矛盾，但谢永彬已离开潼南不知去向。由于起火原因不明，该案成为了一桩疑案。

在今年的破案攻坚综合整治行动中，接到群众举报的北京市怀柔区民警连夜布控，终于将犯罪嫌疑人谢永彬抓获，随后移交给重庆市潼南县公安局。11 年前的案情得以还原……

1994 年在谢某的帮助下，谢永彬和妻子邓某在北京找到了工作——谢永彬在某公司亦庄工地做工并住在工地，妻子在同一公司万寿路工地做钢筋工，并住进了谢某让出的单身宿舍。

不久谢某在一次醉酒后找到谢永彬，提出了恬不知耻的要求。让谢永彬想不到的是，这之前两个月，妻子已经数次受到谢某凌辱。

作为一个男人，谢永彬无法咽下这"夺妻之恨"，拿起菜刀到公司找谢某理论，结果被公司的保安狠狠打了一顿。几天后，谢永彬又找到谢某，然而等待他的仍是一顿毒打。谢永彬抑制不住心中的怒火，拿起一块砖头砸在谢某头上，他的这一举动除了招来一顿暴打外，还导致了被开除。

回到老家后，邓某自知不再被丈夫接受，于 1997 年独自到广东打工。

心中怒火难平的谢永彬又来到北京，找到谢某讨要说法。

1998 年 10 月，谢永彬从北京回潼南准备和邓某离婚，却听说谢某也回来了。谢永彬找到村里的长辈，请他们出面让谢某给自己赔礼道歉，结果却不了了之。

几天后的凌晨，机会终于来了。趁谢某夫妇熟睡之机，谢永彬放了一把火……数十天后，他与父亲通电话才得知谢某夫妇被烧死了。本想只教训一下谢某的谢永彬顿时慌了手脚，开始了逃亡生活。落网后他交代了自己的犯罪事实，并告诉民警，他最想做的事就是去父母的坟上祭拜。

（摘自中国法制新闻网）

5、遇事冷静　免遭恶果

王某和李某夫妻俩合伙做水果生意，他们都住在一个房子。王某和李某妻子有私情，被李某发现。一天，李某趁王某不注意的时候将王某和自己妻子绑在一起并进行殴打，打完后和王某谈条件，谈完条件后第二次殴打王某，这时王某已经神志不清，因没有及时送去就医，导致严重后果，手术后还是重昏迷，医生说即使活了也是植物人。王某身上还有多处瘀伤和破伤，李某应当承担什么责任？

首先，不论什么原因，王某的责任有多大，李某已经构成了故意伤害罪。根据《刑法》第二百三十四条规定，故意伤害他人身体的，处三年以下有期徒刑、拘役或者管制；致人重伤的，处三年以上十年以下有期徒刑；致人死亡或者以特别残忍手段致人重伤造成严重残疾的，处十年以上有期徒刑、无期徒刑或者死刑。最高人民法院关于审理人身损害赔偿案件适用法律若干问题的解释第十七条规定，受害人遭受人身损害，因就医治疗支出的各项费用以及因误工减少的收入，包括医疗费、误工费、护理费、交通费、住宿费、住院伙食补助费、必要的营养费，赔偿义务人应当予以赔偿。受害人因伤致残的，其因增加生活上需要所支出的必要费用以及因丧失劳动能力导致的收入损失，包括残疾赔偿金、残疾辅助器具费、被抚养人生活费以及因康复护理、继续治疗实际发生的必要的康复费、护理费、后续治疗费，赔偿义务人也应当予以赔偿。第二十五条规定，残疾赔偿金根据受害人丧失劳动能力程度或者伤残等级，按照受诉法院所在地上一年度城镇居民人均可支配收入或者农村居民人均纯收入标准，自定残之日起按二十年计算。本案李某除承担刑事责任外，还应当承担以上民事赔偿责任。

受传统道德观念影响，李某无法忍受妻子和王某的奸情，采取了极端的报复手段。从情理上可能在民众的心里，李某的行为虽然过激但大多数人会默许。但从法律上讲，李某触犯了刑法，这是必然的，而且是情节严重的，必须受到法律的制裁。如果李某冷静下来，三人一起做一个公正合理的了断，当不至于造成这么严重的后果，别人和自己的一生都彻底毁了。

（摘自检察日报）

现实链接

暴躁易怒的现实分析

现代社会人们的生活节奏普遍加快，无论是学习还是生活都承受着巨大压力，往往很多人又找不到正确排解压力的方式，从而造成人心浮躁，冲动易怒。下面对暴躁易怒做几点分析：

1、对暴躁易怒的危害性要有足够的认识。

在生活中我们常常看到，有些人因为一些不足挂齿的小事而发怒，做出不该做的事，引起恶性斗殴，甚至导致人命案子的发生，最后锒铛入狱，事后常常后悔不已。所以发脾气并不能使问题得到解决，反而会增加新的矛盾。

2、加强理智训练，学会克制自己的怒气。

加强理智训练，可以使我们遇事多思考，多想想别人，多想想事情的结果，认真对待，慎重处理。一旦发觉自己出现了冲动的征兆时，及时克制，加强自制力。

3、学习一些帮助自己克制暴躁脾气的好方法。

在家里或在课桌上贴上"息怒"、"制怒"一类的警言，时刻提醒自己要冷静。俄国文学家屠格涅夫，曾劝告那些易于爆发激情的人，"最好在发言之前把舌头在嘴里转上几圈"，通过时间缓冲，帮助自己的头脑冷静下来，在快要发脾气时，嘴里默念"镇静，镇静，三思，三思"之类的话。这些方法都有助于控制情绪，增强大脑的理智思维。

学会转移。当发觉自己的情绪激动起来时，为了避免立即爆发，可以有意识地转移话题或做点儿别的事情来分散自己的注意力，把思想感情转移到其他活动中，使紧张的情绪松弛下来。比如迅速离开现场，去干别的事情，找人谈谈心、散散步，或者干脆到操场上猛跑几圈、踢踢球，这样可将因盛怒激发出来的能量释放出来，心情自然会平静下来。

懂得灵活。有很多事情是可以有多种处理办法的，遇事要灵活，不要那么僵硬，有时退让一下，可以给对方改变主意和态度的机会，选择方法要考虑事情的效果。

也可以用一个小本子专门记载每一次发脾气的原因和经过，通过记录和回忆，在思想上进行分析梳理，定会发现有很多脾气发得毫无价值，事后会感到很羞愧，以后怒气发作时有前车之鉴，就会控制自己的情绪，发作的次数就会越来越少。

4、换个角度考虑问题，体谅他人感受。

做人应当有一点儿"雅量"，即容人之量，要"待人宽，责已严"，不要动辄指责怪罪别人。因区区小事对同学同事发脾气，是极不礼貌的行为。你发了火，泄了气，痛快了，可这种痛快是建立在别人的痛苦之上的，如果把你调个位置，有人对你大发脾气，你会怎么想？所以，一个时时想着别人、处处体谅别人的人，即使自己心中不快，也不会迁怒于人，更不会把自己的不愉快强加给别人。

5、聆听音乐可以调节情绪。

如果你的情绪容易兴奋、激动，建议你平时有时间多听听节奏缓慢、旋律轻柔、音调优雅、轻松优美的音乐，对安定情绪、改变暴躁的脾气是有帮助的。

多参加集体活动，多和其他同学交谈，多了解进而理解他人，也多了解自己从而正确地对待自己。只要你有决心、有恒心、有行动，坚持努力，暴躁的脾气一定会改进，你会逐渐变得温和、宽容、冷静，从而与周围的人友好相处。

第二节　见利忘义　损人害己

1、饭疏食饮水，曲肱而枕之，乐亦在其中矣。不义而富而贵，于我如浮云。　　　　　　　　　　　　　　　　——《论语》

【语句释义】饭：吃。疏食：粗糙的粮食。饮水：喝生冷的水。肱：胳膊由肘到肩的部分。曲肱：就是弯着胳膊。吃粗糙的粮食，喝生冷的水，弯着胳膊当做枕头，我也自得其乐。用不正当的手段获得的财富，对于我来说就像是天上的浮云那样没有任何关系。

2、利不可强，思义为愈。　　　　　　　　　　——《春秋左传》

【语句释义】强：指强取。义：合宜的道德、行为。为：算作、算是。愈：超过、胜过。这句话的意思是说，利不可强取，想到以义取利就胜过别人一等。

3、义，利之本也，蕴利生孽。　　　　　　　　——《春秋左传》

【语句释义】义：道德、行为。本：根本。蕴：积蓄，积累。孽：灾祸、罪孽。这句话是说义是利的根本，但是一味地只知道积累财富就会产生灾难。本来"趋利"是人之本性，无可厚非。但"君子爱财，要取之有道，用之有度"。只知道聚敛财富，不知道布施恩义，终将会面临灾祸。

4、仁者以财发身，不仁者以身发财。　　　　　　——《大学》

【语句释义】仁者：有仁德的人。财：钱财。有仁德的人，运用财物来帮助贫穷的人，这就是仗义疏财，人们会感激他，自然就会得到众人的拥戴，不仁义的人，利用自己的身份地位去搜刮财富，就会引发民众的仇恨，终会招来杀身之祸。

5、贪而弃义，必为祸阶。　　　　　　　　　　——《三国志》

【语句释义】贪：贪婪。弃：背弃。祸：灾祸。阶：阶梯。探求物质利益而背叛道义，这一定是招致祸患的阶梯。这句话是要告诉人们，不能见利忘义，否则，只会贻害自身。

经典故事

1、见利忘义　自食其果

三国中的吕布大家都不陌生，他的出生年份不明，卒于公元198年。吕布又叫吕奉先，是五原郡九原县人，也就是现在的内蒙古自治区包头市人。汉朝末期群雄并起，军阀割据，吕布就是汉末争雄的军阀之一，此人勇猛善战，猜忌多疑，无信无义。曾先后投靠过丁原、董卓和袁术，被封为徐州牧，也就是徐州的主管，掌控一方军政大权，后在军阀征战中，于建安三年，也就是公元198年，在下邳被曹操击败并处死。我们下面要讲的就是吕布杀董卓的小故事。

话说汉朝末年皇室衰微，朝廷政权多为宦官和权臣掌控，皇帝只是一个傀儡。但是各方势力势均力敌，没有哪方可以独自做大，所以掌权者经常更替。汉灵帝死后，宦官独大，各军阀都打定了挟天子以令诸侯的主意，所以才有了后来丁原进京与大将军何进密谋诛杀宦官，并掌控大权。丁原提拔吕布做了主簿还收做了义子，可以说对他有知遇之恩。后来丁原和董卓这两个封疆大吏因为废立皇帝的事情发生了冲突。丁原和董卓大打出手，董卓初战被吕布大败后，被迫退到三十多里外安营扎寨。吕布勇猛过人，是一员勇将，董卓觉得吕布是个难得的人才，于是他派吕布的同乡李肃去吕布帐中当说客，承诺吕布只要杀死丁原就赐封他为骑都尉中郎将都亭侯。李肃还带去了黄金一千两，明珠数十颗，玉带一条。历史上有名的赤兔驹，也是董卓为收买吕布而送给他的礼物。吕布看到这些礼物就忘记了丁原对他的情谊，提刀就把丁原的首级砍了下来。杀死丁原以后董卓独掌大权，他对吕布非常器重，并收他做了义子。

董卓此人自知凶暴，为人所恶，所以时常要吕布作自己的侍卫及守中阁；不过，董卓性格又十分猜疑，曾因小许失意而向吕布掷出手戟，吕布跳着躲开了。后吕布又与董卓的婢女有染，恐怕事情被董卓发觉，所以心中十分不安。

就在吕布和董卓的关系日益不和时候，董卓的对头——司徒王允出现在吕布面前，他先对吕布在董卓手下混的窝囊表示理解和同情，他作为傀儡皇帝汉献帝的代表向吕布表示："将军若扶汉室，乃忠臣也，青史传名，流芳百世"。也就是说劝吕布站到董卓的对立面来，并且许以"奋武将军，礼仪规格与司徒、司空、司马三司相同，晋封为温侯，共同执掌朝政"。这样吕布就又一次对自己的义父痛下杀手。

其实从吕布"杀丁原、弑董卓"的事件上，就能看到吕布唯利是图和善变的本性，此等反复无常、见利忘义的小人，自然也不会有好下场，公元198年战败后被曹操所杀。

2、商人无信 命殒激流

从前，有一个商人非常的富有，但是为人吝啬。每年他都要在济水上往来做生意。他已经非常有钱了，但是见到贫苦无力的人也从不帮忙。

有一天，这个商人坐船到济水的对岸购置货物，当时的天气不好，刮起了大风，商人不小心掉到了河里，他挣扎在水中的浮草上，等待有船过来的时候搭救他。有一个渔夫路过见到有人漂浮在河里就用船去救他，还没有靠近，商人就急忙嚎叫道："我是济水一带的大富翁，你如果能救了我，我给你一百两金子。"渔夫听后觉得很高兴，既能做了善事，还能赚一笔钱，于是把他救上岸来，等到商人脱离了险境就吝啬起来，觉得给渔夫一百金太多了，就只给了他十两金子。渔夫说："当初我救你的时候你答应给我一百两金子，可现在只给十两，这岂不是不讲信用么？"商人听后勃然大怒道："你一个打鱼的，一天的收入有多少？你突然间得到十两金子还不满足吗？"渔夫听后知道他是一个不讲信用的人，与他理论也是白费功夫，就失望地走了。

过了一段时间，有一天，这商人乘船顺河而下，船触礁沉没，他再一次落水了。他拼命在水中挣扎，期盼有人能路过救起他。这时正好原先救过他的那个渔夫又路过那里。渔夫救了很多落水的船客，就单单不去救这个商人，有人问渔夫："你为什么不去救他呢？"渔夫说："他就是那个答应给我一百两金子而不兑现承诺的人。"渔夫撑船上岸，远远地观看那位商人在水中挣扎，商人很快就沉入水底淹死了。

告诫：但凡为人，言出必行。如果不是商人许下诺言，渔夫也会救他上岸的。可他仗着自己有钱，以为谁都像他一样爱钱，于是许下重金，可当他一旦脱离危险，就舍不得兑现自己的诺言了，尤其用渔夫的现状和他许下的诺言相比较，这对渔夫是个无理的戏弄。所以当他再次遇到危险的时候，得不到渔夫的搭救也是自作自受。

3、水母无义　抽筋剥骨

在这里和大家分享一个见利忘义的故事，大家都知道水母全身都是软绵绵的，没有骨头，其实本来水母是有骨头的，这里还有个有趣的故事。

从前，波涛汹涌的大海边上有一片广袤森林，一群聪明的猴子住在森林里，有一只特别贪玩的猴子把森林游戏都玩遍了，他觉得非常的无聊，就常常带着香蕉去海边的沙滩玩，猴子觉得吃着香蕉，脚踩软软的沙滩上非常惬意，玩热的时候还可以下海去游泳。在海边玩的时间久了，猴子和海里的水母成了亲密无间的好朋友，每天都在一块儿玩耍。

早晨，猴子带着新玩具兴冲冲的来到海边找水母玩，可是一直不见水母出现。

猴子每天都来海边等着水母，可是一个星期过去了，水母还是没有来，猴子十分担心，以为水母生病了。其实是海底龙宫的王妃患病了，水母每天都殷勤地服侍在王妃跟前。王妃得了怪病，龙王请了很多名医为她诊治，医生都摇头不知道是什么原因，服了很多药仍毫无起色。

龙王非常心急，龟丞相献计说："重赏之下一定会有良策。"于是龙王颁下旨意，"有能献策治好王妃者，赏十担珠宝。"八脚章鱼觐见龙王说："猴胆对急症有特效"，龙王很高兴，赏了章鱼许多财宝。当即就说："找到猴胆者，重重有赏！"

水族们面面相觑，谁也不知道从哪里能找到猴胆。水母也得知了这个消息，看到琳琅满目的珠宝，禁不住诱惑，就对龙王说："我和一只猴子经常在海边玩耍，他非常信任我，我可以骗它来龙宫，这样大王就能得到猴胆了。"龙王十分高兴，这下王妃有救了，就对水母说："非常好，快去把猴子带来，本王会重重地赏你。"

水母一想到金银财宝面露喜色，顾不上收拾，马上向海边游去。

这时猴子在海边焦急地等着水母，不知道发生了什么事，终于见到了水母，欣慰地说："水母兄，好久不见了，我还以为你病了，正担心你呢！"

　　水母听到猴子这么说，假惺惺的说："实在抱歉啊，猴兄，让你担心了。前几天事情多，最近没事了，我打算带你去龙宫玩玩。"

　　猴子长这么大还没去过龙宫，十分高兴，所以痛快地答应了。

　　"快闭上眼睛骑到我的背上来吧，我载着你去龙宫。"说着水母载着猴子，飞快的游向海中。

　　没过一会，它们就到了海底，水母对猴子说："猴兄，我们到了，你现在可以睁开眼睛了。"

　　猴子睁开眼睛，只见眼前有一幢用珊瑚、金银珠宝建造的大宫殿，十分华丽；水族们品种多样，五彩缤纷，无忧无虑地嬉闹玩耍。猴子大开眼界，正在赞叹时，突然听到旁边乌贼和鱼的悄悄话。

　　"看见了没有，那就是陆地上的猴子。"

　　"看见了，看起来活蹦乱跳的，不过他马上要被杀掉取出猴胆了，真可怜啊！"猴子听到后吓得胆战心惊。他想逃走，可是海底幽暗而辽阔，想要逃走简直比登天还难。猴子边走边想着逃跑的办法。

　　这时就见水母兴高采烈的对猴子说："猴兄，龙宫很美吧，我带你进去参观参观！"猴子一边假意应付水母，一边留意四周的环境，看看有没有逃跑的方法。

　　水母带猴子来到龙宫的事情，早就被虾兵蟹将报告给龙王，龙王迫不及待地迎了出来对猴子说："欢迎，欢迎。"猴子一见龙王灵机一动，想到了办法，一下子爬到宫廷里的树上，号啕大哭起来。水母奇怪地问"猴兄，你怎么了？""我不知道会到龙宫来玩，早上洗好胆放在岩石上晒，这会儿恐怕要晒焦了。"猴子边哭边说。

　　龙王一听十分着急，没有猴胆就不能治王妃的病，于是连忙吩咐水母说："这是头等大事，你快带猴先生回去取胆，然后再来龙宫，我好能款待猴先生。"水母不知道这是猴子逃跑的计策，说道："猴兄，那我们快点走吧。"又载着猴子，往海边游去。水母心急快点拿到猴胆，所以游得很快，没一会儿他们就回到海边，猴子心里暗暗高兴。猴子从水母身上跳下来，指着前面一块岩石说。"我的胆就放在前面的岩石上，要不要一起去看看呢？"水母怕猴子逃掉，就跟到岩石旁边来了，而且寸步不离。"水母兄，我去拿胆来，你先在这里等一下。"猴子说完，纵身跳到岩石上去。

　　很快，猴子又出现了，可是他手里拿的却不是胆，而是一张结实的渔网。水母疑惑地说："咦？猴兄！你这是干什么呢？"他话还没说完，猴子就毫不客气地挥动渔网，把水母死死地网在渔网里。"猴兄，快住手啊！快住手啊！"水母在网里拼命地挣扎，大声地讨饶。猴子愤怒地吼道："还说带我去龙宫参观，我看你根本就是不怀好意！"水母畏缩地说。"你知道了？""当然知道！你们是想杀了我，好取我的胆是吧？好可恶的家伙！"

说罢，猴子狠狠地把水母摁倒在地上。水母大声求饶，但猴子却不理他。"出卖朋友的人，应该吃点儿苦头！"说着，便把水母的骨头一根根抽掉了。这可能就是水母后来为什么全身软软的原因吧。

感悟：要珍惜和朋友之间的友谊，不能因为利益而出卖自己的朋友，到头来对自己一点好处都没有。

现实链接

金钱有价　情义无价

近日在网络上看到这样一个故事，读后心情非常沉重。难道这世界上只有金钱有价，情义就分文不值吗？故事是这样的：广州小学生乐乐，今年9岁，上小学二年级，学习成绩很好，乐乐的妈妈觉得现在的孩子生活太安逸了，不知道旧社会的苦难，所以一直想找个机会让他了解了解。正巧赶上芭蕾舞剧《白毛女》在广州中山纪念堂上演，乐乐的妈妈非常高兴，所以特意买了票带他去看，看完后乐乐问妈妈："喜儿为啥不嫁给黄世仁呢？做少奶奶可以吃得饱，穿得暖，也不用跑到山里吃这么多苦啦。"听到这里，乐乐的妈妈哑口无言，一场煞费苦心的教育，就这样被"教育"了。

到底是社会带给孩子们太多的物质思想，还是现代人的价值观、人生观已经偏离了道德的轨迹，人的道德观果真到了分不清荣辱、唯利是图的边缘了吗？

现在的孩子讲究吃香的、喝辣的、穿名牌，学校里攀比成风，谁家开的车好，谁家住的是别墅。乐乐之所以这样问，是因为在当今，根本不用像黄世仁霸占喜儿那样，女孩子早就主动去傍大款了——明星嫁富二代，漂亮女孩子做二奶，甚至甘愿当小三，这几乎成了女孩子一夜暴富的定理，见多了这种司空见惯的现象，我们还指望乐乐能理解喜儿吗？这究竟是社会的进步还是退步呢？难道在人们的心中就只有享受没有廉耻吗？诚然，有钱可以做很多事，但是有钱不代表你可以为所欲为。

中华文明源远流长，一直以来重情重义都是我们的传统美德。而见利忘义、嫌贫爱富历来为人所不齿。古往今来多少人因做出见利忘义之事留下千古骂名，遗臭万年。利也有大利、小利之分，有国家利益、民族利益和个人利益之分，为大利舍小利，为国家利益舍弃个人利益是舍生取义。正是因为有毛泽东、周恩来这样一些舍小家为大家的领袖，有为国家、民族、普天下劳苦大众而拒绝各种个人利益诱惑不惜牺牲生命的杨开慧、江姐等革命烈士，我们国家才得以解放，才得以进步。百年屈辱的历史告诉我们：只为自己活着，最终只能作为别人的奴隶苟活。

第三节　心存怨恨　终难解脱

经典语句

1、不怨天，不尤人。　　　　　　　　　　　　　　——《论语》

【语句释义】怨：怨恨。尤：怨恨，归咎。不怨恨上天，不责怪别人。不要抱怨生活欠我们什么，当你失败的时候，应该庆幸你还有成功的机会。要用乐观的心态去对待每一件事，你才会发现生活是多么的美好。

2、躬自厚而薄责于人，则远怨矣。　　　　　　　　——《论语》

【语句释义】躬：亲自、自己。厚：看重，这里指责备。薄：少。责：责备，责罚。远：使……遥远、远离。怨：怨恨。自己要求自己严格一点，少点对别人的责备，那么怨恨就远离了。

3、不藏怒焉，不宿怨焉。　　　　　　　　　　　　——《孟子》

【语句释义】藏：隐藏。怒：怒火，怨恨。宿：留续。怨：怨恨。不怀恨在心里，不留续怨恨。

4、不迁怒，不贰过。　　　　　　　　　　　　　　——《论语》

【语句释义】贰：再，重复。这句话的意思是说不拿别人来出气，自己也要引以为鉴，不要再犯相同的错误。

5、不尤人，何人不可处；不累事，何事不可为。　　——《明史》

【语句释义】尤：怨恨。累：拖累。不随意怨恨别人，那么什么人都可以与之相处；不为外事所羁绊，那么什么事都可以做。

经典故事

1、度尽劫波　笑泯恩仇

这是一个宽容的寓言故事：从前，古老的欧洲国家有一位英明的国王，他深受百姓的爱戴，但岁月不饶人，他自己觉得身体一年不如一年，而孩子们都长大了，应该把重任交给他们好好享享福了，可是国王有三个儿子，每个儿子都很优秀，把王位传给谁这让老国王很为难，于是他想到了一个办法。

有一天，老国王把三个儿子叫到跟前对他们说："我已经很年迈了，时常感到力不从心，国家的事务非常繁重，我觉得已经不能做一个称职的国王了，所以我决定把王位传给你们之中的一个，你们都是我的儿子，也都很优秀，但是我要为国家选出一位合格的君主，这样，你们三个都出去游历，体察民间的疾苦，以一年为期，一年后你们回来告诉我你们做的最高尚的事情是什么，只有那个真正做过高尚事情的人，才能继承我的王位。"

于是三个儿子离开王宫，去民间游历。一年后，三个儿子回到了国王跟前，告诉国王自己这一年来在外面的收获。

大儿子先说："我在游历期间，我做过很多好事，但是我觉得最高尚的事是，在路过一个小镇的时候曾经遇到一个陌生人，他十分信任我，托我把他的一大袋金币交给他住在另一个镇上的儿子，当我游历到那个镇上时，我把金币原封不动地交给了他的儿子。"国王说："你做得很对，但诚实是你做人应有的品德，不能称得上是最高尚的事情。"

二儿子接着说："我旅行到一个村庄，刚好碰上一伙强盗打劫，我冲上去帮村民们赶走了强盗，保护了他们的财产。"

国王说："你做得很好，但救人是你的责任，还称不上是最高尚的事情。"

三儿子迟疑地说："我有一个仇人，他千方百计地想陷害我，有好几次，我差点就死在他的手上。在我的旅行中，有一个夜晚，我独自骑马走到悬崖边，突然发现我的仇人正睡在一棵大树下，我只要轻轻地一推，他就掉下悬崖摔死了。但我没有这样做，而是叫醒了他，告诉他睡在这里很危险，并劝告他继续赶路。后来，当我下马准备过一条河时，一只老虎突然从旁边的树林里蹿出来，扑向我，正在我绝望时，我的仇人从后面赶过来，他一刀就结果了老虎的命。我问他为什么要救我的命，他说'是你救我在先，你的仁爱化解了我的仇恨。'这……这实在是不算做什么大事。"

"不，孩子，能帮助自己的仇人，是一件高尚而神圣的事，"国王严肃地说："来，孩子，你做了一件最高尚的事，从今天起，我就把王位传给你。"

2、缺少大爱　骨肉分离

越战终于结束了，很多士兵庆幸自己还活着，有一个叫汤姆的士兵虽然活着，但是他每天都不开心。回国后，他从旧金山给他的父母打电话，告诉他们："爸妈，我回来了，有一件事情我想和你们商量一下，我想带一个朋友一起回家。""当然好啊！亲爱的儿子"他们回答，"很高兴你在军队里交到了好朋友，我们也想见见他。"儿子停顿了一会儿又继续说："可是有件事我想先告诉你们，他在越战里为了完成任务受了重伤，少了一条胳膊和一只脚，他没有亲人，现在走投无路，我想请他回来和我们一起生活，我想征求你们的意见。"

父亲听到这里慌忙打断儿子的话说："儿子，我很同情你朋友的遭遇，觉得遗憾，我想政府会照顾好他的，如果真的需要我们帮忙，或许我们可以帮他找个安身之处。"母亲听到这里，大声的说道："儿子，你不知道自己在说些什么，像他这样残障的人会对我们的生活造成很大的负担，我们还有自己的生活要过，不能就让他这样破坏了。我建议你先回家然后忘了他，他会找到自己的一片天空的。"就在此时儿子挂上了电话，他的父母再也没有他的消息了。

几天后，这对父母接到了来自旧金山警局的电话，说他们亲爱的儿子已经坠楼身亡了。警方相信这只是单纯的自杀案件。于是他们伤心欲绝地飞往旧金山，并在警方带领下到停尸间去辨认儿子的遗体。那的确是他们的儿子，没错，但惊讶的是：儿子居然只有一条胳臂和一条腿。

故事中的父母就和我们大多数人一样，喜爱面貌姣好或谈吐风趣的人，但是要喜欢那些造成我们不便和不快的人却太难了，我们总是宁愿和那些不如我们健康、美丽或聪明的人保持距离。而有些人却相反，他们不会对这些人表现出冷酷，他们会无怨无悔地爱他们，不论他们多么糟糕总是愿意接纳他们。这就是人与人之间的关爱，大爱无疆。

现实链接

怨恨是心灵的枷锁

在日本曾经有这样一桩杀人案，杀人地点在东京的秋叶原，一名日本男青年在秋叶原电车站附近驾车撞伤路人后，又下车用刀刺向路人及警察，造成16人受伤。

任谁听了这件事以后都会毛骨悚然。这是怎样的一个人呢？竟然残忍地用凶器刺向素不相识的无辜的人们。其实，这种恶性事件在世界各地屡有发生，美国、德国的校园枪击案，福建南平、陕西南郑的幼儿园凶杀惨案等等。为什么会出现这种现象呢？这些人又出现了怎样的问题呢？

我们可以把这种人称作仇视社会的人，这种人往往会使用极端残忍的手段来发泄自己心中的不满，一般说来，我们每个人在社会生活中都会遇到各种问题，从而产生不满情绪，但是多数人可以自我调节而不采取过激的做法。

像日本这位男青年那样持刀杀死路人的做法，就属于用极端残忍的手段报复社会，以造成社会巨大的震动和恐慌来发泄自己心中的不满。这样的做法不但让人感到恐惧，也让人感到悲哀。这样的行为不仅伤害了他人，剥夺了无辜生命的生存权利，带给被害人家庭巨大的灾难，同时也为自己推开了死亡的大门，带来了深重的罪恶。

产生这种仇视社会心理的原因很多，主要有以下几个方面：

一是不能忍受巨大的生活压力。比如说，有的人挣钱不多，生活状态窘迫。想过人上人的生活，又没能力去挣更多的钱，所以会产生不平衡的心态。

二是遇到了困难和挫折。不同的人生会有不同的境遇，遇到困难和挫折是谁都难以避免的，要坚定信念继续努力。而有些人受不了打击，一旦受到打击，不是一蹶不振，就是产生极端的报复心理，他们的典型心理状态就是：我活不好也不让别人好好活。这种心理实在是太可怕了，也是造成重大社会犯罪的根源。

三是感情破裂。感情是美好而纯真的东西，也是两个人共同的坚守。

但是由于社会的或个人的原因，感情破裂的现象非常普遍。有的人就会产生嫉妒和仇恨心理，从而用过分残忍的手段，报复社会或者当事人。

总而言之，这些人的心理承受能力基本上达到了崩溃的状态。那么，怎样在孩子的日常培养中增强他们的心理承受能力呢？

有研究表明，一个人各种能力的养成是和家庭环境和社会环境紧密相连的。如果一个孩子在富裕的家庭中长大，从小父母就给予过分的溺爱和照顾，那么从小就会造成孩子依赖和理所应当得到一切的心理。在学校也是这样，如果在学校里一帆风顺，是老师的宠儿，处处都受到优待，觉得什么都高人一等，这样的孩子在遇到事情的时候就会表现出极大的失望和沮丧。因为社会不是家庭也不是学校，不会像家长和老师那样，处处把孩子保护在羽翼之下。社会是残酷的，是现实的，不会给你任何的袒护，甚至落井下石都不足为奇。

而家境贫穷的孩子，从小就知道生活的艰辛，在苦难中学会了坚强。这样无论遇到什么事情都能够保持乐观的心态，不怕困难和艰辛，也养成了很好的心理承受能力。所以如果要教育好孩子，即使是很富裕的家庭，也不要对孩子过分的溺爱，俗话说得好，纵子等于杀子，孩子将来要独自面对社会，面对生活，父母不能照顾孩子一辈子，一旦孩子失去了依靠，那么心理上就会存在很大的落差，心理承受力超出了极限，就会做出极端的行为。

现在有些年轻人，由于父母溺爱得厉害，自己的心理承受力很差，遇到事情不会自我调节，想到的唯一办法就是血腥的报复。就像不久前发生的一件血案，两人因为同时和一个女孩恋爱而产生争执，失恋的那个男生，一时冲动就持刀把另一个男生杀死了。再比如西方国家校园里屡次发生的枪击案件，凶手也大都是年轻人，作案的原因同样是因为自己在生活上学习上遇到了很多困难和压力，就产生了对社会的仇恨，从而做出了罪恶的选择。这样的报复在行凶者看来是发泄出了自己内心对社会的不满，但结果却是彻底毁灭了自己的人生。

除了在平时培养孩子的心理承受能力外，成年人遇到问题的时候要及早地进行排解，一旦发现自己或者他人心理存在对社会的愤怒、仇恨、不满等情绪，还是趁早去看心理医生，让专业的心理医生为你排解出心中那压抑已久的忿闷，及时调整好自己的心态，重新走进社会，为自己的人生理想奋斗。

社会就像一个运动场，有人的地方就会存在生存竞争，有竞争就会有输赢，所以每个人不可避免的都会遇到挫折和失败，你遇到的别人也同样会遇到，社会对每个人是公平的，其实很多人和你一样也面对着自己人生中的许多坎坷，你不必抱怨也不必仇恨，你需要做的只是失败一次再重新爬起，相信经历过风雨的人生才会更美丽，因为彩虹总是出现在风雨后。如果那位日本男青年能够凡事想开一点，心胸不要过于狭窄的话，就不会以报复社会的方式宣泄自己内心的仇恨。

人生在世，苦乐酸甜，爱与恨是一对孪生兄弟，如胶似漆，形影不离。夫妻间爱之深、恨之切，误解顿生遂势不两立，误解消除便和好如初；情人怨所爱的人陡生恶习；父母对孩子恨铁不成钢等等。此怨此恨中正包含着深切感人的爱。亲密无间的朋友，无意间做了伤害你的事，你是宽容他，还是就此割袍断义？有人可能待机报复？有句话叫"以牙还牙"，报复似乎更符合人的本能心理。但这样做了，怨会越结越深，仇会越积越多，冤冤相报何时了啊。

一般人总认为，做了错事得到报应才算公平。如果你在切肤之痛后，采取别人难以想象的态度宽容了对方，表现出别人难以达到的襟怀，你的形象瞬时就会高大起来，你的宽宏大量、光明磊落会使你的精神达到一个新的境界，你的人格会折射出夺目的光彩。宽宏大量，作为一种美德受到人们的推崇，作为一种人际交往的心理境界也越来越受到人们的重视和青睐。英国诗人济慈说："人们应该彼此容忍，每个人都有缺点，在他最薄弱的方面，每个人都能被切割捣碎。"每个人都有弱点与缺陷，都可能犯下这样那样的错误。作为肇事者要竭力避免伤害他人，作为当事人要以博大的胸怀宽容对方，避免消极怨恨情绪的产生，消除人为的紧张，愈合身心的创伤。

宽宏大量，意味着理解和通融，是融合人际关系的催化剂，是友谊之桥的加固剂，能将敌意化为友谊。宽宏大量之心可以容纳许多人，一个宽宏大量的人自然会致力做有价值的事，不只是为生存而活着，而是要奉献自己，为人人服务，他知道宽宏大量的最高表达方式是把自己的爱心奉献给社会。而其反面则是锱铢必较，刻薄寡恩，凡事为自己打算，为求一己之利不惜坑蒙拐骗，五毒俱全。

　　宽宏大量，是令人羡慕的品格，宽宏大量的人能伸能屈，知进知退，经得起挫折失败；宽宏大量的人，不计较个人得失，相反却与人为善，为人宽厚，大肚能容，容天下难容之事；宽宏大量，其实也很简单，无非是拿得起，放得下，想得开，吃亏不计较，逢事善谦让，遇事能容人。

　　宽宏大量，是一个人的修养，现代人应该具备的优良品质，其中一条就是宽容和谅解。"人非圣贤，孰能无过"，你对别人宽容，实质是对自己的宽容。既然知道自己也会无意间犯错，那么为什么不能原谅别人的错？为什么凡事都要斤斤计较呢？人与人之间要谦让，要有宽宏大量之心。如果人人都容让别人，有一颗谦让、宽宏的心，那么世界就会更加美好！

　　不要将自己的过错归咎于他人和社会。在人们的生活中，每个人都有对人、事、物的好恶之感，这种感觉实际支配着人们的爱憎行为。生活是复杂的，但凡与个人愿望和利益相背驰的结果都会给人造成不愉快和冲突，人与人之间的斗争一般发端于爱憎之感和利益之争，不管喜欢与否，你是无法区隔和选择的。

　　积怨结仇与之衍生的报复，除圣人以外庶人概莫能免。报复的行为多种多样，可能是恶语相向，也可能是飞短流长、腹诽心谤，甚至可能是暴力冲突。但无论如何报复的结果却是既伤害别人，也伤害了自己。庄子说："害别人的人，别人必定反过来害他，你恐怕要为人所害了。"

　　在我们的生活周围各色人等都有，好恶之感也是琢磨不定的，不可能把所有人都摒斥在你的生活之外。作为正常人，不能整天靠个人好恶生活，喜欢一个人就愿意跟他来往，不喜欢就讨厌别人，甚至拒人于千里之外。在每一个人的生活当中，矛盾和冲突是无法避免的，但切不可以个人狭隘的爱憎观来评判身边的人和事，否则你无法生存在现实社会。

　　怨恨会扭曲自己的心灵，在窒息的环境中生活，对身体是一种极大的摧残，使生活变得像地狱一般。莎士比亚说："不要因为你的敌人而燃起心中的怒火，热得烧伤你自己。"

　　报复只是趁血气之勇、一时之快做出的鲁莽行为，将一生作为代价，实在不值得。每个人都会为他自己的错误付出代价，能够记住这点的人就不会跟别人生气，不会跟别人争吵，不会辱骂别人，责怪别人，触犯别人，怨恨别人。

　　孔子曰："礼之用，和为贵。"和谐、和睦与人相处是快乐人生的一大良方，每个人都愿生活在快乐的环境中，要想快乐就必须以"和为贵"，除去心中的魔障——报复。与人为善，与人同乐，与人和睦，乃是消除隔阂与仇恨的最好处事方法，以德抱怨是化干戈为玉帛的最好武器。

仔细品味人的一生，说来也十分滑稽，哲学家尼采对此作了很恰当的诠释："滑稽的来源——试想一下，人在数千年里是容易陷入最高度恐惧的动物，一切突然的、意外的遭遇迫使他随时准备战斗，也许还要准备死亡，即使在后来的社会环境中，一切安全也以思想和行动中的预料和习惯为基础，那么，我们就不会奇怪，倘若言论和行动中一切突然的、意外的东西并未造成危险和损害，人就会顿时轻松，转化为恐惧的反面；因为害怕而颤抖的、收紧的心一下子放松舒展——于是人笑了。这种从瞬时的恐惧向短暂的放纵的转化就叫做滑稽。相反，在悲剧现象中，人从巨大的、持续的放纵迅速转入巨大的恐惧；然而，在终有一死的生灵中，巨大持续的放纵要比恐惧的缘由少得多，所以世界上滑稽比悲剧多得多；人们笑比悲痛经常得多。"

人生短短几个秋，何须天天与人仇。解铃还需系铃人，相视一笑泯恩愁。受名利困惑，使人深深地陷入泥潭之中，得与失左右了人们的心灵，报复抽空了精髓，使人徒具一个空壳，回首百年滑稽一生，是悲怆多于笑——苦，还是笑多于悲痛——乐，自己做出明智选择。

（摘自《卡耐基的成功启示录之五——报复的代价太高了》、《人生哲理身边书》、《人生哲理：宽宏大量之心会使你的精神达到一个新的境界）

第四节　自私自利　为人所弃

经典语句

1、欲速则不达；见小利则大事不成。　　　　　　　——《论语》

【语句释义】欲：想要。速：快。则：却。达：达到。想要快速却不能达到；只看到小利就不能成就大事。

2、富与贵，是人之所欲也，不以其道得之，不处也。　——《论语》

【语句释义】富：富足，指财富多。贵：显贵，指地位高。是：这。欲：想要。道：道理。处：享有。这句话是说，财富和高贵的地位是每个人都想要的，但是不用合乎道义的方法得到的就不去享用。

3、放于利而行，多怨。　　　　　　　　　　　　　——《论语》

【语句释义】利：利益，钱财，好处。怨：怨恨。一个人如果一切从自己的利益出发来处理问题，那么就会招来很多人的怨恨。

4、君子喻于义，小人喻于利。　　　　　　　　　　——《论语》

【语句释义】喻：知晓，通晓。这句话的意思是说君子通晓道义，小人只知道自己的利益。

经典故事

1、自私自利　害人害己

　　传说在天的尽头有一座大山，山上住着一位神仙，神仙怜悯世人困苦，所以对世人的请求有求必应，但是这座山太高太陡峭了，没有人上去过。神仙独自一个人在山顶很无聊，有一天，在山顶看到山脚下有两个人正在爬山。神仙想着两个人快点上来，如果这两个人上得来一定满足他们的愿望。一开始这两个人在山脚下一步一步地向上爬，但山越来越陡峭，一个人根本无法爬上来，于是两个人开始相互搀扶，神仙看到他们这样互相帮助很受感动。他们爬了很长时间，终于上了山顶，见到了神仙，神仙说一定会满足他们的愿望。

这两个人都陷入了沉思，过了很长时间也没人说出要什么愿望，神仙很着急，于是对他们说："先讲的有一倍愿望，后讲的有两倍愿望。这时两个人开始"谦让"起来，其中一个年轻的说：我年轻，我尊敬长者，让你先讲。另一个人则说：我年长，爱护青年人，让你先讲。就这样两个人让来让去，他们都说让对方先讲。这两个人越说声越大，神仙见他们这样退让就说：先讲的有一座金山，后讲的有两座金山。但是他们都说让对方先讲，神仙说：最后一次，如果不说就两个都不给了。其中一个年轻的，见这样马上说：我盲一只眼，于是他马上盲了一只眼，但另一个人立刻盲了两只眼。

感悟：这个故事反映出人性的自私，这是嫉妒和攀比之心在作怪，为了不让别人得到比自己多的东西，竟然不惜让自己失去一只眼睛。如果两个人可以不那么自私，也许每个人都已经成为亿万富翁，拥有享用不尽的荣华富贵。

2、难容亲眷　姻缘不成

映雪20岁那年，从一本杂志上看到一道让她至今难忘、在别人眼里却老生常谈的爱情考题，是女方考验男方的，题目是：要是我和你妈同时落水，你先救谁？

这道考题看似简单，却很难回答。正因为难回答，才更能考验男方对自己的爱有多深。映雪做梦都想找一位把自己看得重过母亲的男友，再发展就是把妻子看得重过母亲的丈夫，所以映雪就问在她眼里所谓的第一任男朋友李辉。映雪问李辉："如果我和你妈同时落水，你先救谁？"李辉说："当然先救我妈。"映雪问："那为啥？"李辉回答："母亲只有一个，女友成千上万，当然先救我妈。"映雪想：幸好考考他，否则自己就上当了，一个先救母亲的男人是靠不住的，况且只是让你回答先救谁，难道说这么一句话的勇气都没有吗？映雪很干脆地就和李辉拜拜了。

后来，映雪又处过几个男朋友，她都用这一道爱情考题考他们。让映雪颇感意外的是，竟然没有一个男朋友说先救她。映雪长得漂亮，气质脱俗，她实在弄不明白，那些男人为什么不肯说先救她。

最让映雪伤心的是第六任男朋友，那是个很优秀的小伙子。可以这么讲，只要他说出先救自己，她就会嫁给这个小伙子。可他却苦着脸回答："我都救，同时救两人行了吧！"映雪说："你同时救不了两人，你只能先救一人，后救一人。你是先救我，还是先救你妈？快说呀？"男朋友被逼得急了，无奈地说："我其实不会游泳，我宁愿自己淹死算了。"映雪很失望，只好忍痛和他分了手。

映雪独自领受并厌倦了单身贵族的生活后，已经30岁了，但依然不改初衷。她回过头来感觉第一任男朋友李辉非常好，是个可依靠的男人。换句话说，她觉得第一碗饭好吃，既然好吃，那就回过头来吃吧！只要不饿着肚子就行，所以映雪又回到了李辉的身边。

一天傍晚，她和李辉在公园散步，李辉说："我们结婚吧？"映雪又想拿这道长达十年之久的考题测验李辉，就说："我也有结婚的打算，不过，在结婚之前，我最后考你一次。"李辉笑一笑说："你出考题吧？"映雪说："如果我和你妈同时落水，你先救哪一个？"李辉很意外地望望映雪说："你怎么还问这种问题？"映雪说："你别打岔，快说，先救谁？"李辉说："你是随便问问好玩呢？还是深思熟虑才问我呢？"映雪说："我从20岁起就提这个问题，一直提到现在，是真心问你的。"李辉说："如果你从来没问过我这句话，我会先救你，现在你问过我两次，那么我还是10年前的那句话，我只能先救我妈。"映雪问："为啥？"李辉答："你念念不忘要别人先救自己，太自私了，我母亲辛辛苦苦把我养大成人，还从来没想过让我先救她后救别人，这叫无私。如果你们同时落水，我自然先救无私的人，后救自私的人。"

这道理原来如此简单，映雪忽然觉得自己走了10年弯路，错过了多次结婚的良机。她不想再失去李辉，就挎住他的胳膊说："好，我答应你，明天就去办结婚手续吧。"可是李辉说："你刚才的考题使我改变主意了，虽然你很漂亮，气质好，但我不能和你结婚。因为我想我和你结婚肯定是个错误，我还是不要犯错误的好。"

（摘自《好同学》2005年11期《做人何必太自私》一文）

3、大爱无疆　鞠躬尽瘁

1938年初，加拿大著名的胸外科专家白求恩大夫到中国来了。他不仅带来了大批药品、显微镜、X光镜和一套手术器械，最可宝贵的是，他还带来了高超的医疗技术、惊人的组织能力和对中国革命战争事业的无限热忱。

他到达晋察冀边区后方医院后，第一周内就检查了520个伤病员，他们大部分是在平型关战斗中负伤的。第二周白求恩大夫就开始实施手术，四个星期的连续工作，使147个伤病员很快又带着健康的身体回到前线。

从此，哪里有伤员，白求恩大夫就出现在哪里。在晋察冀的一次战斗中，他曾经连续69个小时为115名伤员动了手术。他的手术台，曾经安在离前线五华里的村中小庙里，大炮和机关枪在平原上咆哮着，敌人的炮弹落在手术室后面爆炸开来，震得小庙上的瓦片格格地响，白求恩大夫却在小庙里紧张地动着手术，丝毫不为所动，更不肯转移，他说："离火线远了，伤员到达的时间会延长，死亡率就会增高。战士在火线上都不怕危险，我们怕什么危险？"两天两夜，他一直在手术台上工作着，直到战斗结束。

为了保住伤员的性命，白求恩大夫把自己的鲜血输给了中国战士。他愉快地称自己是万能输血者，因为他是O型血。他还拿出自己带来的荷兰纯牛乳，亲自到厨房煮牛奶，烤馒头片，端到重伤员面前。看着他们大口地吃下去，微笑浮现在白求恩大夫的脸上。

一次，给一个头部中弹后引起感染的伤员做手术，匆忙之中，他竟忘记戴橡皮手套。切开头颅后，白求恩大夫赤手伸进去，用原已发炎的左手指去摸碎骨，摸到一片，像是考古学家突然在什么地方发现了甲骨文似的喜悦，他立即取出放在盘里，旋即又用手指伸进去摸。白求恩大夫的心只注意着伤员，内心被摸出的一片片碎骨的喜悦情绪占有了。他总是得意地说："又是一片！要是戴手套就摸不到了。碎骨铁片取不出来，伤员是很难好的。"但是却不知，病员伤口里的细菌，也从白求恩大夫发炎手指的伤口处溜了进去，种下了导致他生命垂危的毒种。

白求恩大夫是一个技术精湛的战地外科医生，他除了做手术治疗之外，还亲自打字，画图，编写教材，给医务人员上课。他曾经在幽静的丛林中，给三百多学生上大课。他的讲台上放一个扩音机，身后挂着三大幅人体解剖图。他一边讲，一边指着图表。学生们鸦雀无声，埋头做笔记，静静地听着。白求恩大夫曾制定"五星期计划"，建立模范医院，作为示范来推动整个根据地的医务工作。他说："一个战地的外科医生，同时要是木匠、缝纫匠、铁匠和理发匠。"他自己用木匠工具几下子就把木板锯断、刨平，做成靠背架，让手术后的伤员靠在上面使呼吸畅通。他一有空闲，就指挥木匠做大腿骨折牵引架、病人木床，指导铁匠做妥马式夹板和洋铁桶盆，教锡匠打探针、镊子、钳子，分配裁缝做床单、褥子、枕头……

为了中国人民的解放事业，白求恩大夫贡献了自己的一切，他以此为己任，以此为快乐。在他病重之时，他给聂荣臻司令员写了一封信，这是他最后的话。信是这样写的：

亲爱的聂司令员：

今天我感觉非常不好——也许我会和你永别了！请你给布克写一封信——地址是加拿大托拉托城威灵顿街第十号门牌。用同样的内容写给国际援华委员会和加拿大民主和平联盟会。告诉他们我在这里十分快乐，我唯一的希望就是能多有贡献。也写信给美国共产党总书记，并寄上一把日本指挥刀和一把中国大砍刀，报告他我在这边工作的情形。把我所有的相片……日记……文件和军区故事等，一概寄回那边去，由布克负责分散。并告诉他有一个电影片子将要完成。将我永不变更的友爱送给布克以及所有我的加拿大和美国的同志们！两个行军床，你和聂夫人留下吧，两双英国皮鞋也给你穿。骑马的马靴和马裤给冀中区的吕司令员。贺师长也要给一些纪念品……给军区卫生部长两个箱子，尤副部长八种手术器械，凌医生可以拿十五种，卫生学校的江校长让他任意挑选两种物品做纪念吧。给我的勤务员邵一平和炊事员老张每人一床毯子，并送给邵一平一双日本皮鞋……每年要买250磅奎宁和300磅的铁剂，专为疟疾病患者和极大数目的贫血病患者。千万不要再往保定平津一带去购买药品，因为那边的价钱比沪港贵两倍。告诉加拿大和美国，我十分的快乐，我惟一的希望，是能够多有贡献。最近两年是我生平最愉快、最有意义的时日……我不能再写下去了！让我把千百倍的谢忱送给你和其余千百万亲爱的同志！

白求恩大夫离开我们已有72年了，但是他的遗言仍回响在人们的耳边："不要难过……你们……努力吧……向着伟大的路……，开辟……前面的事业！"他的精神鼓舞着一代代人永远向前！

　　1939 年 11 月 12 日，伟大的国际主义战士白求恩为了中国人民的解放事业不幸以身殉职，逝世于中国河北唐县黄古口村。12 月 21 日，毛泽东同志写下了光辉著作《纪念白求恩》。白求恩"毫不利己专门利人"的精神成为一座不朽的丰碑，鼓舞着中国人民不断取得胜利，走向辉煌。

（摘自《白求恩的故事》）

现实链接

克服自私自利之心

　　20 世纪以来，西方的物质文化大量涌入中国，特别是市场经济带来富裕的同时，人们的道德素质却逐渐滑坡。不以品德高尚为荣，反以坚守情操为耻。道德评价标准失衡，遵守社会公德在一些人眼里不值一钱，而且这已不是个别现象，已经形成了社会上一种不良的风气。我们的孩子也自然而然地受到了不良风气的影响，这是我们要十分重视的问题，如果不加以重视，我们国家的明天将是一个怎样的状况，我们中华民族的传统美德将要丧失殆尽，中华文明何以延续。自古以来，中华民族就是一个礼仪之邦，美德是每个人修身立世的根本，所以五千年的文化源远流长。

　　放眼全世界，任何一个国家或者社会，都是靠法律和道德来维护民族团结和社会安定的，法律是一个硬性的规定，而道德是一个无处不在的生活规范。一旦社会道德水平失衡，社会就会处于一种混乱的状态，人们的日常行为就会失去道德的控制，最终受害的还是广大百姓。

　　遵守社会公德是利国、利民、利己的好事。如果每个人都可以遵守公德，那么社会就能有序发展，每个人才会有好的生活和学习环境。如果认为讲公德吃亏，大家都只顾自己，每个人都自私自利，最终吃亏的将是所有的人，也包括自己。比如说常见的邻里关系，大家共同住在一个小区里，这是大家共同生活的环境，是需要我们共同去爱护去维护的，但是如果每个人都自私自利，你也乱倒垃圾，我也乱倒垃圾，弄得臭气熏天，蚊蝇孳生，最终闻臭味的是所有的住户，带着细菌、病毒的蚊蝇也不会偏爱哪一家。还有的人为了少走几步路，就直接把垃圾从楼上扔下来，这样不但容易砸伤过路的人，还把垃圾弄的到处都是。如果大家都爱护环境卫

· 194 ·

生，受益的是每家每户，人们也会生活在一个优雅的环境中，这样才会心情愉悦，无论是生理上还是心理上都不会生病。大家试想一下，如果每个人只顾自己，那么这个社会是怎么样一个状况，必然要争端不断，血案百出。如果每个人都只顾自己的利益，一旦分配不均或者有人贪欲膨胀，那么就会大打出手。

一个自私自利的人是很难在社会上立足的。凡是有人味的地方，对自私自利都会嗤之以鼻。在学校，自私自利的学生在班集体中处境十分尴尬。对于个人来说，是否讲社会公德，关系到他是否能建立良好的人际关系，是否能获得满意的社会角色地位，从而必然影响他的身心和事业发展。因此，必须教育孩子从小养成遵守社会公德的良好品质，坚决摒弃自私自利。

那么我们应该教育孩子具备怎样的道德？首先要从小教育孩子热爱我们的国家和人民，热爱劳动，要懂得宽容地对待别人，不要计较蝇头小利。

一是要热爱我们的祖国和人民。我们的祖国和人民就和我们的父母一样，我们一定要爱他们，我们是社会的人，是祖国和人民为我们提供一个安定而舒适的环境，正因为有了祖国，我们才有自己的归属，才有权利的保障。爱祖国的教育，离不开祖国的大好河山，离不开祖国的悠久历史，离不开改革开放以来的伟大成就。家长在教育中，要把自己的所见所闻、切身感受充满感情地讲给孩子，而且要鼓励孩子知道得更多，认识得更深。

二是我们要教育孩子热爱劳动。热爱劳动，是中华民族的传统美德，热爱劳动百利而无一害。首先，劳动可以帮我们养成良好的生活习惯，热爱劳动的人必然做事有条有理。其次，劳动可以锻炼我们的身体，让我们身体强壮，经常劳动的人大多会比较长寿。再次，劳动会让人不敢懈怠，勤劳致富，生活也就不会困苦。第四，劳动可以磨炼我们的意志品质，以劳动为荣的人，遇到再艰苦的条件，也不会觉得苦，"千淘万漉虽辛苦，吹尽狂沙始到金。"

三是要教育孩子遵守各种秩序。公共规则是社会生活必需的、最起码的公德要求，只要培养起公德意识，做到并不难，而许多人走上邪路往往是从不讲公德开始的。从小培养孩子要像爱护自己的东西一样对待公共财物，要爱护公共设施，保护文物古迹，不乱写乱刻。跟孩子一起外出时，对那些破坏文物的现象要表示义愤，进行分析批评，不能无动于衷。教育孩子在学校要爱护桌椅、教学器械、体育器材，积极参加维修桌椅等劳动。教育孩子在公共场所自觉遵守各种规章制度和纪律。在影剧院、体育场、公园、图书馆、商店、公共电汽车上，一定按规则办事，不为个人利益破坏规定。尤其是看到有人破坏规定时，不要出于从众心理也跟着去做，应该劝阻那些违规的人。

四是教育孩子不要计较蝇头小利，宽容地对待他人。家长们都期望年轻一代成为文明、善良、有公德的人，而实现这个期望必须从小做起，从我做起，从每个家庭做起。家长要身体力行，做好这方面的表率，从小教导孩子不要贪小利，心胸要博大，这样的人才能做大事，成大气候。自己不为这样的小事计较，别人也会记住你的宽宏大度。

人生几何，匆匆过往几十年，不要成为让人唾弃的自私自利的人。

第五节　积习懒惰　贻误终生

经典语句

1、明日复明日，明日何其多，我生待明日，万事成蹉跎。

——《明日歌》

【语句释义】明日：明天。复：有，还有。蹉跎：时间白白过去，事情没有进展。明天还有明天，明天实在是太多了，如果我们今生把所有的事情都等着明天来做，那么什么事情也做不成。

2、饱食终日，无所思心，难矣哉。　　　　——《论语》

【语句释义】饱食：吃得饱饱的。终日：整天。无所：没有……。思心：心思，想法。整天吃得很饱，什么心思都不动的人，很难指望他能有所成就。

3、日月逝矣，岁不我与。　　　　——《论语》

【语句释义】日月：在这里指时间。逝：消逝，流逝。时间在不断地溜走，岁月不等待我呀！劝勉人们要珍惜时间，有所作为。

4、生于忧患而死于安乐。　　　　——《孟子》

【语句释义】生：生存，发展。死：萎靡死亡。忧患：忧虑祸患。忧愁患害足使人生存，安逸快乐足以使人死亡。

5、肉腐出虫，鱼枯生蠹。怠慢忘身，祸灾乃作。　　——《荀子》

【语句释义】腐：腐烂。蠹：(dù) 蛀虫。肉腐烂了就会长出虫子，鱼枯死了就会生出蛀虫来。这句话是要告诉人们一个人如果懈怠懒散到一定的程度，祸害自然就会发生了。

经典故事

1、懒惰成性　呜呼小命

这是一个寓言故事：话说有一只鸟叫寒号鸟，它住在山崖下的一道石缝里，这里很简陋，什么也没有，寒号鸟就把这里当成了自己的窝。寒号鸟住的石崖对面有一条很宽阔的河，河边有很多大杨树，寒号鸟的朋友喜鹊就住在其中的一棵大杨树上，寒号鸟和喜鹊面对面住着，经常一起出去猎食。时间过得很快，马上就要到冬天了，树上的叶子落了很多。很多鸟儿都开始忙碌起来，有的开始筑自己的窝，有的开始四处找粮食储存起来准备过冬。这些天喜鹊很早就出去了，回来的时候会衔很多的枝叶来修补自己的巢穴，还到处寻找粮食，来度过这个寒冷的冬天。

寒号鸟看到之后问喜鹊：“你们在干什么呀，冬天还早着呢。”喜鹊说：“现在要是不准备的话，到了冬天会冻死的。”寒号鸟听了也没往心里去，整天飞出去玩耍，玩累了就回来睡觉。一天天日子过得特别逍遥自在。喜鹊说：“寒号鸟，别睡觉了，天气这么好，赶快垒窝吧。不然到了冬天，下起了大雪，你的窝是非常寒冷的。”寒号鸟不听劝告，躺在崖缝里对喜鹊说：“你不要吵，太阳这么好，暖洋洋的，晒在身上舒服极了，正好睡觉。”

一转眼冬天就到了，寒风呼呼地刮着，喜鹊住在温暖的窝里，寒号鸟却在崖缝里冻得直打哆嗦，悲哀地叫着：“哆罗罗，哆罗罗，寒风冻死我，明天就垒窝。”第二天清早，风停了，太阳暖烘烘的。喜鹊又对寒号鸟说：“趁着天气好。赶快垒窝吧。”寒号鸟不听劝告，伸伸懒腰，又睡觉了。寒冬腊月，大雪纷飞，漫山遍野一片银白。北风像狮子一样狂吼，河里的水结了冰，崖缝里冷得像冰窖，就在这严寒的夜里，喜鹊在温暖的窝里熟睡，寒号鸟却发出最后的哀号：“哆罗罗，哆罗罗，寒风冻死我，明天就垒窝。”天亮了，阳光普照大地。喜鹊在枝头呼唤邻居寒号鸟，可怜的寒号鸟在半夜里已经冻死了。

2、互相攀靠　灾祸即到

从前有座山，山上有座庙，长时间没人打理，所以庙已经破败了。有一天，庙里来了一个矮个子和尚，在庙里住了下来，山下有一条河，和尚每天都要到山下去挑水。不久后，一个胖和尚也来到庙中，由于天热，他喝完了庙里的水，然后又挑了一桶，之后两人都不愿挑水，就商量好了抬水吃，但是分配总是不均匀，都想占便宜，最后两人在竿子上画了一条线，总算心里平衡了。不久后，一个瘦和尚来到了庙中，由于天热，他喝完了庙里的水，然后又挑了一桶，之后三人都不愿挑水，由于天旱，风干物燥，杨柳也凋榭了，老鼠横行，引起了一场大火，三人奋力扑灭了大火。风波平息后，三人才合作打水。这就是一个和尚挑水吃、两个和尚抬水吃、三个和尚没水吃的故事。这是一段寓言，反映了人的自私心理，说明没有合作的团队精神终将一事无成。

3、功夫用深　铁杵成针

唐朝大诗人李白，人称诗仙，文采风流。但是李白小时候并不喜欢读书，只顾着自己玩耍，有一天，他乘老师不在屋，悄悄溜出门去玩儿，他来到山下小河边，捉小鱼小虾玩，玩着玩着，他看见一位老婆婆远远在河边做着什么活计，李白很好奇，就跑过去看个究竟，走到近前，他看到老婆婆原来在石头上磨一根铁杵，铁杵上有很多的磨痕。李白很纳闷，上前问道："老婆婆，您磨铁杵做什么？"老婆婆说："我在磨针。"李白吃惊地问："哎呀！铁杵这么粗大，怎么能磨成针呢？"老婆婆笑呵呵地说："只要天天磨，铁杵总能越磨越细，还怕磨不成针吗？"

聪明的李白听后，想到自己的学业，才明白只要日复一日地努力做事，就是再难的事也能够做好，李白心中惭愧，转身跑回了书屋。从此，他牢记"只要功夫深，铁杵磨成针"的道理，发奋读书，最后终于成为历史上著名的大诗人，他的诗歌千百年来被人们所传诵。

现实链接

克服懒惰的坏毛病

懒惰的种类、原因分析及克服懒惰的方法。

懒惰是恶习，是每个人都必须克服的坏毛病，虽然懒惰暂时让身体感觉比较舒服，但很容易养成好逸恶劳、不思进取、缺少责任心、缺少时间观念的坏习惯。每个人都有懒惰的心理，只不过有的人可以用坚强的意志去克服。具有坚强意志的人能够持之以恒，在困难、艰苦的条件面前，不犹豫，不动摇，不停滞，一鼓作气，善始善终。而有的人甘愿做懒惰的奴隶，这样的人就是没有坚强的意志，碌碌无为终其一生。

懒惰的状态主要表现在两个方面：一是思想方面，二是行为方面。

思想上懒惰的人，他们主要是懒得去思考。什么事情都等着别人来安排自己做，久而久之就形成依赖别人的心理。这种心理与从小的生长环境有很大的关系，这样的人从小就被照顾得很好，什么事情都有人为自己想好了、做好了，自然就不需要自己去想。这种人往往生活没有目标，当一天和尚撞一天钟。时间就在懒惰中慢慢地消逝了。

行为上懒惰的人，往往已经把事情想好了，规划好了，就是懒得去做，或明明知道某件事应该做，甚至应该马上做，却迟迟不做或硬挺着，即使做也总是无精打采，懒懒散散，拖拖拉拉，不积极、不主动、不勤奋，结果也是一事无成。

那么究竟是什么原因导致懒惰心理的产生呢？

一是从小父母溺爱，依赖性强。上个世纪80年代以来，我国实行了计划生育政策，独生子女逐渐增多，孩子少了就显得珍贵，父母对孩子比较溺爱，在家里这个也不让做，那个也不让做，导致很多孩子不会做饭、洗衣服，有的甚至生活还不能自理，形成严重的依赖心理，没有主见，缺少独立性，他们在家依靠父母，在学校依靠老师，在社会上依靠他人。这种依赖心理就是导致懒惰的主要原因。

二是无论生活还是事业缺少上进心。很多人能够成功是因为有志气，也就是我们常说的上进心，上进心是成就事业的动力，缺乏上进心的人往往没有什么远大的理想，做事容易满足，对自己要求不高，得过且过的思想严重，做事不求真，不求质量，不求速度，常抱着"应付"的心理和"混过去就行"的不负责任的态度，这必然导致懒惰现象的产生。

那么我们怎样才能克服懒惰的恶习呢？

既然懒惰有这么多的弊端，我们就一定要克服懒惰的坏毛病。让它不再是成功的绊脚石，在充满困难与挫折的人生道路上，只有勤劳、奋进，朝着预定目标不断地努力，才会达到光辉的顶点。下面说说改掉懒惰的小技巧。

1、要早睡早起，养成每天清早按时起床、晚上按时睡觉的好习惯。早上起来要进行户外锻炼，这样不但有利于身体健康，还有利于去除我们懒惰的毛病。晚上早睡有利于健康和保持旺盛的体力，身体的各个器官在晚上十点以后开始排毒和休眠，而且这种生物钟是不可改变的，一旦错过就会对各个器官造成伤害，所以要养成早睡的好习惯。

2、要养成热爱劳动的好习惯。无论是大人还是孩子，都有懒惰的毛病，如果你是大人，在家里要主动做好自己的事，还要尽量帮助家人做一些力所能及的事情。如果是小孩子，家长要有意让孩子帮助父母打扫卫生、洗衣做饭，这样不但是对他日常生活能力的培养，也是克服懒惰的好办法。在学校老师要监督孩子认真完成值日，不依靠别人，积极参加学校组织的各种劳动和远足活动，从而磨练意志，克服懒惰。

3、制定人生长期规划和短期计划。有了规划才有做事的目标，长期的目标就是规划自己的一生，短期计划就是安排三个月、半年或者一年自己要做的事情，这是非常重要的一项技能，否则你的生活就会漫无目的。

4、惩罚疗法。

每天做好计划以后，要坚持去执行，如果不能完成的话就用某种事情惩罚自己，比如做100个俯卧撑、5公里长跑等等，但是要注意合理安排自己的活动，不可过多过难，不然长此以往就会产生厌倦心理，反而不利于改掉懒惰的恶习。

总之，懒惰是一个人成功的大敌，战胜懒惰，战胜自我，才能不断地前进。希望以上的一些小建议可以帮助大家改掉懒惰的恶习，成就美好的明天。

第五章
重塑篇

　　大家都听说过凤凰涅槃的故事。传说中，凤凰是人世间幸福的使者，每五百年，它就要背负着积累于人世间的所有不快和恩怨仇恨，投身于熊熊烈火中自焚，以生命美丽的终结换取人世的祥和、幸福。同样在肉体经受了巨大的痛苦和轮回后，它才能以更美好的躯体获得重生。

　　本章主要告诉人们每个人都会犯错误，但是犯了错误后要积极地改正。在痛苦中改正自己，正如凤凰涅槃那样，洗涤过往的污垢，以一个崭新的自己重新迎来美好的明天。

第一节　既往不究　重获新生

经典语句

1、**往者不可谏，来者犹可追。**　　　　　　　　——《论语》

【语句释义】谏：挽回，改正。这句话是说，过去了的已经无法挽回了，但是未来的还可以即时争取，告诉人们不要为发生过的事情懊恼，要抓住以后的时光，发奋努力，一样可以成就伟大的事业。

2、**成事不说，遂事不谏，既往不咎。**　　　　　——《论语》

【语句释义】咎：追究。已经做成的事情就不要再解释了，已经决定的事情就不要再劝阻了，已经过去的事情就不要再追究了。

3、**上不怨天，下不尤人，故君子居易以俟命，小人行险以侥幸。**

——《中庸》

【语句释义】俟：（sì）等待。君子对上天不怨恨，对下不归罪于别人，所以君子可以安心的处于平易而没有风险的境地，尽人事后而听天命，小人却是要冒险去获得非分的利益。

4、**内省不疚，夫何忧何惧。**　　　　　　　　　——《论语》

【语句释义】省：反省。疚：内疚，惭愧。扪心自问，没有什么好惭愧的，那又有什么好忧愁和恐惧的呢？

这句话的意思是说，人谁无过，要敢为自己的过错承担责任，吸取教训，不再犯相同的错误。那么以后每每反省自己也没什么好忧愁和恐惧的。

经典故事

1、忘记过去　把握未来

鲁哀公，出生年月不详，卒于公元前468年，名蒋，是春秋时期鲁国的第二十六位君主，他是鲁定公的儿子，承袭鲁定公担任鲁国君主，公元前494－前468年在位，共在位27年。

宰予，生于公元前522年，卒于公元前458年，字子我，亦称宰我，春秋时期的鲁国人，孔子的著名弟子，"孔门十哲"之一。宰予小孔子29岁，能言善辩，被孔子许为"言语"科的高才生，排名在子贡前面。曾跟随孔子周游列国，游历期间常受孔子派遣，出使齐、楚等国。

一天，鲁哀公约孔子及其弟子宰予交谈社祭（祭土地神）之事。哀公问宰予："供奉土地神的神土（木牌位）用什么木料？"

宰予回答："夏代用松木，商代用柏木，周代用栗木。（周代用栗木的意思是使黎民百姓害怕得战战栗栗。）"

对此，哀公请孔子加以评说。

孔子说："已经完成的事就不要再说了；正在顺势办的事就不要再劝阻；而对已经过去的事，应既往不咎，不必再予追究了。"

宰予问："老师，您谈到'既往不咎'，对已经过去的错误不再追究责备，是广义的，还是专指周代的做法？"

孔子认为周朝的做法及其用意是不妥当的，但又不便明讲，所以，只好用较为模糊的语言回答："对于既成事实的事，何必再去追究责备呢？把'既往不咎'的含义推而广之，又有何不可呢？"

宰予又问："对于曾伤害过您的感情而后来又认错的人，您能对他宽容吗？"

孔子果断地回答："能，也可以既往不咎！"

哀公、宰予点头微笑。

2、变害为利　上天赐予

一个困难，就是一个新的题解；一个障碍，就是一个超越自我的契机，转换思路，将有害事物变成有利条件，珍爱上天的赐予。

威风凛凛的狮子统治着整个森林，这几天狮子看起来无精打采的样子。于是狮子来到了天神面前说："伟大的天神，我很感谢你赐给我如此雄壮威武的体格、如此强大无比的力气，让我有足够的能力统治这整座森林。"

天神听了，微笑地问："多谢你的感恩，但是这不是你今天来的目的，看起来你似乎是为某事所困扰吧！"

狮子低吼了一声，跪倒在天神面前说："万能的天神，您真是无所不知，简直太了解我了！我今天来的确是有事相求，请您帮助我解除困扰。尽管我的能力很好，但是每天鸡鸣的时候，我总是会被鸡叫声给吓醒。神啊！祈求您，再赐给我一个力量，让我不再被鸡叫声给吓醒吧！"

天神笑笑，说道："狮子你去找大象吧，它会给你一个满意的答复的。"

狮子高兴地接受神的指点，急匆匆跑到湖边找大象，还没见到大象，就听到大象踩脚所发出的"砰砰"响声。

狮子不知道原因，吓了一跳，却看到大象正气呼呼地直踩脚。

狮子问大象："你干嘛发这么大的脾气？"

大象拼命摇晃着大耳朵，吼着："有只讨厌的小蚊子，总想钻进我的耳朵里，害得我都快痒死了。"说着自顾自地摇着大耳朵，不再搭理狮子了。

狮子离开了大象，心里暗自想道："原来体型这么巨大的大象，还会怕那么瘦小的蚊子，那我还有什么好抱怨呢？毕竟鸡鸣也不过一天一次，而蚊子却是无时无刻地不骚扰着大象。这样想来，我可比他幸运多了。"

狮子一边走，一边回头看着仍在踩脚的大象，心想："天神要我来看看大象的情况，应该就是想告诉我，谁都会遇上麻烦事，而它并无法帮助所有人。既然如此，那我只好靠自己了！反正以后只要鸡鸣时，我就当做鸡是在提醒我该起床了，如此一想，鸡叫声对我还算是有益处呢？"

温馨提示：在人生的路上，无论我们走得多么顺利，但只要稍微遇上一些不顺利的事，就会习惯性地抱怨老天亏待我们，进而祈求老天赐给我们更多的力量，帮助我们度过难关。实际上，老天是最公平的，就像它对狮子和大象一样，每个困境都有其存在的正面价值。只要能够转换思维，正确利用不利条件，在困境中也能有所成就。

 现实链接

每个人都会为自己的错误付出代价

最近在网上看到一个故事，感受很深。故事是这样的：瑞士的冬天太冷了，寒气几乎呛得人喘不过气来。有个人他希望在圣诞节来到之前开一家专门销售中国五金产品的商店。

"喂，你好，孩子。请问你是日本人吗？"忽然，身后一个老者叫住了他。他停下脚步，转过身来，看见老人一脸银须，头上戴着一顶样式古怪的皮棉帽，样子很和蔼。

"不，我是中国人。"他答到。"喔，神秘的中国人！我猜你到这儿的时间一定不太长吧。"他点头表示默许。"你看上去冻坏了，是吗？要知道这样的天气出门，你必须穿得厚实些，不然……"老头做出一个痛苦的表情，"你会被冻病的"。他疑惑地看着这位陌生的老头，不知道他想干什么。"我想你大概需要一顶棉帽，这样你就不会感到冷了。"说着，老人从头上摘下自己的帽子，然后递给他，"戴上它，孩子，你会暖和的！""你——，是在向我出售吗？""我不卖，孩子。这可是我祖父留下来的，我只想把它借给你。你瞧——"

老人用手指了指对面的一栋大房子，"我到家了，可你还要在街上呆一会儿。我只希望你别冻着。"老人看了看表告诉他，明天这个时候再到这个地方来把帽子还给他，并嘱咐他一定要买一顶帽子，因为这样寒冷的天气还要持续一阵子。他执意不肯拿，但老人坚持要他戴上，他只好戴上了。他问老人的名字，老人说他叫劳伦斯。老人走了，他一时鼻酸，在遥远陌生的国度里，在这冰冷的隆冬季节，竟然有一位陌生的老人，送给他一顶祖传的帽子，这有多么不可思议啊！一股暖流在身体里涌动，他立即感觉暖和多了。想到明天还得把帽子还回去，他进而生出一丝淡淡的沮丧。

路过一家帽子商店，他走了进去。一看标签，暗自一惊，最便宜的一顶也要三百瑞士法郎！乖乖！他转身又出去了。

第二天，老人如约等在了那里，准备取回自己的帽子。可是左等右

等，就是不见那个中国人！第三天，第四天……中国人始终没有出现。"这简直太荒唐了！有个中国人竟然骗走了劳伦斯先生家祖传的帽子。"这件事很快在小镇上传开了。

小镇上的人很淳朴，他们评判事物的标准一向简单明了，并且马上就能反映在他们的行动中。于是，他们毫不客气地给镇上所有中国人——甚至日本人、越南人——贴上了"有色标签"，认为他们都是不可信赖的人。不再与他们为友，不买他们的东西，不再吃中国饭馆的饭菜，毅然决然地将中国人从他们的生活中剔除了！

当然，他也未能幸免。他租不到房子，房东们都不把房子租给中国人，他没有朋友，人们都对他敬而远之，他更不敢戴劳伦斯的帽子在街上走，他甚至买不到一顶新帽子，因为所有商店都拒绝把帽子卖给像他这样的东方人。他被这里的天气冻坏了，最后，他真的病倒了。医生说他染上了伤寒，而且病得很严重。"竟然都是因为一顶皮棉帽?!"他感到震惊和恐慌，灵魂深处正遭受着前所未有的煎熬，他也从未像现在这样，感到自己竟是如此地虚弱和乏力，孤单和凄凉！"一顶皮棉帽！"他哭了，而且哭得很伤心……

这里要告诉大家的是，每个人都要为自己的过错负责，而他的过错却要我们全体中国人为他埋单，因为他代表的是中国人，所以他给我们全体中国人丢尽了脸。

（摘自龙源期刊网《每个人都会为自己的错误付出代价》一文）

第二节　荒废已久　把握时光

经典语句

1、子在川上曰："逝者如斯夫！不舍昼夜。"　　　　——《论语》

【语句释义】子：孔子，敬称。川：河流。孔子在河边感叹道："消逝的时光就像是奔流不息的河水一样呀！日夜不停的离我们远去。"

2、得时无怠，时不再来，天予不取，反为之灾。　　　——《国语》

【语句释义】怠：懈怠。得到了机遇就不要懈怠，机遇一旦错过了就不会再来。老天给予的机会，如果不能利用，反而会遭受惩罚。

3、日就月将，学有缉熙于光明。　　　　　　　　——《诗经》

【语句释义】缉熙：逐渐广大。长期不懈地努力学习，就能达到无比光明的境界。

4、人生一世间，如白驹过隙耳。　　　　　　　　——《史记》

【语句释义】白驹：白色骏马，比喻太阳；隙：缝隙。人生活在这个世界上，就像是骏马从缝隙中飞驰而过一样，转眼即逝。这句话是告诉人们人生在世何其短暂，要用短暂的时间做有意义的事。

5、岁月不居，时节如流。　　　　　　　　　　——《三国志》

【语句释义】居：居住，这里是停留的意思。流：流水。岁月消逝不停留，四时变化如流水。

这句话是要告诉人们，时光的飞逝是人无法控制的，我们能做的只有珍惜现有的时光。

经典故事

1、珍惜光阴　寸阴寸金

　　春天来了，太阳早早就升起了，喜鹊穿着漂亮的衣装来到了猫头鹰先生的家门口，欢快地叫着"猫头鹰先生，春天来了，万物复苏，快起来，借着明媚的阳光，练习我们的捕食本领，不要再睡懒觉了。"猫头鹰身体一动不动地蜷屈在窝里，懒懒地睁开一只眼睛，说道："是谁呀？这么讨厌，我还没有睡醒呢，练本领又不差这点时间，我还得再睡一会。"喜鹊听了这话只好自己去练习了。到中午，喜鹊练习回来了，看到猫头鹰虽然醒了，但还是在床上躺着，喜鹊刚要说话，猫头鹰抢着说："天还长着呢，你看现在的阳光多好，赶快来晒晒太阳吧。"喜鹊说："已经不早了，都到中午了，我已经练习了一个上午了，你也该捕食练习了。"可是猫头鹰还是不动，懒懒地躺在窝里，又进入梦乡了。太阳落山了，天边还有一些落日的余晖，喜鹊飞到猫头鹰家，看见猫头鹰刚刚起床，坐在那里发呆。就对他说："天要黑了，我要休息了，你怎么才起床啊。"猫头鹰说："我就这习惯，晚上饿了我才开始捕食。"喜鹊说："这么晚了，你还能捕到食物吗？"这时，天已经黑下来了，猫头鹰拍打着翅膀从一棵树飞到另一棵树，累得筋疲力尽，什么食物也没捕到，肚子饿得咕咕叫，他哇哇地乱叫，声音非常难听。

　　当然这是个小小的寓言故事。可是这则寓言却告诉我们一个深刻的道理：那就是要珍惜时间。古人说过："一寸光阴一寸金，寸金难买寸光阴。"昨天和今天没什么大区别，今天和明天也没有什么不一样，一年四季，春夏秋冬循环往复，但是我们个子长高了，慢慢又变矮了，头发由黑变白，这时才刚想起，该学的没有学，该会的没有会，该做的没有做，但是过去的时间却再也找不回来了，这样的人生又有什么意义呢？所以青少年朋友一定要珍惜时间，努力学习，将来才能成为有用之才，否则就难免要"少壮不努力，老大徒伤悲"了。

2、成功非难　望而怯步

并不是因为事情难我们不敢做，而是因为我们不敢做事情才难的。

1965年，一位韩国学生到剑桥大学主修心理学。在喝下午茶的时候，他常到学校的咖啡厅或茶座听一些成功人士聊天。这些成功人士包括诺贝尔奖获得者、某一些领域的学术权威和一些创造了经济神话的人。这些人幽默风趣，举重若轻，把自己的成功都看得非常自然和顺理成章。时间长了，他发现，在国内时，他被一些成功人士欺骗了。那些人为了让正在创业的人知难而退，普遍把自己的创业艰辛夸大了，也就是说，他们在用自己的成功经历吓唬那些还没有取得成功的人。

作为心理系的学生，他认为很有必要对韩国成功人士的心态加以研究。1970年，他把《成功并不像你想象的那么难》作为毕业论文，提交给现代经济心理学的创始人威尔·布雷登教授。布雷登教授读后，大为惊喜，他认为这是个新发现，这种现象虽然在东方甚至在世界各地普遍存在，但此前还没有一个人大胆地提出来并加以研究。惊喜之余，他写信给他的剑桥校友——当时正坐在韩国政坛第一把交椅上的人——朴正熙。他在信中说，"我不敢说这部著作对你有多大的帮助，但我敢肯定它比你的任何一个政令都能产生震动。"

后来这本书果然伴随着韩国的经济起飞了。这本书鼓舞了许多人，因为他们从一个新的角度告诉人们，成功与"劳其筋骨，饿其体肤"、"三更灯火五更鸡"、"头悬梁，锥刺股"没有必然的联系。只要你对某一事业感兴趣，长久地坚持下去就会成功，因为上帝赋予你的时间和智慧足够你圆满做完一件事情。后来，这位青年也获得了成功，他成了韩国泛业汽车公司的总裁。

温馨提示：人世中的许多事，只要想做，都能做到，该克服的困难，也都能克服，用不着什么钢铁般的意志，更用不着什么技巧或谋略。只要一个人还在朴实而饶有兴趣地生活着，他终究会发现，造物主对世事的安排，都是水到渠成的。

（摘自百度文库《成功并不像想象的那么难》一文）

现实链接

为自己的重生努力学习

每个人的人生都是有限的，多则几十年，少则十几年甚至是几年，所以时光对于每个人来说都是非常的珍贵的，"一寸光阴一寸金，寸金难买寸光阴"，说的就是这个道理。无论是权倾朝野的王侯将相，还是富可敌国的富商大贾，都对时光无可奈何。那我们是不是要珍惜时光做一些有意义的事呢？尤其是对于一些犯过错误的朋友，虽然你已经用自由为自己犯过的错误埋了单，但是你还拥有属于自己的时光，你完全可以用这段时间做一些有用的事来充实自己。因为你们犯了错误，所以时光对于你们来说才更加珍贵。怎样才能避免走原来的老路呢？最好的办法就是学习。掌握了知识，就等于掌握了自己未来的命运。有时候有些人犯错是因为他们没有意识到那是错，即使知道那是错，也没有认识到错误的严重性，这些都是因为缺乏必要知识而导致的后果。其实犯错并不可怕，可怕的是重复犯同样的错误。总有一天你们还要重新获得自由，还要重新面对社会、面对家人、面对生活的压力。尤其是在日新月异的今天，我们的社会正在飞速发展，科学技术每天都在进步，如果荒废了这段时光，等到你们重新面对社会的时候，会更加手足无措：因为摆在你面前的最大问题是，将如何生存。

据研究表明，多数在狱中学习深造的朋友重获自由后都很好地融入了社会，而多数在狱中混日子的朋友，出狱后生活都比较窘迫，再次犯罪的机率也比较大。所以奉劝各位朋友，不能再荒废光阴，要为我们的明天加油。

第三节　反躬自省　拒绝诱惑

经典语句

1、过而能改，民之上也。 ——《国语》

【语句释义】过：过错。改：改正。犯了过错能够改正的人是人上人。

2、人之求多闻善败，以鉴戒也。 ——《国语》

【语句释义】求：追求，探求。闻：知道。善：好的。败：坏的，失败。正面和反面的东西，人们都应该知道一些，以便从中可以吸取经验教训。

3、见贤思齐焉；见不贤而内自省也。 ——《论语》

【语句释义】贤：贤人，指有道德有才能的人。思：思考。齐：等同。焉：语气词。内：内心。省：反省。这句话是说，看到贤能的人，就要学习他贤能的品质，要达到和贤人相同的状态，见到不贤的人，就要反省自己是不是也有相同的毛病。

4、言必虑其所终，而行必稽其所弊。 ——《礼记》

【语句释义】虑：考虑。稽：考虑，考察。说话之前要考虑清楚后果，行动之前要考察好有没有弊端。这句话是告诉人们说话办事要谨言慎行，以免造成不好的后果。

5、反听之谓聪，内视之谓明，自胜之谓强。 ——《史记》

【语句释义】能够听取别人对自己的批评，虚心接受他人的意见，这才是聪明人；要时常的反思自己，在自己身上寻找错误，换位思考，才能够明白事情的道理；人最难的是战胜自己，如果可以日日三省，，才能够变得足够的强大。

这句话是要告诉我们在日常的工作和学习中，我们要虚心接受他人的意见和建议，时时反省自己，有则改之，无则加勉，这样才能不断的提高自己。

经典故事

1、保持党性　拒绝诱惑

李刚是一名刚刚毕业不久的大学生，在上学期间一直努力学习，生活上艰苦朴素，现在在一家建筑企业当技术员，由于小李平时工作认真负责、任劳任怨，所以受到了公司领导和同事的好评，很快就担任了公司的领导职位。

公司里的同事有人羡慕、有人嫉妒，但是小李依然坚持出色完成每一项工作任务，从来不在乎外面的闲言碎语。小李的妻子小杨是一家百货公司的职员，小杨每天起早贪黑，工作十分的辛苦，但是工资又不高。尤其是两人有了孩子以后，各种开销都大了起来，一家三口的日子过得并不宽裕。

小李所在的是一家建筑工程公司，随着这些年建筑业的火爆，公司也越做越大，经济效益很好。而他稳重、冷静、谦逊和认真的工作作风和态度使他在外界树立了良好的信誉，此时的小李，可谓春风得意，但他从不沾沾自喜，反而经常谦逊地说："这些都是公司员工共同努力的结果，我们时时刻刻都要以一种平和的心态对待事物。"

有一次，小李所在的公司承接了一项大规模的工程，各个施工队的老板都认为那是一块肥肉，有利可图，便纷纷找上门来，想获得工程的承包权。小李都当面拒绝了，他说："让谁来承包工程，是要投标的，我可没权利做这种事情。"可是一个施工队的老板还是不死心，悄悄等在他回家的路上，并塞给小李一个红包，说："一点意思，望您能收下。"小李皱了皱眉头，婉言谢绝了。小李还以为事情就这样过去了。几天后正好是小李儿子的生日，一家三口正吹蜡烛的时候，那个老板又上门了，还提了一大堆的东西过来，硬要塞给小李孩子一个红包，小李明白他的来意，告诉他："您要是来参加我儿子生日的，那就请您坐下来一起高兴一下，如果是为了工程的事，那您就请回吧。"老板见跟小李说不通，就采取迂回政策把红包往小杨手里塞，此时的小杨，心里动摇了。她虽然明白，丈夫当上了领导，可他却从没捞过任何不义之财，看见别人家里小日子过得红红火火，再看看自己家，显得就很寒酸了。为此，她心里多少也有过一丝埋怨和不平衡，但看见丈夫整日为了工作忙忙碌碌，人都瘦了，她又感到心疼。现在，看见有人主动送礼到家，她心里开始了激烈的思想斗争。小李见妻子拿着红包犹犹豫豫并没有拒绝的意思，看出了妻子的意图，他对妻子说："我们要谢谢老板的好意，但是，红包和礼品我们坚决不能收。我是共产党员，我忘不了在入党宣誓的那一刻所立下的誓言。我虽然是一名领导干部，但这是上级领导和同志们给我的，是让我来更好地为广大职工群众和企业服务的，不是用来为我个人捞取钱财的工具。我家虽然不富裕，虽然也缺钱，但我们会靠我们自己的辛勤工作去改善生活条件。相信一切都会慢慢好起来的……"见丈夫这样说，妻子红了脸，马上将红包还给了那个老板。那个老板见他们这样执着，只好悻悻告辞。

事后，小李的妻子不好意思地对丈夫说："幸亏你的提醒，否则，我就要犯错误了！不，也许就是犯罪呢！"小李语重心长地说："是啊！我们再穷，也不能接受不义之财。如果接受了，那就是犯罪。你知道那叫什么罪吗？那叫'受贿罪'，可不能因一时的糊涂铸成大错啊！你看那些贪官，靠贪捞取了不属于自己的钱财，最终还不都落得个妻离子散、自己进监狱的下场？"妻子信服地点点头："作为妻子，我差点害了你，也差点害了咱们家呀！咱家虽然条件不好，但我们靠正当的收入养家，日子平平淡淡倒也自在。以后，我会守好'后院'，你就安心工作吧！"小李会心一笑，说："是的，至少我们可睡安稳觉。"

荀子说"人生而有欲。"人生而有欲望并不等于欲望可以无度。宋理学大家程颐说："一念之欲不能制，而祸流于滔天。"古往今来，因不能节制欲望，不能抗拒金钱、权力、美色的诱惑而身败名裂，甚至招至杀身之祸的人不胜枚举。

诱惑能使人失去自我，这个世界有太多的诱惑，一不小心往往就会掉入陷阱。固守做人的原则，守住心灵的防线，不被诱惑召引，你才能生活得安逸、自在。

2、贪心纵欲　得不偿失

这个故事非常简单，它发生在非洲卡拉哈里地区，在非洲炎热的旱季，水源是非常稀有的，但是每到雨季的时候，很多雨水就会流到地下洞穴中储存起来。而往往地下洞穴非常的隐秘不容易被发现，当地人千百年来生存在这个地方，所以有一个特别的办法能找到水源。

非洲卡拉哈里地区有一种狒狒非常聪明，它们在这片沙漠中繁衍生息，每个狒狒种群都有自己的饮水点，狒狒们保护得非常严密，只有在晚上没人的时候才会偷偷地去喝水，所以要想找到饮水点很困难。

而当地人有一个非常有趣的方法能找到水源，这个方法是这样的：先在小土丘中挖一个小洞，这个洞不能太大，只要一只手可以伸进去就行，在你挖洞的时候一定要让狒狒们看到，然后将一点干果放在洞里面。狒狒们是个很好奇的动物，在你挖洞放干果的时候它们就已经跃跃欲试，要看看里面是什么东西了。弄好后你就可以离开了，静静等着狒狒上钩。

开始的时候，狒狒们还会很小心，不断地试探，等确定没有了危险，它们的胆子就大了起来。这时狒狒就会伸进手去拿洞里的东西，因为洞口很小，手将将可以伸进去，但是等你握住了拳头，就会卡在洞口拿不出来，猎人们就会轻而易举地抓住它们。

抓住它们后猎人们把它绑在小树边上，先饿着狒狒，狒狒往往表现得很委屈和无聊。等到觉得狒狒饿得不行的时候，再喂给它们盐块，在非洲，盐是非常稀缺的东西，对于狒狒来说更是美味的小点心，所以它就会肆无忌惮地吃下去。可是越吃越渴，等到猎人放开它的时候，它根本不会顾及有没有人会跟踪它，于是人们就轻而易举地找到水源了。

猎人就是利用了狒狒的贪欲，如果在紧要关头狒狒可以放开手里的东西，那么也就不会被猎人们抓住。如果不吃盐块也就不会急着去喝水被猎人找到水源。其实这个故事还算是人性化的，因为非洲的土著人不会随便地猎杀动物，只是在为解决温饱的时候才会做出杀戮的行为。试想如果狒狒们是猎人们的猎物，那应该是多么的可怕的事情，那样的话，狒狒们一时的贪欲换来的就是生命的代价。

现实链接

不要成为欲望的奴隶

欲望和诱惑是同类语，它们都有两面性。印度 20 世纪伟大的哲学家、心灵导师克里希那穆提曾说过："对欲望不理解，人就永远不能从桎梏和恐惧中解脱出来。如果你摧毁了你的欲望，可能你也摧毁了你的生活。如果你扭曲它，压制它，你摧毁的可能是非凡之美。"

到底什么是诱惑和欲望呢？

所谓诱惑是世界上一种最奇妙的东西，它让你欲生欲死，飘飘欲仙；它让你疯狂到可以做任何事；它让你落入罪恶的深渊。从某种意义上来说，人的一生就是一个不断地接受诱惑、满足欲望的过程。而诱惑在现实中又可以分为物质上的诱惑和精神上的诱惑。比如说人们都需要吃饱穿暖，都需要住房，有条件还需要汽车等等。而精神上的诱惑是指追求某种心理上的满足，比如追求学术界的名声，追求金钱、权力、名利、地位，追求受别人的尊敬和敬仰等等，这些都是诱惑，与欲望相比，诱惑更多的是来自于外界。

欲望是大千世界人人与生俱来的。欲望包括生理的欲望、心理的欲望、精神的欲望等等，没有欲望，生命也就失去了存在的价值。因为是欲望让我们不断地努力奋斗，换句话说，努力奋斗的过程也就是满足欲望的过程。有欲望并不是什么坏事，有了欲望我们会努力地学习，我们会积极地工作，这是在追求一种积极向上的东西。但是欲望是一把双刃剑，我们日常学习和工作中要注意合理地运用它，如果欲望超过了必要的限度和特定的种类，那么我们也会丧失理性，从而成为欲望的奴隶，沦陷到欲望的深渊无法自拔，到那时悔之晚矣。

可以说欲望和诱惑时时刻刻都缠绕在我们身边，有了欲望就有可能引发各种诱惑，有了诱惑就可能产生种种欲望，它们相伴而生，形影不离。

面对诱惑和欲望，我们要把握好它的属性，好的欲望和诱惑我们要好好地利用。比如说想成为一个学者的欲望这是好的，利用这种欲望的诱惑，好好地充实自己，不断地掌握各方面的知识，最终学有所成。比如说想成为一个老百姓爱戴的好官，就要努力为老百姓做好事、做实事。坏的欲望和诱惑我们要坚决的抵制。比如说我们都需要钱，都希望有更多的钱，那么，有人就会不则手段，去偷、去抢、去诈骗、去贪污腐化，这些就是不好的欲望。

除此之外，我们还要把握欲望和诱惑的度，不贪不求。不贪不求不是指禁欲，因为每个人都要有基本的物质条件来保证生存的需要。而是指不要对荣华富贵、声色犬马过分地追逐。人们常说知足常乐，就是说人要学会知足，心里就不会有太多的欲望，这样精神负担就少，就会觉得快乐。有的人很有钱，但是他不快乐，他每天都担心有人会去偷他的钱、抢他的钱、骗他的钱，所以根本没有时间去享受，每天提心吊胆，有何快乐可言。其实在人的一生中，每人每天吃不过斤米，睡不过尺寸之地，钱多钱少、官职大小与生活的好坏没什么标准可言，这些不过是外在的物质的东西，真正好的生活质量在于每天的心态是不是很好，每天是否都能过得很开心。如果每天都是在和别人攀比，那每天都不会快乐，因为这个世界上永远有比你强的人。不抑制自己的欲望，不抑制自己的贪求，就经不起诱惑的考验。经不起金钱的诱惑，就会贪污受贿，或去坑蒙拐骗偷；经不起美色的诱惑，就会腐败堕落，就会用恶劣的手段去猎获美色；经不起权力的诱惑，就会争权夺利，就会不惜以身犯险。多少党和国家的干部，就栽在这些欲望上，革命时期都是优秀的革命战士，一旦条件好转起来，就开始贪图享受，沉溺于玩乐，不能保持自己的操守。我们一定要引以为鉴。

因此，无论是官员还是普通百姓，都要正确对待和把握欲望，拒绝不良诱惑。时刻要用艰苦朴素的优良品质来警醒自己，要用一颗平常心，对待事业、对待生活、对待人生。在大事大非面前一定要正确处理欲望和诱惑的关系，不盲目攀比，做到知足常乐。俗话说："壁立千仞，无欲则刚"，就是说没有欲望，或者说控制住你的欲望，你这个人就是非常强大的，因为没有人可以抓住你的弱点来打败你。所以在日常生活中一定要谨慎行事，万不可沦为欲望的奴隶，知足常乐，我们的明天会更好。

第四节　坚定信念　敢为栋梁

经典语句

1、自暴者不可与有言也，自弃者不可与有为也。　　　——《孟子》

【语句释义】暴：损害。弃：抛弃。自己损害自己的人不可以和他说什么，自己抛弃自己的人不可以和他一起合作做事情。这句话告诉人们，如果自己都自暴自弃，那么别人就更加不能信任你。

2、见兔而顾犬，未为晚也；亡羊而补牢，未为迟也。　——《战国策》

【语句释义】看见兔子才想起猎狗，这还不晚；羊儿逃跑了再补羊圈，也不算迟。

3、岁寒，然后知松柏之后凋也。　　　　　　　　　——《论语》

【语句释义】凋：凋谢，凋零。在寒冷的冬天里，才知道松柏是最后才凋谢的。在这里是比喻只有在艰难的环境中，才能体现人的高贵品质。

4、三军可夺帅，匹夫不可夺志也。　　　　　　　——《论语》

【语句释义】三军：军队的通称。匹夫：指男子汉。军队可以丧失主帅，但是男子汉大丈夫不可以放弃自己的志向。

经典故事

1、浪子回头　福运双至

明朝的时候，有一个财主家财万贯，年过半百才生了一个儿子，取名叫做天宝，父母十分疼爱天宝，衣来伸手饭来张口，所以天宝长大后一无所长，傲慢无礼，挥金如土，经常和一群狐朋狗友出去吃喝玩乐。老财主看到儿子这样的不长进非常担心：儿子这样不肖，自己死后恐怕儿子保不住家业，便请了个有名的先生教他读书，轻易不让他出门，在先生的管教下，天宝渐渐地变得知书识礼了。可是好景不长，天宝的父母先后患病，不久都离开了人世。父母去世后，无人管教天宝，他的学业也就中断了。

天宝的先生前脚刚走，天宝小时候认识的狐朋狗友又找上门来，天宝和他们混在一起，整日花天酒地，不到两年，万贯家财花了个精光，最后落得靠乞讨为生。直到这时，天宝才想起父母的疼爱，后悔自己过去的生活，决定痛改前非，发奋读书。一天晚上，天宝从老师家借书回来，因天气寒冷，再加上一天粒米未进，一跤跌倒后，再也没有力气爬起来，不一会儿，就冻僵在路旁。这时，王员外正好路过，见天宝拿着一本书，冻僵在路旁，不禁起了怜爱之心，便命家人救醒天宝。天宝被救醒后，王员外问清了他的家世，得知他已经痛改前非，对他很同情，便把他留在身边，打算让天宝做女儿腊梅的先生，对此天宝感激不尽，赶紧拜谢了王员外救命之恩和收留之义，从此，天宝就留在王员外家勤勤恳恳地教腊梅读书识字。腊梅是员外的独生女儿，长得如花似玉，而且温柔贤淑。天宝一开始教书十分认真，可时间一长，不禁色向胆边生，对腊梅想入非非，动手动脚。腊梅气得找父亲哭诉，王员外听后十分气愤，心道："我对你有救命之恩，怜你孤苦无依，好心收留于你，没想到你做出这等不义之事。"但员外不动声色，他怕这件事传到外面，对女儿的名声有影响，便想了一个主意，写了一封信，把天宝叫来，对他说："天宝，我有一件急事需要你帮忙。"天宝说："员外对我恩重如山，无论什么事，我决不推辞！"王员外说："我有一个表兄，住在苏州一孔桥边，烦你到苏州把这封信送给他。你这就起程吧！"说完，又给天宝二十两银子作为盘缠，天宝虽然不想离开腊梅，但也无可奈何，只好怏怏地上路。

谁知到苏州，到处都是孔桥，天宝找了半个多月，也没找到王员外表兄的住处，眼看着盘缠快花完了，他打开信一瞧，不禁羞惭万分，只见信上写着四句话："当年路旁一冻丐，今日竟敢戏腊梅。一孔桥边无表兄，花尽银钱不用回！"

看完信后，天宝羞愧万分，本想投河自尽，但他转念一想：王员外非但救了我的命，还保住了我的名声，我为什么不能挣二十两银子，还给王员外，当面向他请罪呢？于是，天宝振作精神，白天帮人家干活，晚上挑灯夜读。三年下来，他不但积攒了二十两银子，而且变成了一个博学的才子，这时，恰恰开科招考，天宝进京应试，一举中了进士，于是，他星夜兼程，回去向王员外请罪。

到了王员外家，天宝"扑通"一声跪倒，手捧一封信和二十两银子，对王员外说他有罪。王员外一见面前的人是天宝，赶紧接过书信和银子，一看原来是三年前他写的那封信。不过，在他那四句话后又添了四句："三年表兄未找成，恩人堂前还白银；浪子回头金不换，衣锦还乡做贤人。"王员外惊喜交加，连忙扶起天宝，问寒问暖，又亲口把腊梅许给天宝。

2、意志薄弱　万事难成

不相信自己的意志，永远也做不成将军。

古时候，连年征战，父亲和儿子同去军中效力。父亲勇敢果断，杀敌无数，已做了将军，儿子胆小怯懦还只是马前卒。号角吹响，战鼓雷鸣，又到了冲锋陷阵的时候了，父亲担心儿子，庄严地托起一个箭囊，其中插着一只箭，父亲郑重地对儿子说："这是我们家世代相传的宝箭，我们的先祖用它成就了丰功伟业，你把它配带在身边，就会力大无穷，所向披靡，但千万要记住不可抽出来。"

那是一个厚牛皮打制，极其精美的箭囊，镶着幽幽泛光的铜边儿，一看就让人爱不释手，再看露出的箭尾，一眼便能认出是用上等的孔雀羽毛制作。儿子喜上眉梢，贪婪地推想箭杆、箭头的模样，耳旁仿佛嗖嗖地箭声掠过，敌方的主帅应声落马而毙，儿子仿佛看到了自己身穿将军铠甲，指挥千军万马的景象。

果然，配带宝箭的儿子英勇非凡，所向披靡，斩敌首无数。当鸣金收兵的号角吹响时，儿子再也禁不住得胜的豪气，完全背弃了父亲的叮嘱，强烈的欲望驱使着他呼一声就拔出宝箭，试图看个究竟。骤然间他惊呆了：是一支断箭，箭囊里装的竟是一支折断的箭！难道我一直背着一支断箭在打仗？儿子吓出了一身冷汗，仿佛顷刻间失去支柱的房子，他的意志轰然坍塌了，吓得他呆立在战场中任人宰割。

结果不言自明，后来儿子惨死于乱军之中

硝烟散去，父亲见到了儿子的尸体，拣起那支断箭，沉重地啐一口道："你这怯懦的东西，不相信自己的意志，永远也做不成将军。"

把胜败寄托在一支宝箭上，多么愚蠢！而当一个人把命运的把柄交给别人，又是多么危险啊！可是现实中往往有很多人把希望寄托在别人身上，得到的多数是失望。比如把希望寄托在儿女身上；把幸福寄托在丈夫身上；把生活保障寄托在单位身上……要时刻记住，不靠天，不靠地，不靠别人，靠自己。

温馨提示： 我们每个人都是一支坚韧、锋利的箭，若要它百步穿杨，百发百中，磨砺它、拯救它的都只能是自己。

3、千锤百炼　价值不变

不要让以往的过失蒙蔽明天的美好。

这是一次让人受益终生的演讲，它震撼灵魂的同时，也给迷失的你我指明前进的方向。

明亮的主席台上没有过多的修饰，当帷幕缓缓打开的时候，观众报以热烈的掌声，只见一位神采奕奕的学者，手中拿着一张100元的钞票走了出来。没有过多的修饰，他开门见山地说："我要问到场的各位一个问题，我手中现有一张百元大钞，你们谁想要?"会场顿时热闹起来，大家纷纷举手表示想要100元钞票。看到大家的反映，演讲者没有太多的表情，他接着说："我打算把这100元送给你们中的一位，但在这之前，请准许我做一件事。"他说着将钞票揉成一团，然后又问："谁还想要?"仍然有很多人举起手来。

接着他又说："那么，如果我这样做呢?"他的话音刚落，就把钞票扔到地上，又踏上一只脚，用力的踩踏着钞票。然后他拾起钞票，钞票已经变得又脏又皱。

"现在谁还要?"他问道，还是有很多人举起手来。演讲者这时的脸上才现出一丝微笑，他对大家说："朋友们，你们已经上了一堂很有意义的课。无论我如何对待那张钞票，你们还是想要它，因为它并没贬值，它依旧值100元。

其实每个人的人生路都不是坦途，而是充满坎坷与荆棘的原始森林，我们会无数次被自己的决定或碰到的逆境击倒，甚至碾得粉身碎骨，我们会觉得力不从心，觉得自己可能一文不值了。但在我们亲人的眼中，无论我们贫穷或者富有，落魄或者衣着华贵，残缺或者健康，在他们看来，你们依然是无价之宝，因为有你足以，他们不需要你有万贯家财，不需要你身居高位，只要你健健康康平安就好。

温馨提示：生命的价值不在于我们做了什么，我们拥有什么，也不仰仗我们的朋友是谁，我们的亲属是谁，而是取决于我们本身！我们每个人都是独一无二的——永远不要忘记这一点！

4、昂起头来　自信最美

别看它是一条黑母牛，牛奶一样是白的。

凯瑟琳是个内向腼腆的小女孩，她总爱低着头，她一直觉得自己长得不够漂亮，在人多的时候总是躲在阴暗的角落里，她几乎没有朋友，每天都独自玩耍。

有一天，她路过饰物店看到一只绿色蝴蝶结十分喜欢，店主不断赞美她戴上蝴蝶结很漂亮，简直就是一只可爱的小天使，凯瑟琳虽不信，但是很高兴，于是买了下来。出门的时候不由得昂起了头，急于让大家看看，与人撞了一下都没在意。

凯瑟琳走进教室，迎面碰上了她的老师，她没有向平时那样低头走过去，而是大声的向老师问好，"珍妮，你昂起头来真美！"老师爱抚地拍拍她的肩说。

那一天，凯瑟琳很开心，她得到了许多人的赞美，很多同学也主动和她一起玩耍。她想一定是蝴蝶结的功劳，可往镜前一照，头上根本就没有蝴蝶结，一定是出饰物店时与人一碰弄丢了。

自信本就是一种美丽，而很多人却因为太在意外表而失去很多快乐。

温馨提示：无论是贫穷还是富有，无论是貌若天仙，还是相貌平平，只要你昂起头来，快乐会使你变得可爱——人人都喜欢的那种可爱。

现实链接

要对自己充满自信

自信是一个人最好的名片，它让你充满阳光般的魅力。那么，什么是自信呢？所谓自信就是自信心，是一个人对自我价值的表达，及对自身力量的认识和充分估计，并坚信自己的力量。"我有把握"、"我能"、"我能解决这个问题"、"我行"等等，都是一个人充分自信的表现。萧伯纳有句名言："有自信心的人，可以化渺小为伟大，化平庸为神奇。"

一个人自信心的建立不是天生的，更不会随意得来。一个人的自信心与他的成功概率成正比。自信心越强，越能够不畏失败，不怕挫折，不懈进取。自信心越大，越能够产生强大的精神动力和进取激情，排除一切障碍去实现自己的目标。

每个人都有遇到挫折的时候，但要相信困难和挫折只是暂时的，千万不可被困难和挫折所吓倒，从而一蹶不振，进而对自己产生怀疑，使自信心受到打击。

那么当遇到困难和挫折时候，我们应该怎样做才能保持自己的自信心呢？

首先应该保持头脑清晰，勇敢面对现实，不要逃避。冷静地分析整个事件的过程，判断究竟是自己本身存在问题，还是外来因素的影响？抑或是两者皆有呢？假如是自身因素的话，那么自己就应该好好反省一下，为什么会犯这样的错误？以后应该怎样做才能避免同类事件的发生？事情已经发生了，不要急于去追究责任或是责怪自己，而应该想想事情是否还有挽回的余地？如果有的话，应该怎样做才能把损失或伤痛减到最低？

其次，请记住一句话——没有永远的困难，也没有解决不了的困难。困难与人生相比，它只不过是一种颜料，一种为人生增添色彩的颜料而已。当你遇到困难的时候，不要逃避问题或是借酒消愁，有道是"举杯消愁愁更愁啊！"只要你对自己有信心，什么困难都难不倒你的。

如何才能提高自己的自信心呢？

首先要克服自卑心理，树立自信心。每天在心中默念"我行，我能行"。别的人能行，我也行啊！大家都是人，都有一个脑袋、两只手，智力都差不多。只要努力，方法得当，那么什么事都是可以办到的。俗话说："相信自己行，才会我能行；别人说我行，努力才能行；今天若不行，明天争取行；能正视不行，也是我能行；不但自己行，帮助他人行；相互支持行，合作大家行。"要对自己的成功给予积极评价。要不断提高对自我的评价，对自己作全面正确的分析，多看看自己的长处，多想想成功的经历，并且不断进行自我暗示，自我激励："我一定会成功的"，"人家能干的，我也能干，我也不比他们差"等等，经过一段时间锻炼，自卑心理会逐步被克服。

其次要每天都保持甜美的笑容。没有信心的人，经常眼神呆滞，愁眉苦脸。而雄心勃勃的人，眼睛总是闪闪发亮，满面春风。人的面部表情与人的内心体验是一致的，笑既是快乐的表现，也是信心和力量的表现；笑能使人心情舒畅，精神振奋；笑能使人忘记忧愁，摆脱烦恼。学会笑，学会微笑，学会在受挫折时笑得出来，就会提高自信心。

三是做人一定要昂首挺胸，同时要学会主动与他人交往。要有意识地选择与那些性格开朗、乐观、热情、善良、尊重和关心别人的人交往。在交往过程中，你的注意力会被他人所吸引，会感受到他人的喜怒哀乐，跳出个人心理活动的小圈子，心情也会变得开朗起来，同时在交往中，能多方位地认识他人和自己，通过有意识地比较，可以正确认识自己，调整自我评价，提高自信心。

遇到挫折而垂头丧气的人，常常是失败的表现，是没有力量的表现，是丧失信心的表现。成功的人，得意的人，获得胜利的人总是昂首挺胸，意气风发。昂首挺胸是富有力量的表现，是自信的表现。

积极的自我形象和健康的生活态度，可增强你抵抗压力的免疫力。自我怀疑和对自己的能力失去信心是常见的，任何人，无论表现得多么自信，也难免对他面临的挑战缺乏自信心，这常常是对压力的一种自卫性反应。但长期自信心丧失，会影响对自己能力的认识，压力就产生了，情绪上的、心理上的或生理上的毛病会相伴而至。许多心理健康专家认为：焦虑、沮丧等神经失常是因为自我形象和别人对你的看法相矛盾而造成的。

所以建立良好的自信心是非常重要的，具有良好的自信才会有良好的心态，做事情才会事半功倍。

（摘自百度文库，《如何提高自信心》一文）

第五节　端正心态　不弃不馁

经典语句

1、此鸟不飞则已，一飞冲天；不鸣则已，一鸣惊人。 ——《史记》

【语句释义】这只鸟不飞就罢了，一飞就直冲云霄；不叫就罢了，一叫就使人惊异。这句话告诉人们，有才能的人，平时默默无闻，一旦有机会施展才华，就能做出惊人的业绩来。所以每个人都不要为暂时的失意而懊恼，机会只眷顾有准备的人。

2、靡不有初，鲜克有终。 ——《诗经》

【语句释义】做任何事情没有一开始就退缩的，但是很少有人坚持到最后。这里要告诉人们做人做事要善始善终，遇事不气馁。

3、人一能之，已百之；人十能之，己千之。 ——《中庸》

【语句释义】别人一次就能够掌握学会的东西，如果我花上几百次不断的练习，一定也能学会；别人十次就能够领悟的东西，如果我学上一千次，也肯定会领悟。

这句话的意思是说，世间万事万物没什么困难的，别人能做到的我们也能做到，主要在于是否能付出辛苦。

4、蛟龙得云雨，终非池中物也。 ——《三国志》

【语句释义】蛟龙一旦得到云雾雨露就会腾空而去，终究不会长久屈服于池塘之中。意指有才能的人终会有所作为。

这句话就是要告诉人们，只要有能力，就不用担心没有施展的机会。

经典故事

1、惯于寻找　永远坐票

生活中很多事只有敢想，才能做到。如果你只接受最好的，那么你经常能得到最好的。

有一个人经常出差，很多时候是临时通知，所以经常买不到有座位的车票。有一点让人觉得很奇怪，无论路途长短，无论是不是乘车高峰期，他总能找到座位。其实，他的办法说来很简单，就是耐心地一节车厢一节车厢找过去。这个办法听上去似乎并不怎么高明，很多人不屑去做，但却很管用。每次，他都做好充分地思想准备，从第一节车厢走到最后一节车厢，可是每次他都用不着走到最后就会发现空位。他说，这是因为像他这样锲而不舍找座位的乘客实在不多，有些乘客走过几个车厢就放弃了。经常是在他找到座位的车厢里有很多空余的座位，而在其他车厢的过道和车厢接头处，居然人满为患。大多数乘客轻易就被一两节车厢拥挤的假象迷惑了，不大细想在数十次停靠之中，从火车十几个车门上上下下的流动中蕴藏着不少提供座位的机遇；即使想到了，他们也没有那份寻找的耐心，眼前一方小小立足之地很容易让大多数人满足，为了一个座位背负着行囊挤来挤去有些人觉得不值，他们还担心万一找不到座位，回头连个好好站着的地方也没有了。与生活中一些安于现状不思进取害怕失败的人永远只能滞留在没有成功的起点上一样，这些不愿主动找座位的乘客大多只能在上车时最初的落脚处一直站到下车。

温馨提示： 坚定信念、执着追求、勤于实践，会让你握有一张人生之旅永远的坐票。

2、坦诚相见　良机自现

有个年轻人几天来一直在微软公司门外徘徊，终于他下定决心走进微软公司的大门，他找到人事经理说自己是来面试的，而该公司并没有刊登过招聘广告。见经理疑惑不解，年轻人用不太娴熟的英语解释说自己是碰巧路过这里，就贸然进来了，希望经理能给他一次机会。人事经理感觉很意外，感动于年轻人的勇气，破例让他试一次。面试的结果并不太好，年轻人表现糟糕。他对经理的解释是事先没有准备，经理以为他不过是找个托词下台阶，因为很多来面试的人都说过相同的话，就随口说道："等你准备好了再来试吧"。

一周后，年轻人再次走进微软公司的大门，这次他离公司要求的标准还有很大差距，所以依然没有成功。但比起第一次，他的表现要好得多。而经理不忍打击年轻人的积极性，给他的回答仍然同上次一样："等你准备好了再来试。"就这样，这个年轻人先后5次踏进微软公司大门，最终被公司录用，成为公司的重点培养对象。

温馨提示：也许，我们的人生旅途上沼泽遍布，荆棘丛生；也许我们追求的风景总是山重水复，不见柳暗花明；也许，我们前行的步履总是沉重、蹒跚；也许，我们需要在黑暗中摸索很长时间，才能找寻到光明；也许，我们虔诚的信念会被世俗的尘雾缠绕，而不能自由翱翔；也许，我们高贵的灵魂暂时在现实中找不到寄放的净土……那么，我们为什么不能以勇敢者的气魄，坚定而自信地对自己说一声"再试一次！"

再试一次，你就有可能达到成功的彼岸！

现实链接

端正心态　不弃不馁

很多人喜欢《真心英雄》这首歌："在我心中曾经有一个梦，要用歌声让你忘了所有的痛，灿烂星空谁是真的英雄，平凡的人们给我最多感动，再没有恨也没有了痛，但愿人间处处都有爱的影踪，用我们的歌换你真心笑容，祝福你的人生从此与众不同，把握生命里的每一分钟，全力以赴我们心中的梦，不经历风雨怎么见彩虹，没有人能随随便便成功……"是的，没有人可以随随便便成功，客观事物不是我们个人可以控制和把握的，所以失败有些时候是不可避免的。失败并不可怕，只要我们能端正心态去面对它，不弃不馁地去努力，我们终有一天会成功的。

那么我们应该怎样端正我们的心态呢？

一是勤勤恳恳做事，但是要做好失败的心理准备。

我们做事之前，一定要考虑周到才不会出现纰漏，这样成功的机率就会变大。尽管很多事情我们可以做得很完美，但是毕竟还有不受我们控制的事情，所以做好失败的心理准备是必要的。事情一旦成功，我们收获的喜悦是双倍的，但是如果失败，我们的心理也不会受到太大打击，心理落差也不会很大，这对保持我们的自信心是非常有好处的。

二是把挫折当做成功的垫脚石。

挫折是人生的必修课，是人生的必经之路，是人生的财富。经过挫折的磨练，人就拥有坚强有力的翅膀，拥有灿烂辉煌的未来。英国诗人雪莱曾说："如果你十分珍爱自己的羽毛，不使它受一点损伤，那么，你将失去两只翅膀，永远不再能够凌空飞翔。"

面对挫折，想想这挫折带给你的是不便还是困难，当你发现让你愤怒和沮丧的挫折不过是一种不便，你就会更容易采取积极的态度去面对它。

几乎每个成功者都经历过无数的挫折和打击，这是通向成功的必经之路。如果你正在遭遇挫折，那么你也正走在通向成功的路上。

凡是处在不利境遇中的人，对生活才会有更多更深刻的体验。在遭遇巨大挫折和打击时，生活像是被阴云笼罩。但是只要心存希望，未来的生活就一定会再度充满阳光。

有些挫折和困境是人们没办法改变的，这个时候不要抱怨，接受它，用它去磨砺自己的心智，这些挫折和困境会成就你别样的人生。

面对挫折，我们是应该精神振奋再接再厉，还是避开挫折的情境，寻找更适合自己的路？正如智者所言，这两者在各自适用的情境下都是对的。然而不能一味地坚持，也不要经常地改变。你需要两者兼备，找到最佳的平衡点。

三是保持乐观的心态。

记得有一位学者很形象地比喻人生：人的一生犹如婴儿初啼，虽有苦涩，但却是全新鲜嫩的，不管你遭到何种挫折与苦难，只要你不放弃自己，就没有任何事情可以难倒你。

乐观是心胸豁达的表现，乐观是心理健康的特征，乐观是人际交往的基础，乐观是工作顺利的保证，乐观是避免挫折的法宝。

用乐观的眼光看世界，世界是无限美好的，充满希望的，我们的生活就充满阳光。

乐观和悲观总是随着发生在自己身上的事情而转化，而有人则超越了这种对外物的执著。所谓不以物喜，不以己悲，这是一种更高的智慧。

每个人的一生中，都有着许多烦恼与不如意。但是，只要你珍惜时间，珍惜周围的种种事物，危险和不顺终会过去。乐观是希望的灯塔，它能指引你从危险步入坦途，使你得到新的生命、新的希望，支持着你的理想永不破灭。

世上没有绝望的处境，只有对处境绝望的人。在绝望中仍能追寻希望之花的人是多么令人敬佩。

很多时候，我们不能选择生活的境遇，但我们却可以选择坚强而自尊的态度；我们不能选择生活给予我们什么，但我们却可以选择积极而乐观地回报生活什么。一个问题接着一个问题，如同织毛衣，很繁琐，但最后竟成为一件漂亮的杰作。这便是活着的真实，织不完的结，也是一种乐趣。

我们在人生中，要用积极的心态不断地努力，因为我们都可以做生活的强者。对于强者来说，一次逆境，就会造就一粒等量大的、能克服任何困难的种子。

第六节　打破束缚　解放心灵

经典语句

1、当断不断，反受其乱。 ——《史记》

【语句释义】断：决断。乱：困扰。应该作出决断的时候而不作出决断，反而会给自己招来灾祸。这句话是说，做人做事要果敢坚决，不要唯唯诺诺，特别是关乎自己前途命运的时候，不要因为小仁而失大义。

2、甑已破矣，视之何益。 ——《后汉书》

【语句释义】甑：古代蒸饭用的瓦具。意思是说，瓦罐已经坏了，还看它有什么用呢？比喻应从失败中汲取教训，不能老惦记已经发生的事情，未来的事情才是最重要的。

3、长风破浪会有时，直挂云帆济沧海。 ——《行路难》

【语句释义】尽管前路障碍重重，但仍将有一天会乘长风破万里浪，挂上云帆，横渡沧海，到达理想的彼岸。引申为相信总有一天会实现理想施展抱负，虽然苦闷但不失去信心，给人以激励。

4、人生由来不满百，安得朝夕事隐忧。 ——《静夜思》

【语句释义】人很少有活到超过一百岁的，人生就这短短的几十年，干吗要天天早晚想着令自己烦恼的事呢？

经典故事

1、惯性思维　束缚三代

阻碍我们去发现、去创造的，仅仅是我们心理上的障碍和思想中的顽石。成功学大师拿破仑·希尔说："人生最大的限制是自己为自己所设的心理限制。"

从前有一户人家的菜园里有一块大石头，宽度大约有四十公分，高度约有十公分。凡到菜园的人，不小心就会踢到那块大石头，不是跌倒就是擦伤。

儿子问："爸爸，那块讨厌的石头，为什么不把它挖走？"

爸爸回答："你是说那块石头喔？从你爷爷时代，就一直放到现在了，它的体积那么大，不知道要挖到什么时候，没事无聊挖石头，不如走路小心一点，还可以训练你的反应能力。"

过了几年，这块大石头留到下一代，当时的儿子娶了媳妇，当了爸爸。有一天媳妇气愤地说："爸爸，菜园那块大石头，我越看越不顺眼，改天请人搬走好了。"

爸爸回答说："算了吧！那块大石头很重的，可以搬走的话在我小时候就搬走了，哪会让它留到现在啊？"媳妇心底非常不是滋味，那块大石头不知道让她跌倒多少次了。有一天早上，媳妇带着锄头和一桶水，将整桶水倒在大石头的四周。十几分钟以后，媳妇用锄头把大石头四周的泥土翻松。

媳妇早有心理准备，可能要挖一天吧，谁都没想到几分钟就把石头挖起来，看看大小，这块石头没有想象的那么大，都是被那个巨大的外表蒙骗了。

温馨提示：你抱着下坡的想法爬山，便无从爬上山去。如果你的世界沉闷而无望，那是因为你自己沉闷无望。要改变你的世界，必先改变你自己的心态。

2、美满家庭　意味责任

一个单身汉没有职业，整日呆在家里很是无聊。

有一天到寺院里求菩萨道："慈悲的菩萨，请保佑我有事业可做，赐给我财产，赐给我名位，因为我是单身汉，假若能赐给我一个妻子和两三个孩子我就心满意足了！"

他的祈求终于灵验了，菩萨告诉他："你回去看吧！你所希望的东西统统有了！"

他赶快跑回家一看，果然在家的后面不知何时建了一个大工厂，里面工人在工作。他又看见一个年轻貌美的妻子正在缝衣服，并且在她的旁边还有三个脸孔像自己的孩子在玩耍。

他看到这情景，心里非常满足。

"谢谢菩萨！现在我才像个人了！从明天起我要很早起来工作！"他这样对自己说。

那天晚上，他很早就上床，想伴着将来的幸福入睡。但因为兴奋过度，怎么也睡不着，好不容易天快亮才昏睡了一下，第二天早晨公鸡的啼叫声吵醒了他，但无论怎样也起不来，他的手脚都不会动了。

因为昨天菩萨施给他的事业、财产、名位、和妻子儿女等，都变成了束缚他的绳子，牢牢地捆住他的身体，不能自由了。

有了这些就等于有了责任，有责任心的人会把这些当作乐趣，不辞辛劳地养家糊口以获得天伦之乐。而没有责任心的人会把这些视为负担和束缚自己的绳索。

3、经验主义　束缚手脚

有一位老富翁，一直都想去真正地探一次险，年轻时事业牵绊了他的手脚，现在年纪大了，想出去的冲动就更明显了。他终于作了个决定，他要在探险的惊奇中度过自己 60 岁的生日。

这天，天气异常寒冷，他背着厚厚的行李走到了一座大山上，前面被挡住了去路，只有一座长长的浮桥横在眼前。他的目的地是对面那座海拔5000 米的高山。

浮桥大约有 20 米长，两边还没有护栏，下面是深不可测的悬崖，桥上是厚厚的积雪，虽说有兔子的脚印，但这摇摇晃晃的浮桥能否承担他的重量，还是个未知数。权衡再三，富翁还是作出了过桥的决定。

只见富翁小心地伏下身子，一步一步往前爬，偶然间他瞟了一下脚下的云雾，忍不住倒吸了一口凉气，他似乎听到了浮桥开裂的声音，觉得自己继续走下去，最终只有埋骨深山。巨大的恐惧感如海浪般滔滔卷来，他转头瞅了一下，爬得还不远，他又艰难地掉了头，往回爬。

当他拖着疲倦的身体爬上岸时，突然听到了一串清朗的笑声，两个年轻的小伙子正谈笑风生地往浮桥上走，当他们看到桥上的足迹以及一脸狼狈的富翁时，都露出诧异的表情。

温馨提示：人生中很多时候，不是我们不能到达成功的彼岸，而是经验束缚了我们的手脚。其实事物都是有其两面性的，经验可以让我们少遭受困难和挫折，但也往往让我们失去了进取的良机。这个故事告诉我们遇事要摆脱以往经验的束缚，分析现实现状，才不至于畏首畏尾，停滞不前。

现实链接

打破束缚　解放心灵

人生一世，经一事长一智，最大的智慧与成熟莫过于洞明世事、解放心灵了。洞明世事，则可看穿世间一切浮名与虚利，从而摆脱各种物质的诱惑和精神的捆绑，获取心灵的最大、最彻底的解放。你的心中有一个碧波万顷的海洋，有一片繁茂葳蕤的森林，有一方辽阔无疆的天空，有一条千回百转的河流，有一座层峦叠翠的高山——这就是我们的精神故乡——安顿思想和欲望的心灵家园。

一直以来，我们的心灵是干净、纯洁的，有如山间的清泉，冰爽透亮；有如春日的阳光，和煦灿烂；有如夏日的荷花，出污泥而不染。

一直以来，我们的心灵是善良、美好的，热爱大自然的一草一木一枝一叶，在春天的原野上，突然看见一朵幽蓝的或粉黛的或素白的小花，会怦然心动，发自肺腑的感动，心如水洗过一般，阵阵春风在心海荡漾。

一直以来，我们的心灵是健康向上的，崇敬人间美好的人美好的事，对人间的温情，对人间的爱情，对人间的亲情，对人间的友情充满由衷的向往。可是，自从我们有了物欲，有了权欲，有了情欲，有了非分之欲，心灵就不再安宁。心灵放纵为脱缰的野马，在是与非的荒原上恣意狂奔。海，不再蔚蓝；林，不再翁郁；天，不再素净；河，不再澄澈；山，不再幽深。

我们的精神故乡日益萎顿、枯干，曾经的美好、曾经的纯洁、曾经的简约、曾经的质朴突然不再，我们变得复杂起来，深沉起来，严肃起来，像一枚蚕茧，用密密麻麻的丝线把自己缠裹，轻易不肯示人。人生，从此改变了运行的轨迹，我们的亮韶、我们的活泼、我们的开朗、我们的自信以及爱心、同情心，以及宽容、理解，都在悄无声息中，都在沉默寡言中消失了，流逝了。

心灵，被我们自己囚禁起来。

心灵，被灰暗、酸涩、刻薄、自我层层押解，风吹不进去，雨洒不进去，情注不进去，爱融不进去，我们因此失去了自由，心空不再有白云飘荡，不再有鸟儿飞翔，不再有明媚的阳光，我们没有了思想，没有了信仰，没有了神圣，没有了崇高，心海枯干，心成沙漠，心灵的沙尘暴从此日复一日遮蔽我们的精神故乡，我们的精神故乡一点点质变，一点点萎缩，一点点退却，一点点沦陷！

精神故乡日益苦难，心灵世界愈益狭小，往昔的光明岁月渐行渐远，纯洁的幸福生活阴霾重重，欢乐不再，空灵不再，大度不再，诚信不再，和谐不再！

这一切源于心灵的困顿。

有哲人说，人的最大悲哀莫过于心死 。心死了，肉体活着其实也死了，死的是精气神，活着的只是一具行尸。说得真好，一句话见血封喉切中现代人、现代文明人要害。现代人的悲剧恰因社会的高度发达、物质的高度丰富、文化的高度开放、价值观的急速嬗变而催化速成。可怕的是悲剧形成了，祸根埋下了，我们这些现代社会的"文明人"却不知道，也不想知道，甚至装着不知道！麻木、漠视、冷酷、自私、封闭，这些冰冷的字眼如影随形，成了我们另一种装束，常常幽灵般穿行在心灵世界，左右着人生的方向。

心灵世界面临浩劫，危如累卵，拯救心灵、解放心灵已不再是危言耸听！

解放，是解开和放行，解开心灵的结症，放行思想的旅程，让生命之舟扬帆远航。

解放心灵，就是给心灵一个明确的方向，让心灵沿着这个方向前行，我们会看到先哲留下的坐标以及他们关于人生、关于生命的感悟和理解。先哲们给心灵下过定义，说心灵是善的，心灵是美的，心灵是纯洁的。说心灵是宽的，心灵是远的，心灵是无限的。给心灵一个正确的方向，是我们解放心灵要攻克的第一道堡垒 ，方向对了，一切才皆可能，心灵的解放也才皆有可能。而正确的方向就在先哲们以及后来者普遍的理想信念中。

解放心灵，就是想办法卸下内心所有的沉重的包袱，让思想轻装上路，沐浴在阳光下，开放在旷野中，在人类历史的长河里漫游，用仁慈、礼仪、豁达、善良淘洗心怀，使我们的思想永远青春，鲜活如夏日的荷花，灿烂如星夜的天空。

解放心灵，就是还原生命的色彩，让生命远离低俗，高洁如玉，一世清风随行。

（本文摘自创欢财经论坛）

第七节　面对困境　永不退缩

经典语句

1、勇斗则生，不勇则死。 ——《六韬》

【语句释义】勇：勇敢，奋勇。奋勇作战就能生存，畏缩怯战就得死亡。这句话告诉人们，遇到困难，不退缩，才有成功的可能。如果懦弱退缩，必定面对失败。

2、两鼠斗于穴中，将勇者胜。 ——《史记》

【语句释义】鼠：老鼠。穴：洞穴。两只老鼠在洞中打斗，哪一个勇猛，哪一个就能获胜。

3、锲而舍之，朽木不折；锲而不舍，金石可镂。 ——《荀子》

【语句释义】锲：雕刻，用刀子刻。舍之：放弃。镂：雕刻。雕刻如果半途而废，连腐朽的木头也弄不断；只要坚持不停地用刀子刻，金属、石头这些坚硬的东西也可以雕刻出花纹。

这句话是告诉人们，只要坚持不懈，再难的事情也是可以做到的。我们常说的绳锯木断、水滴石穿也是这个道理。

经典故事

1、艰难困苦　玉汝于成

面对困难，许多人戴了放大镜。和困难拼搏一番，你会觉得，困难不过如此，远没有想象得那么严重。那天的风雪真暴，外面像是有无数发疯的怪兽在呼啸厮打，雪恶狠狠地寻找袭击的对象，风呜咽着四处搜索。

大家都在喊冷，读书的心思似乎已被冻僵了——满屋的跺脚声。

鼻头红红的欧阳老师挤进教室时，等待了许久的风席卷而入，墙壁上的《中学生守则》一鼓一荡，开玩笑似的卷向空中，又一个跟头栽了下来。

往日很温和的欧阳老师一反常态：满脸的严肃庄重甚至冷酷，一如室外的天气。乱哄哄的教室静了下来，我们惊异地望着欧阳老师。"请同学们穿上胶鞋，我们到操场上去。"几十双眼睛在问，"因为我们要在操场上立正五分钟。"

即使欧阳老师下了"不上这堂课，永远别上我的课"的恐吓令，还是有几个娇滴滴的女生和几个很横的男生没有出教室。操场在学校的东北角，北边是空旷的菜园，再北是一口大塘。

那天，操场、菜园和水塘被雪连成了一个整体。

矮了许多的篮球架被雪团打得"啪啪"作响，卷地而起的雪粒雪团呛得人睁不开眼张不开口。脸上像有无数把细窄的刀在拉在划，厚实的衣服像铁块冰块，脚像是踩在带冰碴的水里。

我们挤在教室的屋檐下，不肯迈向操场半步。

欧阳老师没有说什么，面对我们站定，脱下羽绒衣，线衣脱到一半，风雪帮他完成了另一半。"到操场上去，站好！"欧阳老师脸色苍白，一字一顿地对我们说。

谁也没有吭声，我们老老实实地到操场排好了三列纵队。

瘦削的欧阳老师只穿一件白衬褂，衬褂紧裹着的他更显单薄。

后来，我们规规矩矩地在操场站了五分多钟。

在教室时，同学们都以为自己敌不过那场风雪，事实上，叫我们站半个小时，我们也顶得住，叫我们只穿一件衬衫，我们也顶得住。

温馨提示：正如生命中的许多伤痛一样，其实并不如自己想象的那么严重。如果不把它当回事，它是不会很痛的。你觉得痛，那是因为你自以为伤口在痛，害怕伤口的痛。

（本文摘自百度文库《困难不过如此》）

2、谋势而动 自逃危难

人生必须渡过逆流才能走向更高的层次，最重要的是永远要看得起自己。

有一天某个农夫的一头驴子，不小心掉进一口枯井里，农夫绞尽脑汁想救出驴子，但几个小时过去了，驴子还在井里痛苦地哀嚎着。

最后，这个农夫决定放弃，他想这头驴子年纪大了，不值得大费周章去把它救出来，不过无论如何，这口井还是得填起来。于是农夫便请来左邻右舍帮忙一起将井中的驴子埋了，以免除它的痛苦。

邻居们人手一把铁铲，开始将泥土铲进枯井中。当这头驴子了解到自己的处境时，刚开始哭得很凄惨。但出人意料的是，当人们铲土埋它的时候，这头驴子反而安静下来。农夫好奇地探头往井底一看，出现在眼前的景象令他大吃一惊：当铲进井里的泥土落在驴子的背部时，驴子的反应令人称奇——它将泥土抖落在一旁，然后站到铲进的泥土堆上面！

就这样，驴子将大家倾倒在它身上的泥土全数抖落在井底，然后再站上去。很快地，这只驴子便得意地上升到井口，然后在众人惊讶的表情中快步跑开了！

温馨提示：如同驴子的情况一样，在生命的旅程中，有时候我们难免会陷入"枯井"里，会被各式各样的"泥沙"倾倒在我们身上，而从"枯井"脱困的秘诀就是：将"泥沙"抖落掉，然后站到上面去！

（摘自商丘网—京九晚报，《驴子的哲学》一文）

现实链接

面对困境　不抛弃不放弃

梁启超说过："患难困苦，是磨炼人格之最高学校"。每个人在其一生中都会遇到困境，困境并不可怕，可怕的是懦弱，不敢面对。应该像易卜生所说的那样：不因幸运而固步自封，不因厄运而一蹶不振。真正的强者，善于从顺境中找到阴影，从逆境中找到光亮，时时校准自己前进的目标。

近段时间，接触到一些高中的学生和家长，大家都反映一个相同的问题，进入高中以来，学生们普遍面临着诸如知识量加大、难度加深等问题，面对突如其来的困境，有些学生困惑了，开始丧失斗志，停滞不前，结果成绩越来越差；有些学生开始不堪重负，虽然可以勉强的坚持，但是逐渐丧失了信心；而有些学生则选择直面困难，努力改进学习方法，突破了学习的疲劳期，打破困境，成绩一日千里。毋庸质疑，战胜困境、走出困境的往往是后者，而这正是成功者必备的优良品质。

面对困境，不抛弃不放弃。就像朱德庸所说的，其实每个人都有不为人知的困境，生活给我们的不是事事如意，不管它给了我们什么，请坚强地面对，请相信明天会更好，请相信没有过不去的坎。有广阔的天空，就该有展翅翱翔的雄鹰；有波涛汹涌的大海，就该有任意遨游的蛟龙；有茂密的森林，就该有威风八面的猛虎。里希特说："苦难有如乌云，远望去但见墨黑一片，然而身临其下时不过是灰色而已"。困难挫折远远没有你想象的那么可怕，你一旦坚强起来，那么困难和挫折在你面前就不值一提；如果你怯懦不敢面对，那么它们就会显得很强大。

孟子曰："天将降大任于斯人也，必先苦其心志，劳其筋骨，饿其体肤，空乏其身，行弗乱其所为"。因此，困境并非是我们人生的绊脚石，它是我们扬生命之航的风帆，是我们临成功之路的石阶。所谓困境不外乎是不顺的境遇，我们眼中的困境仿佛是山穷水尽，天塌地陷，在旁人看来却是那么的轻松，因为他没有身处其中，他们的思想还是清楚的，而我们却已经在思想上压倒了自己，自觉无路可寻无计可施。面对困境，我们该有冷静的思考，缜密的分析，而不是呆若木鸡似的悲哀，感叹人生无常，埋怨生活的不公平。认为生活不公平的同时，你也就否定了自己的能力，否定了你自己的价值。倘若人人生来享福，事事一帆风顺，那么还要我们努力奔波干什么？因此，当我们在学习中遇到困境时，请冷静地思考一下：我能做什么？我需要做什么？我如何摆脱困境？我如何把知识学得更扎实？我如何走向成功？

人生就像四季的花一样，一次小的挫折并不算什么，花开不是为了凋零，而是为了结束，结束并不代表终结，而是代表新生。既然受了伤，有了挫折，就要重新挺立起来，面对困境，昂起头来，期待新的成功！因此，请遇到困境的学员们一定要记住：面对困境，莫言放弃。

第八节　受人恩惠　衷心回馈

1、雏既壮而能飞兮，乃衔食而反哺。 ——《初学记》

【语句释义】雏：幼小的，多指鸟类，这里是幼鸟。壮：强壮有力。兮：文言助词，这里是呀的意思。哺：哺育，喂养。幼鸟长大能飞了以后，就会衔来食物喂给自己的父母。

2、记人之善，忘人之过。 ——《三国志》

【语句释义】记：记住，牢记。善：善处，好处。忘：忘掉。过：过错，不好的事情。应该记住别人的好处，忘掉别人的过错。

3、一饭之德必偿。 ——《史记》

【语句释义】一饭：一顿饭，一碗饭。德：恩德。必：必定。偿：偿还，报答。受别人一顿饭的好处也一定要报答。

1、无私奉献　恩重如山

很久以前有一棵苹果树。一个小男孩每天都喜欢来到树旁玩耍。他爬到树顶吃苹果，躺在树荫里打盹……他爱这棵树，树也爱和他一起玩。随着时间的流逝，小男孩长大了。他不再到树旁玩耍了。

一天，男孩回到树旁，看起来很悲伤。"来和我玩吧！"树说。"我不再是小孩了，我不会再到树下玩耍了。"男孩答到，"我想要玩具，我需要钱来买。""很遗憾，我没有钱……但是你可以采摘我的所有苹果拿去卖，这样你就有钱了。"男孩很兴奋。他摘掉树上所有的苹果，然后高兴地离开了。自从那以后好长时间男孩没有回来。树很伤心。

一天，男孩回来了，树非常兴奋。"来和我玩吧。"树说。"我没有时间玩，我得为我的家庭工作，我们需要一个房子来遮风挡雨，你能帮我吗？""很遗憾，我没有房子。但是，你可以砍下我的树枝来建房。"因此，男孩砍下所有的树枝，高高兴兴地离开了。看到他高兴，树也很高兴。但是，自从那时起男孩又是很久没再出现，树很孤独，伤心起来。

突然，在一个夏日，男孩回到树旁，树很高兴。"来和我玩吧！"树说。"我很伤心，我开始老了……""我想去航海放松自己。你能不能给我一条船？""用我的树干去造一条船，你就能航海了，你会高兴的。"于是，男孩砍倒树干去造船，他航海去了，很长一段时间未露面。许多年后男孩终于回来了。"很遗憾，我的孩子，我再也没有任何东西可以给你了。没有苹果给你……"树说。"我没有牙齿啃。"男孩答到。"我没有树干供你爬了。""现在我老了，爬不上去了。"男孩说。"我真的想把一切都给你……我唯一剩下的东西是快要死去的树墩。"树含着眼泪说。"现在，我不需要什么东西，只需要一个地方来休息。经过了这些年我太累了。"男孩答到。"太好了！老树墩就是坐着休息的最好地方。过来，和我一起坐下休息吧。"男孩坐下了，树很高兴，含泪而笑……

这是一个发生在每一个人身上的故事。那棵树就像我们的父母。我们小的时候，喜欢和爸爸妈妈玩……长大后，便离开他们，只有在我们需要父母时，或是遇到了困难的时候，才会回去找他们。尽管如此，父母总是有求必应，为了我们的幸福，他们无私地奉献了自己的一切。

看了这则故事，你也许觉得那个男孩很残忍，但我们何尝不是这样呢？你又是怎样想的，会怎样去做呢？　（摘自《男孩与树的故事》一文）

2、大爷感恩　保安"奔月"

一位大爷在生病时得到了一位小保安无私的帮助，今天，他特意带着小保安一起来奔月报恩了……当飞机在万里高空平稳盘旋时，主持人满含深情地讲起了"明嘉现代感恩号"乘客金大爷和小保安之间的故事。听着故事，小保安的眼眶湿润了，他悄悄地低下头抬起衣袖擦拭着眼角；金大爷也很激动，哽咽着，一句话也说不出来，只是握着小保安的手不停地抖动致谢。飞机上其他乘客也深深地被故事感动了。一位年轻女孩为了遮掩眼角的泪水，慌忙中将座位后的杂志拿出来挡在了面前；一位老婆婆一边听故事一边感动地对身旁老伴唠叨着……昨夜今晨，这是一个属于感恩的节日。这一天，这一刻，这一架飞机上，希望向恩人表达深深谢意的情感、希望为病重姐姐祈福的弟弟的深情、希望报答父母养育之恩的儿女真情……全部在这一瞬间逐一上演。

金大爷带小保安"耍洋盘"

"这个是我送给你的礼物，上面有《成都晚报》关于这次'奔月'活动的全部报道。"57岁的金宗康大爷拿出早已准备妥当的礼品盒，将这份自己收藏了近一个月的礼物送给了小保安卢朝保，报答卢朝保不眠不休照顾病重的他。

翻看着"奔月"报道，望着窗外的皓月，感受着大爷的真情，小保安再也抑制不住内心的喜悦和激动，眼泪落了下来。这是昨晚至今晨上演在"明嘉现代感恩号"上的动人一幕，这也是众多感恩故事中最让人激动的一幕。

20岁的仪陇人卢朝保在金大爷所住的宿舍大院内已当了两年多保安。2004年6月22日端午节，金大爷因为胆结石复发昏迷入院。忙于工作的家人找来小保安卢朝保代为照顾老人。此后一个多月时间，小保安一直精心照顾病中的金大爷，昼夜不休。在他细心、周到的照顾下，金大爷很快出院了，身体逐渐康复。没有接受任何形式的回报，小保安又回到了自己的工作岗位。这一切都让金大爷感动不已，最终他选择了带小保安一起来"奔月"，想以这样一个特殊的形式报恩。

昨日下午5时许，被金大爷施计带到"奔月"现场的小保安刚一下车就被家园国际酒店的豪华阵容镇住了。这时候，他才知道，为了报答自己，金大爷今天要请他"耍洋盘"。

"我觉得自己做的都是分内的事，大爷太客气了。"坐在欢声笑语的"感恩号"上，小保安很不好意思，有些坐立不安。小保安穿着白色T恤，英气勃发。小保安的座位在第三排的A座上，旁边有两个舷窗，位置非常好。"他没坐过飞机，让他多看看。"看着卧在舷窗上不断向外张望的小保安，金大爷笑得挺欢的。

今日凌晨零时30分，飞机穿过云层。彻底被空中美景惊呆了的小保安拿着金大爷带来的摄像机，不停地拍着。他说，自己不仅要将这段美丽的经历深藏在脑海中，还要永远珍藏在胶片上。看见小保安高兴的模样，金大爷兴奋不已，直嚷着"不虚此行"。今晨 1 时 15 分，乘客们陆续下机。金大爷又忙活起来，四处找人在自己制作的"奔月特辑"上签字留念，机长查光忆也在这本册子上留下了自己的名字。

3、感恩的心　感谢有你

　　有一个天生失语的小女孩，爸爸在她很小的时候就去世了。她和妈妈相依为命。妈妈每天很早出去工作，很晚才回来。每到日落时分，小女孩就开始站在家门口，充满期待地望着门前的那条路，等妈妈回家。妈妈回来的时候是她一天中最快乐的时刻，因为妈妈每天都要给她带一块年糕回家。在她们贫穷的家里，一块小小的年糕都是无上的美味了啊。

　　有一天，下着很大的雨，已经过了晚饭时间了，妈妈却还没有回来。小女孩站在家门口望啊望啊，总也等不到妈妈的身影。天，越来越黑，雨，越下越大，小女孩决定顺着妈妈每天回来的路自己去找妈妈。她走啊走啊，走了很远，终于在路边看见了倒在地上的妈妈，她使劲摇着妈妈的身体，妈妈却没有回答她，她以为妈妈太累，睡着了，就把妈妈的头枕在自己的腿上，想让妈妈睡得舒服一点。但是这时她发现，妈妈的眼睛没有闭上！小女孩突然明白：妈妈可能已经死了！她感到恐惧，拉过妈妈的手使劲摇晃，却发现妈妈的手里还紧紧地攥着一块年糕……她拼命地哭着，却发不出一点声音……

　　雨一直在下，小女孩也不知哭了多久，她知道妈妈再也不会醒来，现在就只剩下她自己，妈妈的眼睛为什么不闭上呢？是因为不放心她吗？她突然明白了自己该怎样做，于是擦干眼泪，决定用自己的语言来告诉妈妈她一定会好好地活着，让妈妈放心地走……

　　小女孩就在雨中一遍一遍用手语做着这首《感恩的心》，泪水和雨水混在一起，从她小小的却写满坚强的脸上滑过……"感恩的心，感谢有你，伴我一生，让我有勇气做我自己……感恩的心，感谢命运，花开花落，我一样会珍惜……"她就这样站在雨中不停歇地做着，一直到妈妈的眼睛终于闭上……

（摘自豆丁网 http：www. docin. com/）

4、受人恩德　涌泉相报

　　一个生活贫困的男孩为了积攒学费，挨家挨户地推销商品。他的推销进行得很不顺利，傍晚时他疲惫万分，饥饿难耐，绝望地想放弃一切。走投无路的他敲开一扇门，希望主人能给他一杯水。开门的是一位美丽的年轻女子，她笑着递给了他一杯浓浓的热牛奶。男孩和着眼泪把它喝了下去，从此对人生重新鼓起了勇气。许多年后，他成了一位著名的外科大夫。

　　一天，一位病情严重的妇女被转到了这位著名的外科大夫所在的医院。大夫顺利地为妇女做完手术，救了她的命。无意中，大夫发现那位妇女正是多年前在他饥寒交迫时给过他那杯热牛奶的年轻女子！他决定悄悄地为她做点什么。

　　一直为昂贵的手术费发愁的那位妇女硬着头皮去办理出院手续时，在手术费用单上看到的是这样七个字——手术费：一杯牛奶。那位昔日美丽的年轻女子没有看懂那几个字，她早已不再记得那个男孩和那杯热牛奶。然而，这又有什么关系？

　　看了这则故事丝毫不为所动的人，没有一点反思的人，他们的情感世界一定暂时缺少了一点很重要的东西，或者永远失去了一些最宝贵的东西！这则关于感恩的故事，提醒了很少感动、不再感动和彻头彻尾搞错了感动对象的人们。

现实链接

为爱我们的人好好活着

　　在每个人迷茫失落的时候，都会想到过死，死亡可以令一个人解脱，这样就不会再有身体和精神上的痛苦。但是大多数人还会用理性去控制自己，当想要死的时候，还会想到我们的至爱亲朋，自然而然就打消了想死的念头。

　　抛开死亡，大家知道为什么活着吗？这可能是困扰很多人的问题，也是很多人在面对困难、挫折和不满时常常用来发泄的话语。那么今天我们来告诉你，人为什么活着？

不是每个人都是伟人，都有为国为民的高尚情操。我们都是普通人，我们就来说说普通人为什么活着？

每个人都是从一个呱呱坠地的婴儿成长为一个成年人，每个人都可以回想自己多少年来的风风雨雨，我们领悟到了什么？从呀呀学语到背起书包上学，从懵懂的孩童到挺拔的少年，这其中包涵了父母多少心酸与苦楚。俗话说："不养儿不知父母恩"。我们应该为爱我们的人活着。

我们要感谢所有爱我们的人。这种爱是无私的，是不求任何回报的。正是因为这无私的爱我们才有好的学习环境，我们才会丰衣足食。

那么世界上谁是最爱我们的人呢？那一定是我们的父母。

我们可以想象，母亲在经历了漫长的十月怀胎和分娩的痛苦之后，第一眼看到我们的微笑。我们能健健康康、活蹦乱跳得来到这世上，体验人世间种种千姿百态、酸甜苦辣，感受幸福和爱，全是母亲伟大的爱的结果。我们不会说话时，母亲教我们咿呀学语，直到我们叫出第一声妈妈。

我还记得我小时候的一件事，那时候我还在上小学，一天突然下起了很大的雨，同学们一个个都被家长接走了，我望着屋外的大雨心情非常失落。那时候妈妈已经买断赋闲在家了，而且妈妈的皮肤敏感，一遇到雨水就会起很多的湿疹。我当时的心情非常复杂，既盼望妈妈来，又不愿意妈妈来。大雨还在漫无边际的下着，天色渐渐地暗了下来，突然间我有了一种熟悉的感觉，是妈妈。大雨中走来了一个熟悉的身影，雨水没过了小腿，雨点重重地打在妈妈的脸上，让她睁不开眼睛。这时我心里热乎乎的，眼泪夺眶而出……这就是母爱，也许你的过往中也曾发生这样的事，因为这件事最平常不过了，但那是妈妈爱的表达。

从记事起，妈妈就一直忙忙碌碌，早起为我和爸爸做饭，然后叫我们起床，送我们出门后还要收拾房间做家务。妈妈是一名普通的售货员，她没有雄心壮志，她的希望就是合家团圆，孩子能够健康地成长。当我拿到大学录取通知书的时候，我看到了妈妈会心地微笑。平时妈妈省吃俭用，从不打扮自己，我的家境不是很好，但大学四年妈妈竟然没有让我去贷一分钱，妈妈常说："家里面省点，省得你毕业以后负担太大。"这就是我的母亲，母亲的这份爱，是我奋斗不息的动力。无论今后我在人生道路上遭遇多么大的不幸，承受多么大的痛苦，我绝不会轻生。因为我知道我对妈妈的重要，我不忍看到妈妈承受丧子之痛。

妈妈不止一次地说过，你是我的希望。其实我们所有人都是妈妈的希望，我们要为我们伟大的妈妈好好地活着，因为这不但是责任，更是爱。

妈妈毫无疑问是最爱我们的人。但除了妈妈还有许许多多的人爱着我们，有爸爸，爷爷，奶奶，姥姥，姥爷，还有我们的朋友，我们的老师，我们的同学……

父亲也是最爱我们的人，父爱啊！不善表达却与母爱同样伟大。爸爸是一个老实本分的人，话不多，属于那种实实在在做事的人。爸爸思想上比较开明，记得我18岁那年，爸爸郑重地和我谈话，他说："孩子，你已经成年了，很多事以后要自己拿主意了，但是一定记得做事之前要多想想。"这句话我想我会终生难忘。我是家里的第一个大学生，父亲对我期望很高，我明白我是他心中的骄傲，为了无私为我付出的爸爸，我一直孜孜不倦地努力着。每当我看到身边的人拿着父母的钱在大吃大喝、交女朋友挥霍时，我在心里就禁不住骂道："这帮败家子，怎么这么糟蹋父母的血汗钱！"他们既是在糟蹋父母的钱，更是在糟蹋父母的爱心！亲情之爱，怎么能说得完道得尽呢！一直以来我能够完成学业，多数是父母的功劳，是她们给予我经济上的支持，精神上的鼓励。大家说父爱、母爱是不是重于泰山？

而恩师之爱与朋友之爱，也要非常珍惜。因为对于我们来说这种关爱可以说是无私的，老师教导我们成才，期待我们成为社会的栋梁，可以说比起父母，恩师之爱更加令人尊重。我尊敬的老师，我永远不会忘记你们的教导，学生一定倍加努力，不辜负老师的厚望。上了大学后，我也结交了很多好朋友，一声问候，一杯浓浓的热茶都带给我内心的温暖，这就是朋友的爱。

在这里我从自身出发谈谈周围爱我们的人，我想我们每个人都大同小异。这世上有如此多的人在关心着我们、爱我们，我们怎能舍弃他们，我们要为爱我们的人而活着，我们要爱这个世界，爱所有爱我们的人。

——后 记——

　　受山西省司法系统在监狱管理中进行国学教育的启发，中国逻辑与语言函授大学与山西省阳泉第二监狱合作，进行国学专题教育的尝试，收到良好的效果。在双方的共同推动下，征求有关部队、院校、党政机关和企业管理教育领导的意见，决定编辑一本国学方面的大众读物，使管理者和受教育者，能在轻松地阅读中领悟国学的为人处世之道。

　　在编写过程中，得到中国社会科学院刘培育研究员，首都师范大学原副校长张泽膏教授，首都经贸大学原教务长郑功伦教授的指导和帮助。国学名师孙中原先生十分关注本书的写作，多次参与切磋讨论，使我们受益良多。写作时参考大量文献，在这里谨向作者和出版者表示诚挚的谢意。

　　《国学中领悟人生真谛》一书，经过近一年的写作，终于即将问世。这是一件令人激动的事情，因为本书的出版，具有非同寻常的意义。

　　国学对社会人生，意义重大而深远。在当今浓厚的国学氛围里，出一本关于国学的普及读物，心情是忐忑不安的。不仅是因为出版成功的喜悦，更是因为它将面临读者的严谨评阅，故令编者惴惴不安——不知道我们的解读，能否充分领悟先人思想的精要。本书结合普通大众的需求，做一些粗浅的尝试，希望能得到读者的理解和谅解。

考虑到紧密结合实际，受众群体的阅读习惯，本书体例采用主题概要，例句释义，经典故事和现实链接的结构，用古今中外的生动故事，创造性诠释古文精义，对照现实反思不合理的社会现象和个体修养的缺失。

由于水平和时间所限，本书还存在若干不足，敬请读者批评指正，以便进一步修改完善，更好地为广大读者服务。

编者 2011 年 3 月 18 日谨记